红棉论丛

中共广州市委党校

丛书主编　孟源北

在"四个出新出彩"中
实现老城市新活力

（2022）

孟源北　主编

SPM
南方传媒　广东人民出版社

·广州·

图书在版编目（CIP）数据

在"四个出新出彩"中实现老城市新活力·2022 / 孟源北主编.
—广州：广东人民出版社，2022.10
ISBN 978-7-218-16142-6

Ⅰ.①在⋯　Ⅱ.①孟⋯　Ⅲ.①城市规划—研究—广州　Ⅳ.①TU982.651

中国版本图书馆CIP数据核字（2022）第193821号

ZAI "SIGE CHUXIN CHUCAI" ZHONG SHIXIAN LAOCHENGSHI XINHUOLI · 2022

在"四个出新出彩"中实现老城市新活力·2022

孟源北　主编　　　　　　　　　　　　版权所有　翻印必究

出 版 人：肖风华

责任编辑：梁　茵　廖志芬
装帧设计：集力书装
责任技编：周星奎

出版发行：广东人民出版社
地　　址：广州市越秀区大沙头四马路 10 号（邮政编码：510199）
电　　话：（020）85716809（总编室）
传　　真：（020）83289585
网　　址：http://www.gdpph.com
印　　刷：广州小明数码快印有限公司
开　　本：787mm×1092mm　1/16
印　　张：18.75　　**字　数**：280 千
版　　次：2022 年 10 月第 1 版
印　　次：2022 年 10 月第 1 次印刷
定　　价：88.00 元

如发现印装质量问题，影响阅读，请与出版社（020-85716849）联系调换。
售书热线：（020）85716826

总 序

"这是一个需要理论而且一定能够产生理论的时代，这是一个需要思想而且一定能够产生思想的时代。"[1]为推进党校学科体系、学术体系、话语体系建设和创新，加强对党的创新理论宣传阐释，深化对中国特色社会主义事业"五位一体"总体布局以及党的建设等领域研究，中共广州市委党校（广州行政学院）隆重推出《红棉论丛》系列成果。

红棉是一种政治立场。"木棉本是英雄树，花泣高枝雨亦红。"木棉即红棉，它是英雄花，其英雄形象和壮士风骨，一直备受世人称颂。当前，中国特色社会主义进入了新时代。身处这一伟大时代，作为党校（行政学院）理论工作者，我们既感到兴奋自豪，又感到责任重大。党校（行政学院）是党的思想理论建设的重要阵地，是党和国家的哲学社会科学研究机构和重要智库。学习研究宣传习近平新时代中国特色社会主义思想，是

---

[1] 习近平在哲学社会科学工作座谈会上的讲话，2016年5月17日.

党校人的政治自觉和责任担当。中共广州市委党校（广州行政学院）始终坚持党校姓党的原则，依靠一支热爱党的干部培训事业、潜心传播党的创新理论的教师队伍，致力于用习近平新时代中国特色社会主义思想武装头脑、指导实践、推进工作，扎实推进"教研咨一体化"，教学出题目、科研做文章、成果进课堂、理论转咨政，取得了显著成效。近几年来，我校教师成功申报并完成一批包括国家社会科学基金课题，省、市社会科学规划课题、中央及省党校系统课题等在内的科研项目，发表了大量的理论文章，出版了系列学术专著，报送了多篇决策咨询报告，学术理论研究和咨政成绩斐然。推出《红棉论丛》的宗旨，首先就是要进一步擦亮"党校姓党"的学术底色，坚持马克思主义立场观点方法，用学术讲政治，更加自觉地聚焦坚持和发展中国特色社会主义的火热实践，把中国特色社会主义理论体系贯穿研究全过程，转化为清醒的理论自觉、坚定的政治信念、科学的思维方法，积极为党和人民述学立论、建言献策。

红棉是一种学术态度。"却是南中春色别，满城都是木棉花。"红棉作为广州的市花，象征着广州这座承载光荣、富有梦想的城市所具有的朝气蓬勃的生机、开拓创新的热情和永不停歇的活力。2018年10月，习近平总书记视察广东期间对广州提出了实现老城市新活力的时代命题。这是习近平总书记着眼于全面建成社会主义现代化强国奋斗目标，充分把握世界城市发展规律，科学认识我国城市发展新趋势，对广州这样的国家中心城市在引领中国城市乃至世界城市高质量发展方向上提出的战略课题。中共广州市委党校（广州行政学院）作为市委、市政府的重要部门和广州市首批新型智库单位，始终坚持围绕中心服务大局，紧扣习近平新时代中国特色社会主义思想与广州实践这一主线，围绕广州建设成为具有经典魅力和时代活力的国际大都市这一主题，以广州这座城市丰富而又鲜活的创新实践为研究起点，深入调查研究，力图提出具有原创性的理论观点，形成自身的特色和优势。知识的本性就具有地方性，《红棉论丛》的出版，就是为了致力于强化学术理论研究的党校特点、广州特色，立足于广州实现老城市新活力、以"四个出新出彩"引领各项工作全面出新出彩的创新实践，在广州这片英雄辈出的红色沃土和改革开放前沿地上勤奋耕耘、刻苦钻研，从广州高质量发展的做法经验中挖掘新材料、提炼新观点、构建新语境，推动基于广州经验的党校特色知识体系的形成。

"奇花烂漫半天中，天上云霞相映红。"我们期待着《红棉论丛》研究成果，结合新的实践不断作出新的学术创造，提炼出有学理性的新论断、概括出有规律性的新经验，为新时代广州高质量发展提供有益参考，助推广州建设具有经典魅力和时代活力的国际大都市、打造成为中国特色社会主义城市范例。

孟源北

（作者系中共广州市委党校常务副校长、研究员，新型智库首席专家）

目
contents
录

第三部分 ▶ 现代服务业出新出彩篇

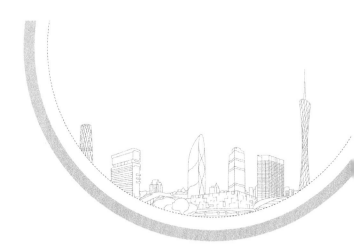

第一部分
综合城市功能出新出彩篇

推进南沙打造粤港澳
全面合作重大战略性平台

【提要】国务院印发《广州南沙面向世界的粤港澳全面合作总体方案》（以下简称"《南沙方案》"），对南沙提出了要加快深化粤港澳全面合作，打造立足湾区、协同港澳、面向世界的重大战略性平台的目标要求。面对新的历史方位和奋斗坐标，广州应把握住城市向南拓展、向海洋高质量发展、向世界高水平开放的重要机遇，以更大格局、更宽视野、更高站位全力以赴推动各项任务落地落实。建议：一是加快规则衔接机制对接，切实畅通跨境要素流动；二是加大企业培育引进力度，增强全球资源配置能力；三是加快建设中国企业"走出去"综合服务基地，打造中国跨国公司的"摇篮"；四是加快建设教育和科创高地，带动促进高端人才集聚；五是加快体制机制创新，持续推进完善营商环境。

南沙是粤港澳大湾区几何中心，具有发展空间大、综合成本低、交通优势好、产业承载力强等多项优势和特点，完全具备成为打造国际一流湾区和世界级城市群新"发动机"的潜质，是广州向南拓展、向海发展、向世界开放的重大战略性平台。因此，应充分把握国家赋予南沙的重要使命和机遇，加快推进《南沙方案》落地实施，积极打造粤港澳全面合作重大战略性平台，为香港、澳门更好融入国家发展大局提供重要载体和有力支撑。

一、加快规则衔接机制对接，切实畅通跨境要素流动

一是对标高水平自贸协定开展衔接对接。要着眼两个市场、两种资

源，对标国际高水平自贸协定，打造规则衔接机制对接高地。建议在南沙粤港合作咨询委员会的基础上，与港澳有关方面联合组建专业团队，以《区域全面经济伙伴关系协定》（RCEP）《全面与进步跨太平洋伙伴关系协定》（CPTPP）等高水平自贸协定为主要准绳，围绕市场一体化、跨境资金和货物流动、跨境人才流动、教育和医疗合作为重点，研究提出一批规则衔接机制对接措施以及深化合作的务实举措。

二是完善跨境资金流动。充分发挥广东自由贸易试验区南沙新区片区作为我国跨境贸易投资高水平开放试点的机遇，在资本项目下，提升中小微高新技术企业借用外债的额度和便利度，降低企业融资成本。拓展开展跨国公司本外币一体化资金池试点企业范围和资金使用范围。进一步拓展自由贸易（FT）账户体系的业务功能和应用场景，建立与投资自由化和贸易便利化发展相适应的账户管理体系。

三是强化引进国际知名产业投资资本。增加合格境外有限合伙人（QFLP）试点企业，吸引更多国际资本，积极引入国际头部股权投资机构。高标准建设南沙国际金融岛，推进国际金融论坛（IFF）永久会址、国际风险投资中心等重点项目建设，以链接更多国际高端资源和要素。

四是促进跨境人才顺畅有序流动。进一步降低港澳建筑工程、医疗、教育、律师、会计、旅游等专业服务人才在南沙提供服务的准入门槛，适时将服务范围扩大到广州市全域。在加快建设港人子弟学校，便利有意愿的港澳居民子女选择参加内地九年义务教育，谋划引进建设若干国际知名学校，丰富基础教育供给。推动港澳人员跨境便捷流动，加快建设高标准港式社区、港人子弟学校，构建与港澳趋同的创业就业保障体系。

五是加大港澳居民个人所得税优惠政策宣传。港澳居民在三大重大平台工作的个人所得税优惠政策，三地优惠政策的范围和支持形式略有差异，其中横琴只针对澳门居民，前海以补贴方式实施，而在南沙工作的港澳居民个人所得税超税负部分可以直接免征，南沙政策有一定的比较优势，建议加大政策宣传力度，吸引更多港澳居民到南沙就业创业。

二、加大企业培育引进力度，增强全球资源配置能力

一是加快各项创新措施落地。《南沙方案》内容丰富，涉及面广，而且布局了建设南沙（粤港澳）数据服务试验区、粤港澳大湾区国际商业银行、建设粤港澳大湾区印刷业对外开放连接平台等不少创新措施，但这些创新措施落地，基本上都需要编制专项工作方案，并报请国家有关部委、粤港澳大湾区建设领导小组批准，甚至需报请国务院支持。建议尽快编制专项方案并报请支持，协调推动国家部委尽快公布先行启动区企业所得税享受15%税率的优惠产业目录。

二是培育本地实质经营的本土企业。南沙区政策优势突出，利好消息不断，必将吸引更多投资者目光，市场主体数量将快速增长，但如果只是在南沙注册、区外办公的"注册经济"，对南沙的发展作用不大。从前海的实践经验看，"注册经济"甚至将带来一些不利后果。建议南沙政策原则上只面向在南沙注册、南沙办公的企业才予以支持，对就业人数多的企业，可以进一步加大办公用房的补贴力度和补贴时间。以本地注册、本地办公吸引更多人才到南沙，也可以破解当前南沙人气不足的问题。

三是强化重大产业项目引进。实践经验表明，招商引资作为增量经济，是推动一个地区经济快速发展的"牛鼻子"。招商引资，是一场非常难打但南沙又必须打赢的硬仗。建议按照重大突破和提前布局相结合、长期和短期相结合，瞄准境外高科技世界500强和行业领军企业开展产业招商"导流"和精准"滴灌"。扩大招商网络，适时在海外布局招商联络点，拓展项目来源渠道。建议组建产业投资集团、重大产业投资基金，适应当前引进重大招商项目的新趋势。同时，加大力度吸引和推动港澳投资者在南沙区设立证券公司、期货公司、基金公司等持牌金融机构，设立港澳独资、合资医疗机构，并将香港的四大领域、六大新兴领域的制造环节延伸落地在南沙。

四是打造高端载体。近年来南沙区开发区域热点不断，灵山岛尖、横沥岛尖、大岗先进制造业基地、龙穴基地、万顷沙基地、庆盛枢纽都发展迅猛，还有明珠湾起步区、蕉门河中心区、南沙科学城等概念，呈现载

体众多、概念众多、布局分散的特点，存在园区知名度和品牌度偏弱以及产业偏散、人才偏散的情况。本次《南沙方案》提出，以点带面、循序渐进的建设时序，建议在政府层面重点打造南沙科学城（含南沙湾和南沙枢纽区块）、庆盛枢纽、大岗先进制造产业园、灵山岛尖等载体，对照第四代产业园区标准，加快完善基础配套设施和人才公寓、污水处理等服务功能，打造高品质产业集聚区。

五是打造面向世界的投资促进队伍。打造面向世界的战略平台，必须要有面向世界的投资促进队伍。建议按照"一主导产业，布局一个产业主管处室（科室）、一个招商处室（科室）"，打造若干懂产业、懂企业、懂资本、懂优惠政策和财税政策，能与投资者对话、能与国际国内接轨的专业化、专职化投资促进队伍。同时，按照《南沙方案》创新合作模式的要求，建议以聘任制的方式，聘请港澳人才，甚至境外人才担任南沙全球招商总经理、全球招商总监等。

三、加快建设中国企业"走出去"综合服务基地，打造中国跨国公司的摇篮

一是高起点建设国家级中国企业"走出去"综合服务基地。《南沙方案》明确提出建设中国企业"走出去"综合服务基地，这是《南沙方案》独有的创新举措，建议尽快编制综合服务基地实施方案，一揽子提出有关政策措施建议，争取国家支持，如南沙企业在境外直接投资取得的所得，免得企业所得税。同时，争取国家发展改革委、商务部以及人民银行等有关部委作为综合服务基地的指导单位，建设成为国家级的综合服务基地。

二是打造国际总部集聚区。落实党中央国务院疏解首都非核心功能以及央企重组的决策部署，建议争取国务院国资委等部委支持，出台专门优惠政策，吸引央企或知名国企、民企在南沙设立国际业务总部。近年来广州市也引进了中铝海外发展有限公司（央企中国铝业集团国际业务总部）落户南沙区，并出台专题政策，建议下步进一步加大工作和政策力度。

三是强化国际航运物流枢纽建设。建议规划建设南沙港区五期、六

期，增强南沙港区吞吐能力。加快发展航运保险、海事仲裁、航运经纪、船舶管理，建设大湾区国际航行船舶保税油供应基地。协同香港、横琴、前海发挥世界级港口群的优势，共建大湾区世界级国际贸易组合港，携手打造高水平对外开放门户枢纽。

四是举办承办国家级展会和活动。建议积极推动21世纪海上丝绸之路国际博览会升格为国家级，积极策划举办或承办国家层面"一带一路"的主题展会，适时承办国际重要论坛、大型文体赛事活动。

四、加快建设教育和科创高地，带动促进高端人才集聚

一是打造与国际知名高校的合作范例。《南沙方案》明确提出，要在南沙划定专门区域，打造高等教育开放试验田、高水平高校集聚地、大湾区高等教育合作新高地。建议以香港科技大学广州校区2022年9月开学为契机，完善合作机制，提升在地服务水平，及时协调解决落地和运营产生的各类问题，将香港科技大学广州校区建设成为粤港澳高校合作的范例。

二是建设华南科技成果转移转化高地。按照2021年度QS全球大学排名，港科大在全球顶尖1000所大学排名27位，被称为"独角兽摇篮"，而南沙庆盛片区，正是香港科技大学布局的重镇。因此，建议与港科大或港科大知名教授合作建设产学研转化基地，拓展高校科研成果在南沙转化，积极承接香港电子工程、计算机科学、海洋科学、人工智能和智慧城市等领域创新成果转移转化。

三是大力引进若干国际知名大学。按照南沙产业发展需要，建议摸查有意开展国际布局的国际知名高校名单，尽早行动，抓紧新洽谈、引进若干国际知名大学校区或高水平研究院。

四是谋划建设广州南沙国际高水平高校集聚区。建议加快论证集聚区选址和建设思路、建设目标和工作措施并形成专题工作方案，报请国家有关部门支持集聚区建设，并搭建渠道引荐高水平国际知名高校在南沙设立校区。通过教育资源的集聚带动产业的发展，带动南沙的人才和人气集聚。

五、加快体制机制创新，持续推进完善营商环境

一是破解"准入不准营"难题。在试行商事登记确认制的基础上，探索实施市场准入承诺即入制，严格落实"非禁即入"，对具有强制性标准的领域原则上取消许可和审批，实行备案制。将多业态经营涉及的食品经营许可证、卫生许可证等事项与营业执照整合，实现准入即准营。

二是深化"证照联办，一照通行"改革。经了解，目前广州还有93项经营许可事项在取得企业营业执照后才能办理，涉及19个单位，建议按照"一照通行"的原则进一步压缩上述事项，让企业一站式完成营业执照、涉企经营许可证办理。

三是推行高频事项跨市通办。推动实现不动产登记、工商注册、社保等97个高频事项在三大重大平台、广深甚至整个湾区通办。

四是以企业获得感为主体开展月度考核。在国家统一组织年度考核、南沙组织月度考核的基础上，建议以企业获得感为导向，以解决企业反映的问题作为月度考核主体内容，解决当前普遍存在的考核排名与企业获得感不一致的问题，打通市场"末梢神经"，激发市场活力。

（韩桢祥）

广深"双城联动"引领珠江口一体化高质量发展

【提要】以"双城联动"引领珠江口一体化高质量发展，既是广深义不容辞的历史责任，也是增强核心引擎功能的应有之策。近年来，广深两地通过深入开展多个领域合作积极助力珠江口一体化发展，区域整体活力显著增强。但依然存在长效机制缺失和规则衔接不力等问题，亟待借鉴国内外先进经验，加快共建规划制度统一、发展模式共推、治理方式一致、区域市场联动的一体化发展新机制，为高质量构建"一核一带一区"发展格局提供强力支撑。建议：一是尽快组建协同高效的内湾区域合作组织；二是大力推动市场设施和公共服务的高效联通；三是抓紧打造一批汇聚高端要素的重大平台；四是全面实现市场准入和监管的公平统一。

广东省第十三次党代会报告明确提出，今后五年要推进粤港澳大湾区珠江口一体化高质量发展试点，着力打造环珠江口100公里"黄金内湾"。广深两地经济总量和人口分别占全省的47.3%和28.8%，若能充分借鉴国内外先进地区经验，依托"双城联动"引领珠江口一体化高质量发展，加快打造世界级"黄金内湾"，将为全省构建"一核一带一区"区域发展格局释放更多乘数效应和倍增效应。

一、广深联动助力珠江口一体化发展的主要做法与成效

2019年9月，广深共同签署《深化战略合作框架协议》。2020年10月，两地共同举办首届"双城联动"论坛。近三年来，两地通过积极开展

科技创新、基础设施、营商环境、智能装备以及社会服务等领域的合作联动助力珠江口一体化发展，区域整体活力显著增强。

（一）扎实推动科技创新对接合作

联手五市共同建设省基础与应用基础研究联合基金（深圳每年投入6000万元），支持粤港澳大湾区基础和应用基础研究。探索建立国家实验室"核心+基地+网络"一体化管理机制，广州琶洲实验室成为鹏城实验室广州基地，深圳湾实验室成为广州实验室深圳基地。联合开展"脑科学与类脑研究""智能网络汽车"等重大科技专项，积极推进疫情防控等重点领域的研发计划对接，推动实现部分大型科学仪器共享和科技专家信息共享。

（二）全面推进基础设施互联互通

携手共建大湾区国际化综合交通枢纽，开通穗莞深城际，中南虎城际（赣深高铁南沙支线）、深莞增城际纳入粤港澳大湾区城际铁路建设规划，积极开展广深第二高铁规划研究。共建国际海港枢纽，深圳港与广州港开展粤港澳大湾区组合港体系建设，开通水上客运码头班线，提升粤港澳大湾区港口群的整体竞争力。共建国家级物流枢纽，两地合作开发平湖南商贸服务型国家物流枢纽协议获国家铁路集团有限公司正式批复。

（三）互学互鉴营商环境创新试点改革

携手在贸易便利化、投资便利化等领域复制推广制度创新成果，联合开展"自贸通办"业务，试运营空运进出口联动业务，成功完成首票跨境电商出口转关业务测试。合作建设自贸片区创新联盟，共同开展项目路演活动。协同推进高频经营许可事项跨城互认、招投标领域数字证书兼容互认，形成"跨城通办"无差别办理事项清单，实现不动产登记、工商注册、社保等97个高频事项跨市办理，落实食品安全监管信息交流、综合治理等领域合作，共建国家营商环境创新试点城市。

（四）加快推进战略性新兴产业合作

共同培育广深佛莞智能装备产业集群，携手参加工信部先进制造业集群竞赛，联合召开集群企业推介交流大会。积极开展智能网联汽车道路测试临时行驶车号牌互认，推动重点企业加快智能网联、车联网服务等核心技术开发合作。共同打造深广高端医疗器械集群，推动两市产业联盟与行业协会交流合作，共同办好官洲国际生物论坛、深圳国际生物产业高峰论坛。加强两地资本市场对接，广州市有87家企业在深交所上市，深圳市累计有520家企业在广东股权交易中心挂牌展示。

（五）共建宜居宜业宜游优质生活圈

深化医疗合作，中山大学、南方医科大学、广州中医药大学等广州知名院校在深圳合作建立12家附属医院，深圳所有二级以上定点医疗机构已全部实现为广州参保人提供住院和门诊异地就医直接结算服务。积极对接优质教育资源，合作建设粤港澳高校联盟，中山大学深圳校区即将完成新校区建设，暨南大学筹备成立"暨南大学前海中心"，部分高校试点开展协同培养本科插班生。组织两地文艺单位开展文化艺术交流活动，共同举办"精彩广深珠"系列旅游推介会，共同推广宣传广深珠旅游产品。

二、国内外先进地区促进区域一体化发展的经验借鉴

当前，虽然两地已经建立交流互访、框架合作等对接渠道，但依然存在长效机制缺失和规则衔接不力等问题，两地中心城区间互联互通水平仍有待提高，优质公共服务资源共享还需强化，在共建粤港澳大湾区国际科技创新中心、共享科创资源、畅通要素自由流动等方面的合作潜力挖掘不够，有必要进一步借鉴国内外先进地区在促进区域一体化发展中的好经验好做法，进一步完善顶层设计，加速强强联合，实现"比翼齐飞"。

（一）旧金山湾区：地方政府协作、区域统筹治理

旧金山湾区人均GDP逾10万美元，远超其他世界级湾区，核心城市为旧金山、奥克兰、圣何塞，其他城市在其周边蔓延但规模差距悬殊，整体空间结构与环珠江口"黄金内湾"极为相似。早期湾区内城市各自为政，产业同质化明显，恶性竞争严重，土地利用、空气污染、交通等问题成为一体化发展的重要限制因素，直至半个世纪后才探索出一套以地方政府协作、区域统筹治理为特色的"联合共治"模式，最终促进了旧金山湾区的快速发展。其具体措施包括：

一是依法设立政府间联合规划机构。由旧金山湾区9个县和101个市镇政府组成"湾区政府协会"，主要负责和处理湾区土地利用、住房、环境质量、经济发展等方面的跨界规划治理工作。二是按需组建州级特别职能机构。成立"大都市交通委员会"负责湾区交通规划、交通融资、交通协调等事宜。成立"湾区保护和发展委员会"确保海岸沿线开发项目与海湾资源保护相兼容。成立"湾区空气质量管理区"负责制定和执行污染防治计划。三是适时搭建更有效的跨界协调机构。为更高效开展跨区域、跨机构的横向协调，设立"湾区区域合作组织"负责协调各大专业组织之间关系，商议解决湾区发展面临的重要问题。

（二）长江三角洲：从项目协同走向一体化制度创新

2019年5月，中央政治局会议审议通过《长江三角洲区域一体化发展规划纲要》，明确提出要高水平建设长三角生态绿色一体化发展示范区（以下简称"一体化示范区"，包括上海青浦区、苏州吴江区、嘉兴嘉善县，面积约2300平方公里）。2019年10月，国务院批复同意《长三角生态绿色一体化发展示范区总体方案》，要求一体化示范区不破行政隶属、打破行政边界，探索从区域项目协同走向区域一体化制度创新，实现绿色经济、高品质生活、可持续发展的有机统一。其具体措施包括：

一是搭建"理事会+执委会+发展公司"三层架构。两省一市成立一体化示范区理事会，下设执委会，负责发展规划、制度创新、改革事项、重大项目的具体实施，共同发起成立示范区发展公司，负责基础性开发、重大设施建设和功能塑造。二是统一空间规划和土地管理。构建统一的"总体规划—单元规划—详细规划"三级国土空间规划体系，推进示范区各级各类规划成果统筹衔接、管理信息互通共享，由执委会负责统筹安排使用建设用地指标。三是建立要素自由流动制度。制定统一的项目准入标准和企业登记标准，建立区内自由迁移服务机制，推动红黑名单和信用修复结果互认，实行专业技术任职资格等互认互准制度，统筹管理跨区域跨部门的政府数据资源。四是推动公共服务共建共享。建立部分项目财政支出跨区结转机制，实施统一的基本医疗保险政策，统筹学区资源，建立跨区域养老服务补贴制度，实现交通出行、旅游观光、文化体验"同城待遇"。

五是强化政策配套和法制保障。对新设企业税收增量地方收入部分实行跨地区分享，按比例注入开发建设资本金，需调整实施法律法规的，由执委会向两省一市人大常委会提出或待国务院授权后按程序实施。

（三）京津冀地区：非首都功能疏解+城市副中心建设

2020年3月，国家发改委出台《北京市通州区与河北省三河、大厂、香河三县市协同发展规划》。2021年11月，国务院印发《关于支持北京城市副中心高质量发展的意见》，要求"按照统一规划、统一政策、统一标准、统一管控要求，积极推进城市副中心、通州区与河北省三河市、大厂回族自治县、香河县（总面积2164平方公里）一体化高质量发展，在规划管理、投资审批、财税分享、要素自由流动、公共服务、营商环境等方面探索协同创新路径"。其具体措施包括：

一是共同建立高效统一的规划管理机制。联手搭建规划编制技术体系和"多规合一"空间基础信息平台，联合实施对自然资源、环保、水利等领域的统一监督执法，共享改革试点政策，国家统筹支持解决城市副中心及周边地区公益性建设项目耕地占补平衡指标。二是共同建设高效一体的综合交通网络。与中国铁路总公司共同组建京津冀城际铁路投资有限公司，按照网络化布局、智能化管理、一体化服务原则推进"轨道上的京津冀"建设，创新交通建设运营管理机制，通过投资主体一体化带动区域交通一体化。三是共同培育创新引领的现代化经济体系。通过政府引导、市场运作及合作共建等方式，同步推动产业协同分工和非首都功能疏解，统筹研究制定产业创新协作专项政策，推动中关村国家自主创新示范区相关政策向北三县延伸。四是共同分享优质便利的城乡公共服务。推动北京优质公共服务资源向北三县延伸，统一社保缴费标准、保障范围、医保目录、公共卫生待遇、准入条件，互认人才评价和行业管理政策，支持北三县盘活存量土地，合理利用增量土地，与城市副中心合作建设保障性租赁住房。

三、广深联动引领珠江口一体化高质量发展的政策建议

《中共中央国务院关于加快建设全国统一大市场的意见》明确提出，

要率先在粤港澳大湾区开展区域市场一体化建设工作。广深两地应牢牢把握政策机遇，联动东莞、中山、珠海等市共同建立规划制度统一、发展模式共推、治理方式一致、区域市场联动的区域市场一体化发展新机制，合力打造以深圳前海合作区（120.56平方公里）、广州南沙区（803平方公里）、东莞滨海湾新区（84.1平方公里）、中山翠亨新区（230平方公里）、珠海高新区（359.76平方公里）自东向西沿海分布、一体化高质量发展的"黄金内湾"，为加快建设全国统一大市场积累更多可复制可推广的典型经验。

（一）尽快组建协同高效的内湾区域合作组织

在粤港澳大湾区建设领导小组办公室的统筹指导下，由广东省政府牵头，联合内湾的广州、深圳、东莞、中山、珠海五市共同建立高效协同的共商共建共治组织——珠江口一体化示范区理事会（理事长建议由常务副省长兼任），统筹研究"黄金内湾"空间发展规划，科学布局跨市域重大基础设施，协调推动"统一规划、统筹用地、项目一体化管理、企业一体化服务"。理事会下设执行委员会（主任建议由省发改委主任兼任），负责统一编制、联合报批、共同实施"黄金内湾"区域发展规划，探索建立"投入共担、利益共享"的跨市域共建共享制度，促进区域内产业高质量协同发展、基础设施互联互通、生态环境共保联治、公共服务对接互认，全面打造国际一流营商环境，携手港澳建成国际一流湾区和世界级城市群。

（二）大力推动市场设施和公共服务的高效联通

做好跨珠江口综合交通基础设施规划衔接，加快深江铁路建设和广深高速改扩建，共同推动深南高铁、伶仃洋（深珠）通道、广深中轴城际、广深第二高铁等项目规划落地。加快宝安国际机场改扩建，共同推动优化珠三角空域资源，加快世界级机场群发展，共建国际航空枢纽。支持合作共建物流枢纽，建立"通道+枢纽+网络"的物流运行体系，以广州港、深圳港为龙头，优化内湾港口资源配置，协同强化港口集疏运体系建设，大力发展多式联运，深化通关一体化改革，联合打造具有国际竞争力的世界级枢纽港区。推进同类型及同目的信息认证平台统一接口建设，建立民生档案异地查询联动机制，推动市场公共信息和户籍、教育、民政、卫生健康、社保、医保等部门人口服务基础信息互通共享，以及病历、医学检验检查结果、工伤认定政策、人才认定政策等跨市域、跨机构共享互认，实现通信业务异地办理和资费统一。

（三）联合打造一批汇聚高端要素的重大平台

共享动产和权利担保登记信息，加强区域性股权市场合作衔接，依托深交所建设国家级知识产权和科技成果交易中心，高标准共建中国（广州）知识产权保护中心。加快共建科技资源共享服务平台、科技研发和转化基地，组建技术市场联盟，推动重大科研基础设施和仪器设备开放共享，联合攻关产业关键共性技术。在深圳数据交易所和南沙国际数据自贸港基础上搭建国际化的区域性数据交易市场，共同探索数据安全、权利保护、跨境传输管理、交易流通、开放共享、安全认证等基础制度和标准规范，推动数据资源跨市域、跨领域开发利用。在统筹规划、优化布局基础上，联动广深莞打造国际珠宝玉石交易中心，探索在珠海、中山率先构建统一的绿色要素交易体系，高标准建设广州期货交易所并尽快上市工业硅、商品综合指数、碳排放、电力等期货交易品种，共同推动油气管网设施互联互通并向各类市场主体公平开放。

（四）全面实现市场准入和监管的公平统一

复制推广营商环境改革试点经验和最佳实践案例，强化"互联网+政务服务"、智慧城市建设等方面合作交流，全面实现政务服务标准一体化和全域"跨城通办"。全面清理废除区域内含有地方保护、市场分割、指定交易等妨碍统一市场和公平竞争的政策，不为跨区域经营或迁移设置障碍，推动优质评标专家等资源共享。加强产业转移项目协调合作，建立重大问题协调解决机制，推动产业合理布局、分工进一步优化，防止招商引资恶性竞争行为。加强市场监管标准化规范化建设，统一执法标准和程序，积极开展联动执法和信用奖惩互认，充分利用大数据等技术手段提升市场监管政务服务、网络交易监管、消费者权益保护、重点产品追溯等方面跨市通办、共享协作的信息化水平。

（兰　青）

广州实现老城市新活力评价指标体系研究

【提要】国内外城市活力指标体系较具代表性的是"全球活力城市指数"和"中国城市活力指数",一种是侧重传统型发展要求的指标体系,另一种是侧重趋势(未来)型发展要求的指标体系。对照这两种指数体系,广州属于"不均衡型城市",各维度排名差别较大,所反映出的是"老城市"问题突出,"新活力"能级支撑不足。建议广州尽快制定能体现实现老城市新活力实践要求、反映城市活力动态的评价指标体系,用以指导、考核、推进实现老城市新活力、"四个出新出彩"重要工作。

活力是检视城市发展前景的重要标志,是城市高质量发展的重要表征。如今,全球城市迈入新发展阶段,城市活力建设需要更综合、更具前瞻性的发展战略和指标体系,用于预测和明确努力方向、建设目标和标准,评估发展中遇到的各种问题,以有效提升城市能级与核心竞争力。目前,西班牙纳瓦拉大学IESE商学院、西安华商大数据中心、北京黑马产业研究院、百度地图等国内外机构在某些年份都会发布活力城市指数等相关报告,评价与比较各大城市活力。

一、当前两种代表性的城市活力指标体系概况

目前,反映城市活力的指标体系在设计上主要有两种偏向,一种是侧重传统型发展要求的指标体系,另一种是侧重趋势(未来)型发展要求的指标体系,其代表是"全球活力城市指数"和"中国城市活力指数"。

（一）国际"全球活力城市指数"的评价体系

"全球活力城市指数"是西班牙纳瓦拉大学IESE商学院在2014年推出的一项旨在衡量全球主要城市综合发展情况的指数，通过收集来自不同机构的数据衡量全世界不同地区的100多个主要城市上一年在各个维度的综合表现，得出每个城市的整体与各维度的排名与评分，划分城市等级，其主要特点和优势是注重综合评价城市发展的各个维度。2018年，"全球活力城市指数"评价维度从10个缩减到9个，包括人力资本、社会凝聚力、经济状况、生态环境、流动性与运输、城市规划、国际联系、科技、政府治理与公共治理等项，在每项维度下又划分出多项评价指标，通过收集不同智库和机构的统计数据，最终得出评价结果（见表1）。

表1　西班牙IESE商学院"全球城市活力指数"评价体系

维度	指标
人力资本	高等教育人口、商学院数量、学生国际流动、中国前100名大学数量、博物馆与艺术馆数量、公立与私立学院数量、剧院数量、人均休闲娱乐支出、休闲娱乐支出
社会凝聚力	失业率、基尼系数、房地产价格、幸福指数、女性职工比例
经济状况	生产力、营商环境（营业执照获取时间、开设公司环境限制）、公司总部数量、早期创业活动的动机、经济增长预测、GDP、人均GDP
生态环境	CO_2排放量、CO_2排放指数、甲烷排放、城市供水质量、PM2.5、PM10、污染指数、环境绩效指数、可再生水资源、未来城市气候与温度、固体垃圾
流动性与运输	交通指数、出行低效率指数、通勤时间指数、共享单车系统、地铁总里程、到达航班数量、加油站数量、是否高速列车

（续上表）

维度	指标
城市规划	单车租用与共享网点、可享有卫生设施的人口比例、平均每间房屋居住人数、高层建筑比例、完工建筑数量
国际联系	麦当劳数量、机场与其他航班作业点数量、平均每个机场的旅客数量、旅游景点信息地图、国际会议数量、人均旅馆数量
科技	微博注册人数、微信、QQ使用数量、手机使用数量、Wi-Fi热点数量、城市创新指数、每一百居民固定电话订阅数、每一百居民宽带订阅数、家庭使用互联网比例、拥有手机家庭比例
政府治理与公共治理	储蓄、人均储蓄、大使馆数量、ISO37120认证数量、研究机构数量、法律权利指数、腐败认知指数、信息公开平台、信息政府发展指数、民主程度、政府建筑数量

（二）国内"城市活力指数"的评价体系

"中国城市活力指数"是城事传媒和华商网基于全国35个大中型城市的相关数据分析共同发布的一项旨在超越"以经济为中心"的城市发展评价体系。其主要特点和优势是按照国家"十三五"规划提出的建设和谐宜居城市的要求，充分考虑我国建设新型城市的发展目标以及城市现有发展水平，力图全维度展示城市发展现状。在指标上，更侧重于"城市未来"，设计了8个一级指标、31个二级指标、46个三级指标，其中一级指标包括"创新（10%）""房地产（15%）""国际化（10%）""交通（15%）""经济（15%）""宜居（15%）""人文（10%）""旅游（10%）"8个方面。在一级指标下，又设二级指标，如"宜居指数"下设"商圈、餐饮、教育、医疗、环境"5项二级指标，各指标下又设2~6项不等的三级指标（见表2）。

表2　"中国城市活力指数"指标体系

一级指标	二级指标
宜居指数（15%）	商圈、餐饮、教育、医疗、环境
房产指数（15%）	土地供应、开发投资、住宅、商业地产
人文指数（10%）	博物馆数、展会数量、体育赛事、健身场馆
交通指数（15%）	铁路、航班、城市交通
经济指数（15%）	沪深上市公司、500强总部、营商环境
创新指数（10%）	独角兽数量、千里马数量、IPO数量、新三板公司
国际化指数（10%）	引进外资项目、实际使用外资、进出口总额、国际航线到达城市
旅游指数（10%）	景区评分、景区热度、游客花费、4A5A数量

二、两种代表性城市活力指标体系对广州城市活力的评价

（一）两种指标体系中广州城市活力基本情况

1. 广州城市活力总体水平在国内领先，但在国际上处于中下游位置

在"中国城市活力指数"榜单中，广州在2018年与2021年分列第4位、第3位（见表3）。西班牙IESE商学院"全球活力城市指数"榜单，广州虽在内地各城市中列第3位，超过了深圳，但在众多国际城市中处于中下游位置。具体而言，广州在"全球活力城市指数（2014—2018）"榜单中，分别排在样本活力城市的88位、104位、104位、102位和109位。考虑该指数排行榜中样本总城市数量的变化，广州在这五年间在榜单中分别处于前65%、前70%、前57%、前57%和前66%的位置（见表5），总体上近几年来广州城市活力综合表现评价不高，远落后于欧美领先城市。

表3　国内外两种城市活力指标评价榜单评价结果

排名	2018年城市 活力指数榜	2018全球 活力城市指数	2021年城市 活力指数榜
1	北京	香港（9）	上海
2	上海	上海（57）	北京
3	深圳	北京（78）	广州
4	广州	广州（109）	深圳
5	重庆	深圳（115）	成都
6	杭州	天津（149）	武汉
7	成都		重庆
8	天津		长沙
9	南京		西安
10	武汉		南京

注：括号里为各城市在全球的排名，其中对比城市总样本量为165个。

2. 广州经济活力总体表现稳定，尤其是营商环境建设

在"中国城市活力指数榜"中，广州经济活力总指数居全国第4（70.58）。其中，沪深上市公司数量与500强总部数量均为全国第5，而营商环境评分为全国第1（见表4和表5），这表明广州营商环境进步明显，成效显著。在"全球活力城市指数"榜单中，广州经济活力在全球城市中逐年提升，从2015年的前71%、2016年的前61%、2017年的55%到2018的33%位置（见表6）。

表4　"中国城市活力指数榜"中前10名城市具体指标排名

名次	城市	宜居指数	房产指数	人文指数	交通指数	经济指数	创新指数	国际化指数	旅游指数	总分
1	北京	79.84	56.07	87.87	74.59	98.59	100	75.1	81.23	80.78

（续上表）

名次	城市	宜居指数	房产指数	人文指数	交通指数	经济指数	创新指数	国际化指数	旅游指数	总分
2	上海	73.94	70.86	82.83	82.17	77.22	72.28	89.64	80.52	78.16
3	深圳	61.43	53.01	63.67	78.26	78.46	64.97	69.24	72.27	67.69
4	广州	70.81	59.5	65.84	71.31	70.58	49.79	58.83	68.89	65.17
5	重庆	62.88	98.52	47.54	61.08	62.73	41.96	52.86	68.57	63.87
6	杭州	60.89	66.51	54.56	68.76	65.4	58.77	50.94	74.12	63.07
7	成都	62.38	70.7	57.56	65.8	59.21	47.52	52.13	77.27	62.16
8	天津	62.46	63.4	55.16	63.5	58.73	44.13	66.28	70.34	60.8
9	南京	67.71	60.57	56.96	66.09	61.27	49.15	46.22	70.02	60.58
10	武汉	62.41	70.46	56.04	65.81	58.88	44.67	48.38	62.15	59.16

表5　广州在"中国城市活力指数榜"中具体指数的排名

指标	宜居指数	房产指数	人文指数	交通指数	经济指数	创新指数	国际化指数	旅游指数
1	商圈发展（3）	土地供应（12）	博物馆数（10）	铁路（6）	沪深上市公司（5）	独角兽数量（6）	引进外资项目（3）	景区评分（4）
2	餐饮（14）	开发投资（7）	展会数量（3）	航班（4）	500强总部（5）	千里马数量（7）	实际使用外资（10）	景区热度（10）
3	教育（4）	住宅（13）	体育赛事（2）	城市交通（6）	营商环境（1）	IPO数量（5）	进出口总额（4）	游客花费（17）

（续上表）

指标	宜居指数	房产指数	人文指数	交通指数	经济指数	创新指数	国际化指数	旅游指数
4	医疗（1）	商业地产（10）	健身场馆（6）			新三板公司（5）	国际航线到达城市（3）	4A5A数量（8）
5	居住环境（9）							

注：括号里为广州排名。

表6　广州在"全球活力城市指数"各维度排名

	2014年	2015年	2016年	2017年	2018年
经济状况	36	105	110	100	55
人力资本	90	79	84	44	92
社会凝聚力	78	100	95	141	121
生态环境	52	137	164	170	152
公共治理	40	145	158	161	119
政府治理	36	59	84	103	
城市规划	57	114	92	69	124
国际联系	21	16	25	21	56
科技	87	65	139	20	110
流动性与运输	63	30	18	19	27
广州总体排名	88	104	104	102	109

注："全球活力城市指数"城市样本选择是对全球6大洲重要城市进行分析，如2018年指数评价的165个城市覆盖了80个国家，其中包括了74个国家的首都城市。

3. 广州"国际联系"和"流动性与运输"方面表现出色

在"全球活力城市指数"榜单中，广州在"国际联系"和"流动性与运输"上均比其他维度要高。这反映广州近几年在建设枢纽型网络城市和战略枢纽成效明显。具体而言，在"国际联系"上，除在2018年滑在56位外，其他年份均在前25位。2016年广州的"国际联系"还排在所有城市中的16位，这是广州历年以来各项活力指标排名最高的一次。显示了广州近年来通过国际会议展览、吸引国际组织入驻和接待大量国外游客等方式大大提升了城市对外交往的能力，反映了广州具有成为国际旅游和国际会议聚焦地的条件。在"流动性与运输"上，广州从2015起连续4年排名"全球活力城市指数"榜单城市的前30位（见表6），这是在该榜单当中最好的活力指标，反映广州交通枢纽建设成效显著。

（二）广州在"城市活力"指标体系中反映出的问题

1. 广州"生态环境""社会凝聚力""城市规划"等指标评价不高

广州的"生态环境""社会凝聚力""城市规划""公共治理"与"政府治理"等活力指标在国际评价中得分不高。如"生态环境"指标，广州除了在2014年列所有样本城市的52位外，其他年份均超过130位，甚至在2017年的181个城市中列170位，仅处于前94%的位置（见表6）。这表明"全球活力城市指数"对广州生态环境评价不高。

2. 广州人力资本活力下滑严重，人才储备明显不足

在"全球活力城市指数（2018）"榜单显示，广州"人力资本"活力指标为92位，仅在全球活力样本城市的前62%（见表6）。该指标选取的评价指标与学校数量、高校质量以及学生流动量等有关城市人才的数据密切联系，由此指标可见广州的人才储备情况存在较大不足。

3. 广州创新活力虽位居第5，但与北京差距相当明显

创新活力指数是城市科技创新的体现，是经济转型的发动机。在"中国城市活力指数榜"中，其对创新活力指数评分是通过2018年1月至9月得到融资的"独角兽"公司数量、"千里马"公司数量、完成IPO的公司数量、在新三板公司挂牌上市的数量4项指标进行加权计算后得出。北京以云集的"独角兽"和"千里马"高科技企业，以云集的国际一流的学府

和科研机构，获得综合评分100分，以绝对优势占据榜首，广州仅为49.79（见表4与表5）。这说明广州创新龙头企业和独角兽企业数量不多，在高精尖技术领域与国内先进水平仍有较大的差距。

（三）对两种代表性城市活力指标体系的评价

从以上两种指数体系中可知广州城市活力总体评价差别不太，均位居全国前列，属于"不均衡型城市"，各维度排名方差较大，所反映出的是"老城市"问题突出，"新活力"能级支撑不足，但是城市活力评价指标设定与计算方法差异性很大，其主要原因是对城市活力理论内涵的理解不同，导致其设定的2级或3级指标维度千差万别，且有些测量结果并不一定符合广州实际。

一是从西班牙IESE商学院编制的"全球活力城市指数"来看，其更侧重于传统大型城市的测量，设定了"人力资本""社会凝聚力""经济状况""生态环境""流动性与运输""城市规划""国际联系""科技""政府治理与公共治理"等9个一级指标，但从其二级指标来看，如测量"经济状况"时，运用"生产力、早期创业活动的动机"衡量时，则很难找出具体数值给予确定，且有些指标并不能多维度全面真实展现广州的经济状况。

二是从城事传媒和华商网编制的"中国城市活力指数"来看，其侧重建立城市未来的"新活力"评价体系，设定了"宜居""房产""人文""交通""经济""旅游""创新"与"国际化"等一级指标。虽然该指标体系在某种程度上展现城市活力各个维度的现状，但是此指标过多展现城市未来的"新活力"，而作为千年商都的广州，其"老城市"的韵味与活力体现不足，如在"交通"测量中，深圳的交通指数高于广州是明显不符合现实的，这可能是由于其设定的二级指标不能完全符合实际。

综合来看，这两类指标评价体系或仅是在"老城市"维度上展现，或仅是在"新活力"维度上展现，均不太符合广州实现老城市新活力的实践要求，没能充分体现广州要在综合城市功能、城市文化综合实力、现代服务业、现代化国际化营商环境方面出新出彩的特点，并不完全适合对广州城市活力监测以及新活力的培育。因此，必须立足广州实际与特点，紧紧围绕实现老城市新活力、"四个出新出彩"的要求，科学合理设计广州城市活力评价指标体系，引领广州发挥老城市特色优势、提升活力能级，推动城市高质量发展。

三、构建国际一流、广州特色、体现实现老城市新活力实践要求的广州城市活力指标体系

我们建议，从综合城市功能、城市文化综合实力、现代服务业、现代化国际化营商环境4个维度构建广州城市活力评价体系，明确广州老城市的优势与问题及新活力建设的方向与路径，为市委市政府和各区各部门提供实践指导与考核依据。如，市委市政府可以根据每年、每季度实现老城市新活力评价结果对广州整体运行作出研判，以便更好做出前瞻性规划，提出工作要求，更好指导各区各部门工作；各区各部门可根据活力评价结果，监测其工作运行绩效，并针对相应的问题，改进工作方式，提高工作效能，对下属各镇街和部门进行针对性考核与监督。

为科学合理构建广州城市活力指标体系，需要遵循以下原则：一是系统性原则。广州活力指标体系的构建力求反映广州城市活力内涵所包括的各个维度，还原广州城市活力的真实情况，以便真实反应广州实现"老城市新活力"整体状况，形成一个完整的系统。二是科学性原则。广州活力指标体系所选取的指标需要具有明确的代表性，指标的定义、指标的分类和指标间的比较都必须保证科学合理，以保证指标对广州活力的解释力。三是可获得性原则。广州活力指标体系要注重指标的简洁性和可获得性，保证的指标的可测量性和数据的真实可靠，以便于客观评价。四是可比性原则。广州活力指标体系的构建力求选取的指标的统计口径统一，以保证指标具有一定程度的可比性，以便各个指标之间横纵向对比分析，以便广州各区各部门对于活力发展情况的监测与考核。

具体而言，是构建4个一级指标、12个二级指标、87个三级指标的广州城市活力指标体系，其中一级指标内容与赋值比重为："综合城市功能活力（35%）""城市文化综合活力（20%）""现代服务业活力

（25%）""营商环境活力（20%）"等4个方面，这4个方面正是体现了广州实现老城市新活力、"四个出新出彩"的重要内容。一级指标是通过二级指标来确定与测量的，如"综合城市功能活力"是通过"经济活力、创新活力、协调活力、人才活力、交通枢纽活力、城市公共治理活力"等6个二级指标测量，因为城市综合活力的体现是一个城市经济、创新、协调、人才、交通与政府治理等多个维度的综合体现（见表7）。

表7　广州城市活力（实现老城市新活力）评价指标体系

一级指标	二级指标	三级指标
综合城市功能活力（35%）	经济活力（11%）	GDP、人均GDP、工业增加值、制造业转型升级水平、劳动生产率、资本生产率、高技术制造业投资占全部制造业投资比重、现代产业发展指数、社会消费品零售总额增速
	创新活力（7%）	R&D人员投入强度、R&D经费投入强度、教育支出占财政总支出比重、技术合同成交额增速、新型基础设施建设水平、城市创新指数、拥有省级及以上技术创新平台数量，专利产出指数、独角兽数量、千里马数量、IPO数量、新三板公司、国家级高新技术企业数量和增速
	协调活力（6%）	常住人口城镇化率、城乡居民可支配收入之比、城乡居民消费水平之比、社会矛盾纠纷化解率、基础设施通达水平、美丽宜居村达标率、区域发展差异系数
	人才活力（5%）	人口吸引程度、人才净流入占比、青年人口比重、高等教育学生数量、高校数量、学生国际流动率

（续上表）

一级指标	二级指标	三级指标
综合城市功能活力（35%）	交通枢纽活力（3%）	交通指数、出行低效率指数、通勤时间指数、地铁总里程、到达航班数量、加油站数量、国际会议数量、国际会展数量、旅客周转量
	城市公共治理活力（3%）	信息公开平台、信息政府发展指数、法律权利指数
城市文化综合活力（20%）	文化活力（20%）	图书馆数量、博物馆数量、展会数量、体育赛事、健身场馆、人均基本公共服务财政保障水平、地方财政文化体育与传媒支出、居民文化类、娱乐消费支出占总消费支出比例、公共文化发展指数、战略新型文化产业占地区生产总值比重、人均文化消费支出
现代服务业活力（25%）	现代服务业发展活力（15%）	现代服务业占地区生产总值比重、现代服务业从业人员数量、现代服务业固定资产投资额、现代服务业发展指数、金融发展指数、旅游发展指数
	现代服务业发展潜力（10%）	现代服务业投资深度、现代服务业投资产出率、现代服务业就业结构偏度、现代服务从业强度
营商环境活力（20%）	市场活力（5%）	营业执照获取时间、营商环境便利度、公司总部数量、市场主体培育发展指数
	开放活力（5%）	外贸市场份额、外贸市场份额、吸收外资水平、对外投资水平

（续上表）

一级指标	二级指标	三级指标
营商环境活力（20%）	绿色活力（5%）	空气、水等环境质量水平、主要污染物排放总量降低率、环境基础设施覆盖率、资源节约利用率、绿色生活指数
	宜业宜居活力（5%）	商圈指数、餐饮、教育、医疗、居住环境、就业和社会保障水平

注：本指标体系是由熵值法理论中引入权重计算而得，即对每个二级指标赋予权重的方法对城市活力进行综合评价，以有效避免评价标准的不确定性带来的影响。

我们不难发现，现有指标体系大都是运用大都是静态数据，仅是依赖于过往数据的分析，存在一定的滞后性，与大数据时代的动态要求不相符。建议在广州城市活力（实现老城市新活力）评价指标体系下，建立一套动态活力模型和相应的指标体系，即城市活力"体验式"动态指标体系。具体来讲，一是开发"城市活力平台"，集"人力资源""营商环境""政务办理""治理服务""环境生态""交通流通""国际交往""文化旅游""互通互联"等城市功能于一体，利用移动终端实现扫码体验、动态跟踪、预计时限，以实现新活力"动态"考核。如，广州市引进人才过程中，人才通过移动终端扫码上线办理有关手续或申报有关项目，办理过程中，实现动态时时跟踪，并通过平台反馈有关信息至移动终端，或提供预计完结时间、或提供有关指引服务，且上级部门可对实时数据进行"动态"考核。二是在此平台构建基础上，每一项功能都可以考虑对标国际一流指标，争取实现最高最优效益。

（王　超，林柳琳）

聚焦经济密度、城市首位度和城市安全度提升广州城市发展能级

【提要】提升城市能级和核心竞争力，是推动广州实现老城市新活力的重要路径。课题组构建了以经济密度、城市首位度和城市安全度"三个度"为核心的城市能级评价指标，对广州在国内外先进城市中的能级地位进行对比分析。结果表明，广州除人口首位度、服务业首位度、商贸首位度、交通首位度、虚拟经济比重、地方政府负债率等指标外，其他评价指标居于中间靠后，情况不容乐观。建议：一是以提升经济密度为指挥棒，着力打造南沙、黄埔等"高密度区域"和广州城市科技创新"第三中轴线"，持续增强城市综合实力；二是以提升首位度为主线，全面增强国际商贸中心、综合交通枢纽功能，提升全球资源配置能力；三是以提升城市安全度为保障，完善城市风险信息管理平台，构建城市全生命周期安全管理体系，夯实强化城市安全治理体系，加快建设韧性城市。

城市能级是一座城市实力的综合体现，是指城市的功能等级及对周边区域的辐射影响程度；核心竞争力则是城市能级提升的动力源泉，主要指对城市能级提升起关键作用的环节和要素，使城市能够集聚更多资源、创造更大价值并产生持久竞争优势的独特能力。2018年11月，习近平总书记考察上海时明确强调，上海要"加快提升城市能级和核心竞争力，更好为全国改革发展大局服务"。广州也要以总书记关于城市能级和核心竞争力的重要论述为指导，将提升城市能级和核心竞争力作为实现老城市新活力的重要支撑。

为此，课题组系统梳理了学界对城市能级和核心竞争力的研究脉络，

构建以经济密度、城市首位度和城市安全度"三个度"为核心的城市能级评价指标（见表1），对标对表纽约、伦敦、东京、新加坡等世界一流城市和上海、北京、深圳等国内先进城市，审视广州城市能级的差距和短板，提出突破口和主攻方向。

表1　城市能级和核心竞争力的研究脉络与指标体系

	城市等级理论	城市网络理论	城市活力理论
核心观点	①城市规模是衡量城市能级的重要指标。由于规模经济的存在和运输成本的差异，中心城市人口和经济规模急剧扩张，对周边城市的虹吸效应和辐射效应显著加大②全球城市体系是由全球城市、特大城市、大城市、中小城市组成的"金字塔形"等级体系	①城市并不孤立存在，每一个城市都在城市网络中发挥着独特的功能。城市能级以在城市网络中的功能定输赢②全球城市是全球流量经济的资源配置枢纽。城市能级不仅取决于它所拥有的东西（地点空间），更取决于它流经的东西（流动空间）③全球城市体系是由不同功能的"节点"和"枢纽"组成的城市网络结构，而非金字塔结构	①城市是复杂的生命体、有机体，要敬畏城市、善待城市②城市作为人类对象化实践的产物，不仅是地点空间和流动空间，还是高品质、多样化的活力空间③城市活力是城市的生命力，也是城市可持续发展的关键。人是城市的行为主体和根本，坚持以人民为中心，促进人的全面发展，最大化吸引不同层次的人口和人才，是提高城市活力的根本路径④尊重城市的历史和文化，全面提升城市综合环境和城市自我调适、自我修复、

（续上表）

	城市等级理论	城市网络理论	城市活力理论
核心观点	③经济密度作为城市规模和经济效率的综合反映，是提升城市能级的基础和前提	④城市首位度反映了中心城市在一定区域内的要素集聚、功能支撑和辐射带动程度，是衡量城市能级的主要指标	自我更新能力，加快建设韧性城市，是提升城市活力的必由之路 ⑤安全是人最基本的需求，城市安全是城市发展的底线、生命线和最大的民生，也是衡量城市能级的重要标志
代表性研究	①冯·杜能《孤立国》的经济区位理论 ②保罗·克鲁格曼《地理和贸易》的中心—外围理论 ③倪鹏飞《中国城市竞争力报告》的"弓弦箭"模型和"飞轮"模型	①曼纽尔·卡斯特尔《网络社会的崛起》的流动空间理论 ②彼得·泰勒《世界城市网络：一项全球层面的城市分析》的城市网络理论 ③北京国际城市发展研究院的"城市价值链"模型	①简·雅各布斯《美国大城市的死与生》 ②扬·盖尔《人性化的城市》 ③凯文·林奇《城市形态》的城市形态理论 ④蒋涤非的城市形态活力论
评价指标	经济密度： 人均GDP、地均GDP、 高端产业比重、城乡区域差距	城市首位度： 人口首位度、经济首位度、服务业首位度、工业首位度 商贸首位度、交通首位度、金融首位度、创新首位度	城市安全度： 经济安全、生态安全、 社会安全、公众安全感

一、经济密度和城市综合实力仍待提升

城市等级理论认为，经济密度作为城市规模和经济效率的综合反映，是提升城市能级的基础和前提。立足新发展阶段提升城市能级不应片面追求经济总量和城市规模扩张，而应聚焦"高密度GDP"，在提高人均、地均产出上下功夫，推动城市立体化高质量发展。

1. 广州人均GDP偏低

提高人均产出和人民生活水平是提升城市能级的根本目的。人均GDP是衡量人均产出的主要指标。2021年广州人均GDP为15.04万元，低于香港、澳门、北京、上海、深圳、苏州、南京、宁波、无锡、珠海等城市，居全国内地各城市第13位，居大湾区第5位（见图1）。

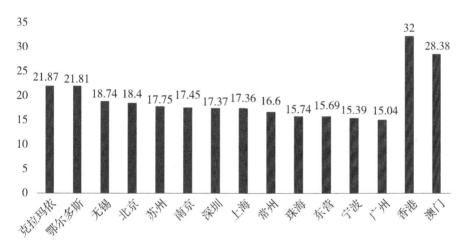

图1　2021年国内先进城市的人均GDP（万元）

2. 地均GDP偏低

地均GDP是反映土地生产效率的主要指标。与纽约、东京、伦敦、新加坡等国际先进城市和深圳、上海等国内先进城市相比，广州地均GDP差距十分明显，单位土地的经济承载容量有限。2021年广州地均GDP只相当于纽约和澳门的1/15、新加坡的1/9、东京的1/8、伦敦的1/7、香港的1/6、深圳的1/4和上海的1/2，也低于东莞，居大湾区第5位（见图2）。

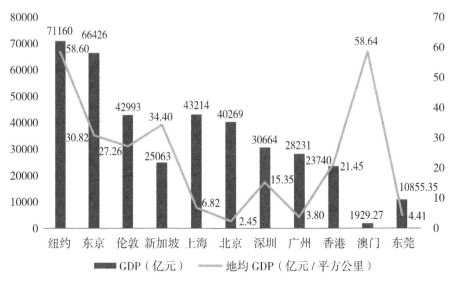

图2　2021年国内外先进城市的地均GDP

3. 高端产业比重偏低

从经济密度的产业分布看，高端产业具有科技含量高、劳动生产率高、产业附加值高、资源能源消耗低、环境污染少的突出特点，是提升经济密度和城市能级的核心引擎。对标先进，广州现代服务业、先进制造业和高技术制造业等现代产业总量和比重偏低。从总量看，广州现代服务业增加值只相当于北京的48%、上海的57%和深圳的90%；广州先进制造业增加值仅为深圳的43.4%，高技术制造业增加值仅为深圳的12.4%、东莞的40.4%、惠州的96.7%，居大湾区第4位。从比重看，广州现代服务业增加值占GDP比重分别比北京、深圳和上海低15.9个百分点、10.3个百分点和7.5个百分点（见图3）；广州先进制造业增加值占规上工业比重分别低于深圳、惠州、珠海13个百分点、4个百分点、1.9个百分点，居大湾区第4位；广州高技术制造业增加值占规上工业比重分别低于深圳、惠州、东莞、珠海51.7个百分点、28.1个百分点、23.8个百分点和15.6个百分点，也低于全省16.1个百分点的平均水平，居大湾区第5位（见图4）。

4. 城乡区域发展差距偏大

从经济密度的空间分布看，中心和外围城区的地均GDP存在显著的差

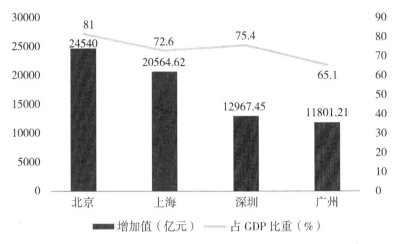

图3　国内先进城市现代服务业增加值及占GDP的比重①

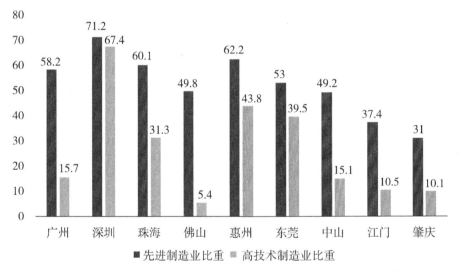

图4　粤港澳大湾区各市先进制造业、高技术制造业比重②

① 注：统计部门明确界定了现代服务业的统计范围，具体包括信息传输计算机服务和软件业、金融业、房地产业、租赁和商务服务业、科学研究技术服务和地质勘查业、水利环境与公共设施管理业、教育、卫生社会保障和社会福利业、文化体育和娱乐业等九个国民经济行业门类。资料来源：各城市统计年鉴2021。

② 注：香港、澳门服务业占绝对主导地位，工业比重低，上述指标数据缺乏可比性，故未列入。资料来源：广东统计年鉴2021。

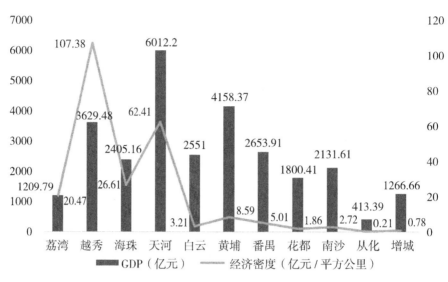

图5　2021年广州市各区的地均GDP

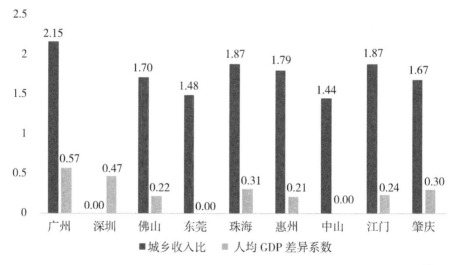

图6　2021年粤港澳大湾区各市城乡收入比和人均GDP地区差异系数①

① 注：东莞和中山属于不设市辖区的地级市，人均GDP地区差异系数数据不具有可比性。资料来源：2021年珠三角各市国民经济和社会发展统计公报和广东省统计年鉴2021。

异。荔湾、越秀、海珠、天河等中心城区的地均GDP较高，白云、黄埔、番禺、花都、南沙、增城、从化等外围城区的地均GDP偏低。其中，越秀地均GDP分别约是从化、增城的513倍和137倍，天河地均GDP分别约是从化、增城的298倍和80倍，差距悬殊（见图5）。值得指出的是，白云、黄埔、番禺、花都、南沙、增城、从化等外围城区也是广州农业农村的主要分布地区。城乡区域差距仍是广州实现共同富裕亟需破解的最大难题。从衡量指标看，广州城乡区域差距在大湾区的排名情况不容乐观。城乡居民人均可支配收入比和人均GDP地区差异系数分别是衡量城乡区域差距的重要指标。2021年，广州城乡居民人均可支配收入比为2.15∶1，广州10个区的人均GDP地区差异系数为0.57，均远高于粤港澳大湾区其他城市，广州是大湾区城乡区域差距最大的城市（见图6）。

二、城市首位度和综合城市功能亟须强化

城市网络理论认为，城市能级以在城市网络中的综合功能定输赢。综合城市功能越强、对外辐射范围越大，则城市能级越高。从国际先进城市看，纽约、伦敦、东京、新加坡等国际经济、金融、航运和贸易中心，均具有远远超出本区域和本国的辐射半径，均凭借强大的综合功能无可争议地成为世界一流城市。从国内先进城市来看，城市能级同样体现为鲜明的综合功能特色（见表2）。

表2 国内先进城市立足综合功能、提升城市能级的具体做法

	立足综合功能	提升城市能级
北京	①2014年2月，习近平总书记考察北京时强调，北京城市战略定位是全国政治中心、文化中心、国际交往中心、科技创新中心	①高规格组建北京市推进全国文化中心建设领导小组、北京推进国际交往中心功能建设领导小组、北京推进科技创新中心建设领导小组

（续上表）

	立足综合功能	提升城市能级
北京	②近年来，北京深入贯彻习近平总书记对首都城市战略定位要求，大力加强"四个中心"功能建设，提高"四个服务"水平，优化提升首都核心功能	②先后出台《北京市推进全国文化中心建设中长期规划（2019年—2035年）》《北京市"十四五"时期加强全国文化中心建设规划》《北京市"十四五"时期国际科技创新中心建设规划》《北京推进国际交往中心功能建设专项规划》《北京推进国际交往中心功能建设行动计划（2019-2022年）》，稳步推进重大项目，加速集聚国际高端要素，持续提升城市能级
上海	①上海牢记总书记嘱托，把强化"四大功能"、建设"五个中心"作为提升城市能级和核心竞争力的主线 ②上海明确提出："无论是作为全国最大经济中心城市，要瞄准全球顶尖城市，更好地代表国家参与国际合作和竞争，还是作为长三角世界级城市群的核心城市，要服务全国发展大局，更好地为其他地区赋能，关键在于核心功能有多强"	①出台《中共上海市委关于面向全球面向未来提升上海城市能级和核心竞争力的意见》，对提升城市能级和核心竞争力进行系统谋划和布局 ②针对"四大功能"和"五个中心"分别出台《"十四五"时期提升上海国际贸易中心能级规划》《上海国际航运中心建设"十四五"规划》《上海国际金融中心建设"十四五"规划》《上海市建设具有全球影响力的科技创新中心"十四五"规划》《上海市社会主义国际文化大都市建设"十四五"规划》等专项规划，形成政策和规划合力，推动城市功能和能级的整体提升

在城市网络理论看来，城市首位度是衡量城市能级的主要指标。城市首位度反映了中心城市在一定区域内的要素集聚、功能支撑和辐射带动程度，衡量指标是首位城市各类要素占整个区域的比重。城市首位度主要包括人口首位度、经济首位度、服务业首位度、工业首位度、商贸首位度、交通首位度、金融首位度、创新首位度等具体维度。

从国内先进城市看，无论是人口首位度，还是经济首位度，北京、上海均牢牢占据京津冀地区和长三角地区的领先地位，在区域经济发展中体现了很强的辐射带动能力，首位城市引领地位十分稳固。北京在京津冀地区的人口首位度和经济首位度分别比天津高7个百分点、26个百分点；上海在长三角地区的人口首位度和经济首位度分别比苏州高10个百分点、12个百分点（见表3）。相对而言，大湾区的中心城市发展较为均衡，首位城市的引领带动作用不明显。

1. 广州的人口首位度较高，但经济首位度偏低

广州在大湾区的人口首位度比深圳高2个百分点，在大湾区排名首位；经济首位度比深圳低2个百分点，在大湾区中排名第2位（见表3）。广州经济首位度偏低，会妨碍优质生产要素的聚合和扩散，不利于提升广州在大湾区的要素集聚和辐射带动功能。

表3　国内先进城市在各区域的首位度

地区	中心城市	人口 首位度	经济 首位度	服务业 首位度	工业 首位度
京津冀	北京	0.21	0.43	0.54	0.22
	天津	0.13	0.17	0.16	0.22
长三角	上海	0.21	0.25	0.30	0.19
	苏州	0.11	0.13	0.11	0.17
大湾区	广州	0.22	0.22	0.24	0.17
	深圳	0.20	0.24	0.23	0.29

2. 广州服务业首位度较高，工业首位度偏低

分产业看，服务业首位度和工业首位度是广州经济首位度的主要推动力。广州服务业首位度高深圳1个百分点，工业首位度低深圳12个百分点。广州工业增加值（5722.5亿元）只相当于上海和深圳的6成，工业比重（22.9%）分别比佛山、东莞、深圳和上海低30.5个百分点、28.7个百分点和11.6个百分点和2.1个百分点，在大湾区内地9市中排名末位。从发展趋势看，"十三五"期间广州工业比重下降了7.3个百分点，与国家"十四五"规划提出的"保持制造业比重基本稳定"目标不完全吻合。

3. 广州商贸首位度和交通首位度较高

从细分领域看，广州商贸首位度和交通首位度较高，广州商贸首位度高于深圳9个百分点，交通首位度高于深圳16个百分点。广州区位交通条件优越，国际商贸和交通枢纽优势明显。2021年广州商贸业和交通运输业增加值排名全国第2位、大湾区首位，社会消费品零售总额和港口货物吞吐量排名全国第3位、大湾区首位，白云国际机场旅客吞吐量全国第1位（2020年全球第1）。基于"千年商都"底蕴的国际商贸中心和基于综合性门户城市的综合交通枢纽是广州的特色功能定位与最大优势。

表4　国内先进城市在各区域的首位度[①]

地区	中心城市	商贸首位度	交通首位度	金融首位度	创新首位度
京津冀	北京	0.41	0.18	0.61	0.50
	天津	0.18	0.18	0.17	0.23
长三角	上海	0.27	0.29	0.40	0.18
	苏州	0.12	0.10	0.10	0.18

① 注：商贸首位度按批发和零售业、住宿和餐饮业增加值计算，商贸首位度按交通运输、仓储和邮政业增加值计算，金融首位度按金融业增加值计算，创新首位度按专利授权量计算。数据来源于各城市统计年鉴。

（续上表）

地区	中心城市	商贸首位度	交通首位度	金融首位度	创新首位度
大湾区	广州	0.34	0.34	0.15	0.24
	深圳	0.25	0.18	0.28	0.35

4. 广州金融首位度和创新首位度偏低

广州金融首位度低深圳13个百分点，创新首位度低深圳11个百分点。金融是现代经济的核心，也是提升城市能级的核心服务功能。2021年广州金融业增加值2467.9亿元，占全市GDP的比重为8.7%，金融业已成为全市重要支柱产业。但与北京、上海、深圳等先进城市相比，广州金融业规模和比重仍处于较低水平。2021年，广州金融业增加值规模仅为上海和北京的1/3、深圳的1/2；金融业增加值占GDP的比重分别低北京和上海10.1个百分点和9.7个百分点，也低深圳6.7个百分点。创新是引领发展的第一动力，也是提升城市能级的核心支撑。广州创新首位度仍存在研发强度不足、知识产权创造能力不强等突出问题。2021年广州研发强度为3.15%，远低于北京的6%、深圳的5.46%和上海的4.1%。2021年广州发明专利授权量2.4万件，明显低于上海的3.29万件、深圳的4.5万件、北京的7.9万件。广州丰富的科技资源优势未能有效转化为专利成果优势。

三、城市安全度和城市韧性仍有短板

城市活力理论认为，城市活力是城市的生命力，也是城市可持续发展的关键。尊重城市的历史和文化，全面提升城市综合环境和城市自我调适、自我修复、自我更新能力，加快建设韧性城市，是提升城市活力的必由之路。安全是人最基本的需求，城市安全是城市发展的底线、生命线和最大的民生，也是衡量城市能级的重要标志。城市安全包含经济安全、生态安全、社会安全、公众安全感等重要维度。

1. 虚拟经济比重和地方政府负债率低

虚拟经济比重和地方政府负债率是衡量经济安全的重要指标。广州经济安全度较高。2021年广州虚拟经济比重（房地产业和金融业增加值占GDP比重）低于香港、澳门、上海、北京、深圳等可比城市，居大湾区第4位。相对而言，近年来广州实体经济与虚拟经济之间的关系较为均衡和协调，经济体系"脱实向虚"趋势不明显。2021年广州地方政府负债率（债务余额占GDP比重）低于上海、北京等可比城市，广州地方政府债务风险属于绿色区间，在全国处于较低水平（见图7）。

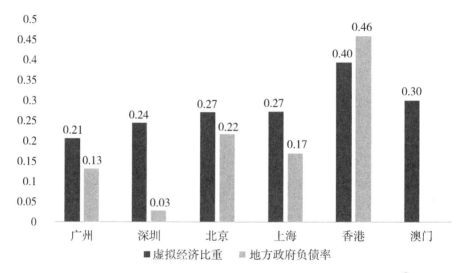

图7　2021年国内先进城市虚拟经济比重和地方政府负债率①

2. 空气和水环境质量待提升

空气和水环境质量是衡量生态安全的重要指标。广州生态安全度偏低。2021年广州优良天数比例（AQI达标率）88.5%，比全省平均水平低5.8个百分点，居全省第18位、大湾区第6位。2021年广州细颗粒物（PM2.5）平均浓度24微克/立方米，比全省平均水平高2微克/立方米，居全省第18位、大湾区第9位（见图8）。2021年广州水质指数为3.92，居全

---

① 注：香港虚拟经济统计口径包括金融及保险、地产、楼宇业权；澳门虚拟经济统计口径包括金融、保险、不动产。澳门没有公共债务。资料来源：各城市统计年鉴和统计公报。

省第9位、大湾区第5位；广州城市污水处理率97.90%，居全省第12位、大湾区第5位（见图9）。

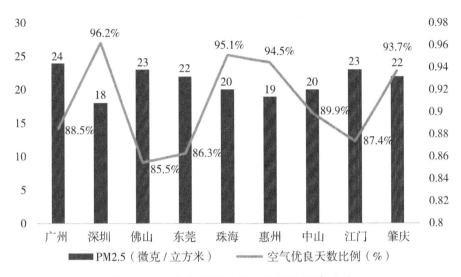

图8　2021年大湾区内地9市空气环境质量

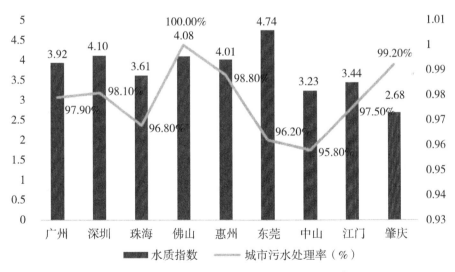

图9　2021年大湾区内地9市水环境质量①

———————

① 注：水质指数的计算依据《关于印发〈广东省城市地表水环境质量排名实施方案〉的通知》（粤环函〔2018〕1271号）。水质指数的数值越低，说明水质状况越好。资料来源：广东省生态环境厅和广东统计年鉴2021。

3. 刑事案件立案率和交通事故死亡率偏高

刑事案件立案数和交通事故死亡率是衡量社会安全的重要指标。广州社会安全度偏低。广州刑事案件立案率54.85件/万人，比全省平均水平高11件/万人，居全省第18位、大湾区第6位。广州交通事故死亡率2.17人/万车，比全省平均水平高0.74人/万车，居全省第17位、大湾区第9位（见图10）。

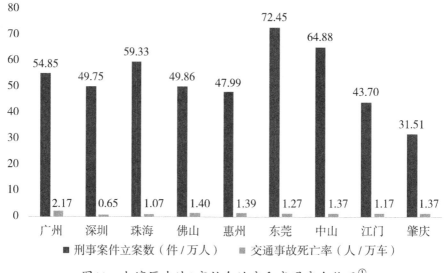

图10　大湾区内地9市社会治安和交通安全状况①

4. 公众安全感偏低

公众安全感反映了城市居民对城市安全的总体感知状况，是衡量城市安全水平的重要指标，也是评价城市安全治理成效的晴雨表。中国应急管理学会、中国矿业大学和社科文献出版社联合发布的《公共安全感蓝皮书：中国城市公共安全感调查报告（2020）》显示，广州总体公众安全感在36个城市中排名第25位，尤其在生态安全感、信息安全感和公共卫生安全感分别排名第29位、第29位、第28位。与北京、深圳、上海等可比城市相比，广州公众安全感排名情况不容乐观，提升广州公众总体安全感尤其生态、信息和公共卫生安全感刻不容缓（见表5）。

---

① 资料来源：广东社会统计年鉴2021。

表5 国内主要城市公众安全感指数及排名

指标 城市 得分排名	广州 得分	广州 排名	深圳 得分	深圳 排名	北京 得分	北京 排名	上海 得分	上海 排名
自然安全感	0.5152	24	0.5414	14	0.5528	6	0.5486	7
生态安全感	0.499	29	0.5249	8	0.5130	17	0.5124	18
公共卫生安全感	0.4801	28	0.5005	14	0.5077	9	0.5022	17
食品安全感	0.4657	25	0.4821	14	0.5056	4	0.4717	18
交通安全感	0.5105	19	0.5241	9	0.5244	8	0.5241	10
公共场所设施安全感	0.5375	22	0.5513	5	0.5518	6	0.5516	11
治安安全感	0.511	17	0.5248	4	0.5270	5	0.5149	14
社会保障安全感	0.4777	22	0.4984	7	0.5056	6	0.4865	18
信息安全感	0.4515	29	0.4753	15	0.4951	8	0.4694	19
总体安全感	0.4745	25	0.4817	10	0.4832	8	0.4795	16

资料来源：《公共安全感蓝皮书：中国城市公共安全感调查报告（2020）》。

四、精准提升广州城市能级和核心竞争力

立足全国全省和大湾区发展大局，突出"抓重点、强弱项、补短板"，精准提升广州城市能级和核心竞争力，建议从以下三个方面发力突破：

1. 以提升经济密度为指挥棒，持续增强城市综合实力

树牢"以亩产论英雄"、以"效益论英雄"、以"能耗论英雄"、以

"环境论英雄"的导向，在提高地均、人均产出上下更大功夫，通过"产业上楼""联合建楼""充分利用地下空间""二三产混合用地""点状供地""弹性年期""新型产业用地"等多种方式，创新土地供给方式和置换模式，提高土地综合利用效率。以产业地图为抓手，统筹优化全市产业定位和空间布局，实施要素差别化配置机制，促进资源向重点区域、高端产业和优质企业集中，推动各区有序发展、错位竞争，实现区域优势更优、特色更特、强项更强，打造"高密度区域"。以共建若干城乡区域协同发展示范区为突破口，以项目合作为牵引、机制和政策创新为支撑，强化规划同频、空间联动和要素集聚，探索城乡区际合作的新型飞地模式，创新产业与土地、空间、生态、文化、人才等多重稀缺资源统筹开发利用机制，不断提升美丽乡村和外围城区的吸引力、创造力和竞争力，把美丽乡村和外围城区打造成为承载高附加值产业、承接都市功能外溢、凸显乡村特色和魅力风貌、提升城市整体能级和核心竞争力的宝贵战略空间。

以贯彻落实《南沙方案》为契机，精心谋划、全力推进南沙先行启动区建设，借鉴深汕特别合作区模式，鼓励支持中心城区在南沙建立"飞地式"合作区，推动区域优势互补和体制机制创新，携手提升城市能级和核心竞争力。发挥《南沙方案》和《中新广州知识城总体发展规划（2020—2035年）》联动效应，在功能定位、产业布局、社会治理等方面，对标学习新加坡等国际先进城市，共同打造南沙和黄埔产业发展、科技创新、对外开放、历史传承、山海景观、空间拓展等要素聚合的"高密度区域"和广州科技创新"第三中轴线"。

2. 以提升首位度为主线，持续强化综合城市功能

坚持产业第一，把加快构建实体经济、科技创新、现代金融、人力资源协同发展的现代产业体系作为广州强化综合城市功能的突破口，做大做强商贸、汽车等首位产业，补齐金融、创新、高端人才等核心功能短板，完善"基础研究+技术攻关+成果产业化+科技金融+人才支撑"全过程创新生态链和全产业链、企业全生命周期扶持政策，加快培育壮大创新型龙头企业与高成长中小企业。立足城市功能定位巩固提升现代服务业优势地位，夯实高端制造业和实体经济根基，强化战略性新兴产业和"新赛

道"未来产业布局，加快构建以现代服务业为主体、先进制造业为支撑、战略性新兴产业为引领的高端产业体系。深入落实《粤港澳大湾区发展规划纲要》，全面增强国际商贸中心、综合交通枢纽功能，协同建设国际消费中心、科技教育文化中心和科技创新强市，以科技、数字、文化赋能商贸业发展，大力发展平台经济、电商经济、直播经济、总部经济、首店经济、定制经济、夜间经济、服务贸易等新业态，打造面向国际国内双循环的商品交易平台和集散中心、全球新品首发地和时尚品牌集聚地、全球贸易运营控制中心，提升全球资源配置能力和全球服务能力。发挥"一带一路"重要枢纽城市和粤港澳大湾区核心引擎作用，加快国际航空航运枢纽和信息枢纽建设，推进数字港与空港、海港、铁路港联动赋能，带动枢纽经济、门户经济、商贸经济、信息经济、数字经济的发展，打造全球流量经济枢纽城市。发挥市先进制造业强市建设领导小组办公室的牵头作用，强化政策、资源统筹和督促检查、市区联动，全力推动重大政策、重要规划、重点项目落地见效，擦亮"先进制造业强市"品牌，保持制造业比重基本稳定。

要以优化营商环境为切入点，推动南沙等重点区域强化制度集成创新，深化全球溯源体系、全球优品分拨中心、全球报关服务系统等创造型引领型改革，推动自贸区与实体经济融合发展，打造南沙粤港澳深度合作示范区，在贸易投资、原产地税收、法定机构、出入境管理、资金和数据跨境便捷流动等方面先行先试，探索"沙盒监管"、触发式监管等包容审慎监管机制，积极争取上级部门法律法规授权，推动南沙建设内地与港澳规则相互衔接示范基地。

3. 以提升城市安全度为保障，加快建设韧性城市

树牢"大安全、大应急、大减灾"意识，构建城市全生命周期安全管理体系，坚持以人民为中心，强化民生改善和城市安全源头治理，强化城市安全规划引领和公众安全感的顶层设计，完善相关法规，加强重大领域风险识别预警、防控机制和能力建设，建立城市风险信息管理平台，全面实施城市安全大"体检"、隐患大排查，构建安全风险分级管控和隐患排查治理双重预防工作机制。适当提高地方政府负债率，充分发挥政府投资

引导带动作用，积极扩大有效投资，完善项目推进机制，推动重大投资项目尽早落地实施。坚持减污降碳协同治理，积极调整能源结构，强化能耗双控，推进企业低碳转型，引导居民低碳消费，强化环境综合治理，争创全国碳中和先行示范城市。

坚持和发展新时代"枫桥经验"，强化党建引领，夯实联防联治、群防群治的基层安全治理体系，提升数字化、网格化和智慧化治理水平，充分发挥平安类社会组织在基层社会治理中的重要作用，擦亮"红棉先锋""广州街坊""慈善广州"城市品牌，提升市民安全意识，推动治安和交通安全社会化、法治化、长效化治理。坚持预防为主、平战结合，发挥基层党组织战斗堡垒作用，完善公共卫生风险研判、监测预警、预防控制、疫情救治、应急保障、舆情应对等防控协同机制，构建统一高效的公共卫生应急管理体系。加强公众安全感舆论引导和宣传教育，尊重群众首创精神，提高科学决策、民主决策能力，强化公众参与意识，保障公众知情权、参与权和监督权，提升城市安全共治能力，营造和谐稳定的社会环境。

（周权雄，林柳琳）

培育元宇宙产业
提升广州数字经济竞争力

【提要】 元宇宙顺应"非接触经济"发展潮流而异军突起,直指互联网的终极形态,它将赋予城市高质量发展以巨大的想象空间。广州是粤港澳数字要素流通试验田、全国数字核心技术策源地和全球数字产业变革新标杆,主动因应元宇宙这一全球产业发展的新风口和新赛道,是广州提升城市发展能级的必然要求。建议:优化数字经济发展规划,引导元宇宙由实到虚、由虚返实的健康持续发展,抢占中国元宇宙发展高地;整合已有研究力量,成立"广州元宇宙研究院",强化元宇宙基础研究,聚焦大元宇宙核心技术攻关;依托广州高校科研院所云集的教育优势,建立健全元宇宙人才培养机制,吸引全球元宇宙高水平专业人才汇集广州;突出广州城市特色,优化元宇宙发展生态,打造元宇宙典型场景,逐步把广州打造成为"元宇宙之都"。

习近平总书记指出:"疫情激发了5G、人工智能、智慧城市等新技术、新业态、新平台蓬勃兴起,网上购物、在线教育、远程医疗等'非接触经济'全面提速,为经济发展提供了新路径。我们要主动应变、化危为机,深化结构性改革,以科技创新和数字化变革催生新的发展动能。"[①]元宇宙(Metaverse)顺应"非接触经济"发展潮流而异军突起,直指互联网的终极形态,代表着未来数字经济的新生态。据摩根士丹利预测,仅只

---

① 习近平. 在二十国集团领导人第十五次峰会第一阶段会议上的讲话,2020年11月21日。

中国与元宇宙发展相关的市场规模，到2024年将达到52万亿元人民币。广州是粤港澳数字要素流通试验田、全国数字核心技术策源地和全球数字产业变革新标杆，其具有发展元宇宙很强的优势，理应顺势而为，全面启动并大力发展元宇宙，打造"元宇宙广州"，力争成为区域或国家战略科技的核心力量、全国数字技术创新的策源高地以及现代数字社会治理体系建设的先行示范。

一、元宇宙是城市高质量发展的新动能新路径

（一）元宇宙改变了生产要素供给体系，突破物理空间限制，提高数字经济效率

在传统产业体系中，要素闲置与产业发展的矛盾突出，投入—产出效率和价值受限于生产要素的配置方式和加工方式，供需错配和生产性产能过剩严重限制了产业的高质量发展。"实时共享、开放并联"的物联网和互联网在元宇宙中深度融合在一定程度上可以打破资源配置的时空壁垒，让跨越时空距离的分布式生产活动成为可能，扩大资源配置的范围。依托互联网平台，大数据转变了资源的投入、组合和利用方式，以最少的生产资料投入换取最大的产出，生产要素间的组合利用效率得到质的提升。大数据通过现实世界与虚拟世界的联动、实时数据与历史数据的比对、行为规律与现实情境的分析，对消费者需求偏好的"精准预测"成为可能，化解生产端与消费端信息不对称的问题，生产与消费的精准匹配让资源配置实现帕累托最优目标。

（二）元宇宙让各行各业找到"第二条增长曲线"（数字空间增长），是科技创新和数字化变革催生新的发展动能

元宇宙（Metaverse）是下一代互联网，直指互联网的终极形态，随着互联网的"升维"，必将催生新的生产力。元宇宙由底层技术、操作系统、元宇宙引擎、交互方式、内容应用、顶层共识规则组成，是人工智能、VR/AR/MR、区块链、通信技术、云计算、大数据、数字孪生等技术的规模化统合，是基于下一代网络技术搭建的全新生态，是对多

种新兴技术的统摄性想象，它创造了一个平行于现实世界的在线数字空间，由多个线上线下多个平台打通组成实体经济与元宇宙经济共融共生的新经济和新社会文明系统。伴随元宇宙的扩张，人类价值创造的实现空间和场景的束缚被彻底打破，各个产业扩张的触角不仅能走出原有的现实空间，而且能够在多元空间创造价值，大大延伸了原有产业图景的想象力。在此背景下，传统的产业驱动要素、产业链建构方式、产业规模天花板、产业竞争环境、行业细分方式、行业生命周期等都将发生巨大变化，在现实空间以及各个元宇宙空间内会形成不同的产业发展逻辑、价值识别交换逻辑和资源配置逻辑。因此，未来元宇宙背景下，将会形成数字身份、数字资产、数字市场、数字货币、数字消费等关键要素的新兴经济体系，不断涌现工业元宇宙、农业元宇宙、文旅元宇宙、教育元宇宙、医疗元宇宙与政府服务元人宇宙等新场景新业态。如有无宇宙的加持，制造业可能突破"存量"市场"内卷化"的困境，实现数字化、信息化与智能化改造，是中国制造弯道超车的大机遇（见图1）。

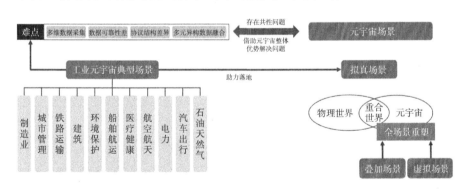

图1　元宇宙为我国制造业创造了"弯道超车"的新机遇

（三）元宇宙扩大应用生态场景，促进数字经济与实体经济深度融合

一是转变实体经济发展模式：需求侧引导供给侧，从"规模经济"向"范围经济"的转换。在元宇宙中，个性化、分散化、小众化的产品和服务需求在无形中被释放出来，在需求引导供给的环境下形成了以定制化、差异化、众包化为典型特征的万众创造模式，这将加速制造业的

创新性发展，基于数字技术的定制化和差异化生产以及智慧化制造将对促进产品的创新发挥关键性作用，形成数字经济发展的新动力。二是拓展实体经济生存空间：整合资源，优化生产链、产业链和价值链。在推动制造业产业升级上作用明显，通过人工智能对大数据进行应用和分析，在工业机器人和物联网的作用下推动劳动力密集型产业向技术密集型的高端制造和智能制造升级，提高产业竞争力。在数字经济与实体经济的融合过程中，生产端和消费端的潜力得到充分释放，催生出更多市场适应性强的新兴产品和服务，在大数据的驱动下，智能家居、智慧医疗、智能穿戴等成为生活的新特点，生产与消费之间能够良性循环，拓展实体经济发展空间。三是推动实体经济绿色转型：精准生产，节能降耗。在元宇宙与数字经济深度融入的背景下，企业内部、企业间、行业内部和行业间能够基于数字技术实时获取资源消耗信息，对全行业、全产业的研发、生产、加工等过程进行立体化监管，突破传统经济环节下资源消耗的检测盲区，通过数据模拟技术增加环境监测数据的可靠性，为生产决策提供充分的依据，从经验性的精英决策向智能化的智慧决策转变刚。

二、元宇宙的核心技术、产业链与发展预测

（一）元宇宙的核心技术

元宇宙具有四大核心技术：运算技术、交互技术、通讯技术与建模技术，四种技术彼此间互为补充。

一是运算技术是5G、区块链和VR、AR等技术日新月异的发展，为推动元宇宙做足底层基础设施准备。运算主要取决于两个因素，一个是硬件（芯片），另一个则是算法或是运算的方式。我们正处于一个高性能计算大爆发的时期，从计算角度来看，元宇宙未来由于是一种"云—边—端"协同的模式，然而目前主流芯片的算力储备远远满足不了元宇宙应用的要求。这是因为终端侧不仅承担了部分智能感知算法，且更重要的是承担了最核心的虚实融合的真实感图像渲染算法。虚拟世界的图形显示离不开算力的支持。算力是元宇宙内容创作和用户体验的重要保障，3D建模与交

互的实现需要更强的算力支撑。英伟达的元宇宙之所以更能让人信服，就在于他们的强项就是解决算力问题。

二是交互技术（VR/AR技术）是连接现实世界与元宇宙的重要连接技术。元宇宙为用户提供身临其境的体验，如果没有交互技术，那么元宇宙对于人类来说是一具空壳，正是由于成熟的交互技术，才极大地促进虚拟世界的沉浸性，如更好的虚拟会议、虚拟购物、虚拟试衣等需要更为发达的交互技术的支持。

三是通信技术是确保沉浸感的重要因素，也是元宇宙随时可获得性的保证。VR/AR技术需要消耗大量数据，数据传输至云端计算再反馈至设备，实现低延迟连接，提高用户舒适性与满意度，需要发达通讯技术的支持。

四是建模技术是指构建庞大的高质量3D虚拟世界的技术支持。元宇宙要成为一个真正的沉浸式平台，元宇宙就需要三维环境。构建元宇宙离不开建模，无论是场景、周边物品或是虚拟形象。要想实现这一构想，发达的建模技术必不可少。

（二）元宇宙的产业链与产业生态

元宇宙正从概念走向现实，其产业链发展值得重视。产业链是各个产业部门之间基于一定的技术经济关联形成的链条式关联关系形态。产业链是一个包含价值链、企业链、供需链和空间链四个维度的概念。产业链存在两维属性：结构属性和价值属性，表现为上游环节向下游环节输送产品或服务，下游环节向上游环节反馈信息。

元宇宙的构建是一个庞大而复杂的系统化工程，以体验的升级为终点倒推要素可拆分出组成其框架的六大组件。首先是提供元宇宙体验的硬件入口（VR/ARMR/脑机接口）及操作系统，其次是支持元宇宙平稳运行的后端基建（5G/算力与算法/云计算/边缘计算）与底层架构（引擎/开发工具/数字孪生/区块链），再次是元宇宙中的关键生产要素（人工智能），最终成呈现为百花齐放的内容与场景，以及元宇宙生态繁荣过程中涌现的大量提供技术与服务的协同方。

对六大组件产业分类，可将元宇宙产业链元宇宙产业链分为硬件层、软件层、服务层和应用/内容层。硬件层主要包括核心零部件如芯片、传感器等、交互设备与输出设备；软件层包括信息处理和系统平台，包括系统软件开发商、应用软件开发商、软件分发渠道等；服务层主要是平台分发、渠道销售与内容运营；应用/内容层可分为2B、2C两类应用场景，主要有联接场景、零售场景、数字身份、饮食场景、教育场景、数字藏品、健康场景、地产场景、娱乐场景、能源场景、经济金融场景、智能制造场景、乡村振兴场景、智慧城市场景、情绪具象场景等，应用/内容层是前景最广阔的产业链环节（见图2）。

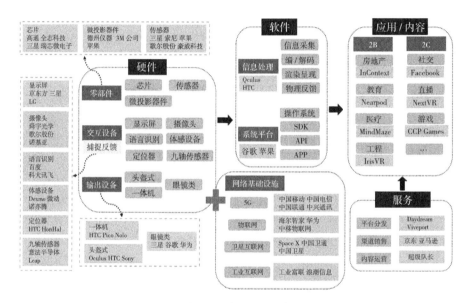

图2 元宇宙的产业链与产业生态

资料来源：华安证券研究所。

从竞争态度来看，硬件层的核心零部件芯片主要被高通垄断，国内企业取得一定突破，输出设备的AR/VR终端目前由索尼、OCULUS、HTC三分天下；软件层上，国内实力暂时落后海外；服务层分发平台海外发展更早更快，兼容内容生产和运营；应用/内容层上，中国的大用户基数，应用场景丰富，表1对中美韩三国的元宇宙产业链竞争态势进行剖析。总体来看，中美韩三国的元宇宙发展各有所长，其中韩国的文娱产业发达，拥有成熟的偶像运营产业，具备良好的虚拟社区和内容营销基础。

表1 中美韩元宇宙产业链竞争态势

国家 指标	美国	中国	韩国
技术 领域	后端基建和底层架构，硬件入口及操作系统，人工智能	后端基建，人工智能，内容与场景	后端基建与底层架构，人工智能
应用 场景	游戏，娱乐，工业设计，广告	游戏，娱乐，公共服务和智慧治理	公共服务，娱乐，游戏
主要 公司	Facebook，Amazon，Google，Unity	腾讯，字节跳动，华为，阿里巴巴	SK，Samsung，Kakao
特点与 优势	技术超前（尤其硬件入口、后端基建和底层架构），发展全面	大用户基数，成熟的社交场景与内容社区和活跃的协同方	成熟的偶像产业，良好的虚拟社区和内容营销基础

资料来源：招商证券。

（三）元宇宙市场规模与发展趋势

2021年是元宇宙的元年，2022年是从概念到现实的元年。元宇宙的AI算法缩短数字创作时间，赋能虚拟化身等多层面产业发展。目前，元宇宙市场规模主要由X交互设备和沉浸式内容组成，未来相关底层技术进步、内容应用丰富，实现大范围子元宇宙融合互通，元宇宙将成为物理世界各行业的连接器（覆盖第一、第二、第三产业），如亿欧咨询预测在2030年全球元宇宙市场规模将达6.3万亿美元（见图3）。从推广时间来看，游戏、教育、展览等行业会更早受到元宇宙概念的影响而发生改变，其中游戏的市场规模很大，市场变化程度也较为剧烈。除游戏外，文旅、工业制造、设计规划以及公共服务市场空间巨大，将会给相关领域带来持续和长久的投资机会（见图4）。

图3 元宇宙市场规模预测

资料来源：亿欧咨询。

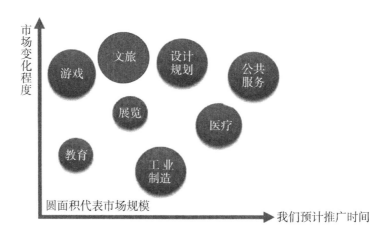

图4 元宇宙在各领域的市场规模预测

资料来源：东吴证券。

三、国家与城市层面对元宇宙布局与启示

（一）从国家层面看，审慎看待与大力扶持并存，但各国均在积极备战元宇宙赛道

美国自下而上鼓励投资与积极监管并行。美国率先推出元宇宙概念，

是元宇宙的开拓者，在云计算、XR、AI、开发引擎等元宇宙底层技术和基础设施上领先并已形成一定技术壁垒，在全球元宇宙产业的多个领域布局全面扮演领导者角色，如在云计算领域占主导地位，亚马逊、微软、谷歌组成的CR3占比达到60%；在AR/VR领域，美国已占全球VR/AR出货量的75%；在芯片与算力、深度学习框架等领域上领先中国。美国Meta、微软等科技巨头正积极推动美国政府加强对元宇宙的认知，以塑造有利的竞争和创新环境，构建以美国为导的全球元宇宙版图，并为元宇宙虚拟世界创建标准和协议和新兴互联网形态的自我监管模式，但又基于数据安全和隐私保护，美国在拥抱创新的同时积极关注数据安全与加密货币监管。如2021年10月，美国两党参议员提出《政府对人工智能数据的所有权和监督法案》，要求对联邦人工智能系统所涉及的数据特别是面部识别数据进行监管，并要求联邦政府建立人工智能工作组，以确保政府承包商能够负责任地使用人工智能技术所收集的生物识别数据。

欧洲对元宇宙持谨慎态度。欧洲缺乏互联网基因，没有大型的原生态互联网公司，其市场基本都被美国互联网巨头占领。欧洲的诉求是加强互联网企业的监管，防范数字龙头企业利用垄断地位扼杀竞争活力，反感美国科技巨头在欧洲赚取巨额利润却仅缴纳微薄税款。欧盟《人工智能法案》、"平台到业务"监管法规、《数字服务法案》《数字市场法案》等立法说明了监管机构在处理元宇宙时可能采取的立场和倾向，包括增加透明度、尊重用户选择权、严格保护隐私、限制一些高风险应用。这些立法预示着欧盟更关注元宇宙的监管和规则问题，试图在治理和规则上占据先发优势，进而保护欧洲内部市场。在元宇宙时代，预计欧盟将继续推动对虚拟世界的监管，维护欧盟市场的竞争与活力。

韩国健全产业政策全力扶持元宇宙。韩国在全球范围内，韩国政府对元宇宙反应最快，率先已经成立了元宇宙协会。2021年5月18日，韩国信息通讯产业振兴院联合25个机构（韩国电子通信研究院、韩国移动产业联合会等）和企业（LG、KBS等）成立"元宇宙联盟"，旨在通过政府和企业的合作，在民间主导下构建元宇宙生态系统，在现实和虚拟的多个领域实现开放型元宇宙平台。随着韩国政府大力推动元宇宙相关项目，如今该联盟已经包括了500多家公司和机构，包括三星、KT（韩国电信巨头）。在产业政策上，韩国政府希望在元宇宙产业中发挥主导作用。2020年年底，韩国科技部公布了一份《沉浸式经济发展策略》（*Immersive Economy Development Strategy*），目标是将韩国打造为全球五大XR经济国家。在2021年7月韩国公布的*Digital New Deal 2.0*中，也能看到元宇宙与大数据、人工智能、区块链等并列为发展5G产业的重点项目。2021年8月31日，在韩国财政部发布总共604.4万亿韩元（3.23万亿人民币）。2022年预算中，政府计划拨出9.3万亿韩元（人民币516亿元）用于加速数字转型和培育数字经济产业。其中，计划斥资2000万美元（1.28亿人民币）用于元宇宙平台开发，并斥资2600万美元（1.66亿人民币）开发有关数字安全的区块链技术。

日本期望壮大元宇宙产业建立国家新优势。日本的元宇宙市场的构建正在加速，日本在2021年7月发布《关于虚拟空间行业未来可能性与课题的调查报告》提出，日本政府应对元宇宙行业全局部署进行整体性思考，通过指导与政策制定来规范元宇宙的建设，力争使日本成为元宇宙发达国家。日本将成立的元宇宙协会，协会除了研究世界动向之外，还希望加深与行政机构的沟通，为方便日本企业在元宇宙市场展开活动而铺平道路。

中国抓紧布局元宇宙。元宇宙是一个新事物，对待新事物，尤其是科技新事物中国向来较为宽容。中国元宇宙基础设施完备，市场潜力大。虽然元宇宙的基础层的发展时间较短，在底层技术上仍处于跟随与追赶态势，但是由于具有强大的基建能力、人口规模优势、庞大网民规模及大数据天然积累优势，中国在元宇宙赛道仍很强竞争力。目前，以腾讯、字节、阿里等中国、科技巨头整合业务优势迅速布局元宇宙，伴随着《"十四五"数字经济发展规划》出台[①]和"元宇宙"写入中国工信部报

---

① 在《"十四五"数字经济发展规划》中，提出发展互动视频、沉浸式视频、云游戏等新业态；创新发展"云生活"服务，深化人工智能、虚拟现实、8K高清视频等技术的融合，拓展社交、购物、娱乐、展览等领域的应用。

告①，中国支持元宇宙发展越来越清晰，这也为全国各地布局元宇宙提供了重要指引。据不完全统计，目前武汉、合肥、成都、上海市徐汇区、深圳市福田区等地已将"元宇宙"写入2022年地方政府工作报告，浙江、无锡等省市也在相关产业规划中明确了元宇宙领域的发展方向。

（二）从城市层面看，元宇宙是提升未来城市竞争力的重要抓手，是继移动互联网之后的第三代互联网，新一轮的城市元宇宙竞赛正在启动

韩国首尔是全球第一个制定全面的中长期元宇宙政策计划的地方政府。《首尔愿景2030计划》（*The Seoul Vision 2030*）提出，将首尔打造成为一个共存的城市、全球领导者、安全的城市和未来的情感城市。其中《元宇宙首尔五年计划》就是打造未来城市愿景的一部分，该计划旨在改善公民之间的社会流动性并提高首尔市的全球竞争力。根据该计划，首尔的元宇宙生态系统主要分三个阶段进行，分别是引入（2022年）、扩张（2023—2024年）、定居（2025—2026年）。首尔计划在2022年第一阶段建立名为"元宇宙首尔"的高性能平台，并在经济、教育和旅游等领域提供服务，在年底前完成该平台的创建向公众展示。在未来，首尔市政府还会将元宇宙平台应用扩展到市政管理的所有领域，以提高政府官员的工作效率，让首尔成为一个智能、包容的城市。

国内多地竞相布局元宇宙赛道，开启新一轮的产业"竞速赛"，其中以上海为代表的长三角城市群集体发力"抢跑"元宇宙。上海是全国率先对元宇宙布局的城市②，全国第一个将元宇宙写入地方"十四五"产业

---

① 2022年1月24日，在工信部举行的新闻发布会上，工信部中小企业局局长梁志峰称，要加大力度推动中小企业数字化发展。培育一批进军元宇宙、区块链、人工智能等新兴领域的创新型中小企业。

② 2021年12月21日，上海市委经济工作会议提出："引导企业加紧研究未来虚拟世界与现实社会相交互的重要平台，适时布局切入。"该动作被业内称为"我国地方政府对元宇宙相关产业发展的第一次正面表态"。

规划城市^①；安徽合肥第一个将"元宇宙"写入政府工作报告的城市^②。浙江^③、无锡^④等省市在相关产业规划中明确了元宇宙领域的发展方向，杭州成立元宇宙专委会，超前布局量子通信、元宇宙等未来产业，高水平打造"全国数字经济第一城"。武汉市在《政府工作报告》中提出，要加快壮大数字产业，推动元宇宙、大数据、云计算、区块链等与实体经济融合，建设国家新一代人工智能创新发展试验区。海南打造元宇宙产业基地，网易元宇宙产业基地落户三亚，推动海南数字化文创产业高质量发展。张家界成立元宇宙研究中心，赋能旅游产业，培育旅游新兴业态。深圳成立元宇宙创新实验室，推动区块链、量子信息、类脑智能等未来产业的技术转化成果加速落地等。广州成立元宇宙产业链联盟和元宇宙创新联盟，前瞻部署元宇宙全产业链，打造广州元宇宙全产业高地（见表2）。国内多地政府的积极表态体现了其对前沿领域的重视程度，元宇宙不是单一的技术，而是多项技术，代表着一场社会性的变革，在推动元宇宙发展的过程对地方经济结构升级和产业变革有着巨大作用。

---

① 2021年12月30日，《上海市电子信息产业发展"十四五"规划》出台，该规划提出，加强元宇宙底层核心技术基础能力的前瞻研发，推进深化感知交互的新型终端研制和系统化的虚拟内容建设，探索行业应用。这也是元宇宙首次被写入地方"十四五"产业规划。

② 《2022年合肥市政府工作报告》指出未来五年，合肥将瞄准元宇宙等前沿领域，打造一批领航企业、尖端技术、高端产品。为此，当地将培育3个千亿企业、300个"专精特新"和"冠军"企业。

③ 2022年1月，浙江省印发《关于浙江省未来产业先导区建设的指导意见》进一步明确，将构建以人工智能、区块链、第三代半导体、量子信息、空天一体化、先进装备制造以及元宇宙等领域为重点的未来产业发展体系。浙江的优势在于，其在AR引擎、虚拟人像、游戏场景等各领域都有技术储备。

④ 2022年1月，无锡市滨湖区发布的《太湖湾科创带引领区元宇宙生态产业发展规划》指出，要注重应用引领和场景驱动相融合，推动元宇宙技术在多领域深度应用；推动元宇宙产业上下游各环节、各主体协同发展，加快元宇宙与集成电路、区块链、人工智能、云计算等技术融合创新发展。

表2　国内各城市对元宇宙的布局

城市群	城市/省份	主要布局	重要政策支持	评价
长三角城市群	上海	强调加快布局数字经济新赛道，紧扣城市数字化转型，布局元宇宙新赛道，开发应用场景，培育重点企业。 要前瞻部署量子计算、第三代半导体、6G通信和元宇宙等领域。同时，支持满足元宇宙要求的图像引擎、区块链等技术的攻关；鼓励元宇宙在公共服务、商务办公、社交娱乐、工业制造、安全生产、电子游戏等领域的应用。 明确聚焦数字经济、元宇宙、智能终端等10大重点方向。 加强元宇宙底层核心技术基础能力的前瞻研发，推进深知感交互的新型终端研制和系统化的虚拟内容建设，探索行业应用	《上海市电子信息制造业发展"十四五"规划》 《上海市建设网络安全产业创新高地行动计划（2021－2023年）》（以下简称《行动计划》）	全国第一个元宇宙布局的省份 全国第一个将元宇宙写入地方"十四五"产业规划 从元宇宙的底层核心技术到终端内容建设、行业应用均有布局 制定量化发展目标，打造万亿电子信息世界级产业集群，上海电子信息产业规模超过2.2万亿元软件和信息服务业收入超过1.5万亿 35家年收入超百亿元的龙头企业、50家具有自主创新能力

（续上表）

城市群	城市/省份	主要布局	重要政策支持	评价
长三角城市群	浙江杭州	浙江省将元宇宙与人工智能、区块链、第三代半导体并列为重点布局未来产业；浙江将在先导区重点建设任务中明确加快在脑机协作、虚拟现实、区块链等领域搭建开放创新平台，促进产业技术赋能，集成创新；杭州要超前布局量子通信、元宇宙等未来产业，高水平打造"全国数字经济第一城"；加快支持元宇宙产业关联企业上市IPO和打通资本通道	《关于浙江省未来产业先导区建设的指导意见》	元宇宙产业链较为成熟；明确元宇宙为浙江重点未来产业
	江苏南京	加快布局元宇宙产业，打造万亿级软件产业和数字经济创新发展高地建设		力争跻身元宇宙全国第一方阵

（续上表）

城市群	城市/省份	主要布局	重要政策支持	评价
长三角城市群	江苏无锡	打造国际创新高地和国内元宇宙生态产业示范区 依托无锡先进技术研究院、国家超算中心等重大研发载体，开展应用理论和核心技术研究，培育、引进一批区块链、人工智能等元宇宙生态链企业，推进一批典型应用示范项目 成立元宇宙创新联盟、元宇宙产业园、元宇宙创新创业基地等	《太湖湾科创带引领区元宇宙生态产业发展规划》	明确元宇宙生态产业目标、方向、作法与进程
京津冀城市地群	安徽合肥	前瞻布局未来产业，瞄准元宇宙、超导技术、精准医疗等前沿领域	《2022年合肥政府工作报告》	第一个将元宇宙写入政府工作报告的城市
	北京	"推动新时代首都发展"：启动城市超级算力中心建设，推动组建元宇宙新型创新联合体	《关于加快北京城市副中心元宇宙创新引领发展的八条措施》	注重元宇宙产业链打造 探索建设元宇宙产业聚焦区 强化资本对元宇宙支持

第一部分 综合城市功能出新出彩篇

（续上表）

城市群	城市/省份	主要布局	重要政策支持	评价
京津冀城市群地群	北京	重视元宇宙将给整体经济和社会生活带来的重大变化，进行一些基础布局 抢占元宇宙及相关产业发展先机，为北京加速建设全球数字经济标杆城市和国际消费中心城市注入新活力，也将推动北京在新一轮技术创新和产业升级中走在前列 在城市副中心通州率先入局元宇宙：打造覆盖元宇宙产业的基金，支持元宇宙初创项目和重大项目，完善服务体系，支撑产业生态建设，突出元宇宙与文化旅游融合发展的特色，规划"1个创新中心+N个特色主题园区"的元宇宙空间布局		将元宇宙与数字经济、国际消费中心城市建设融合

（续上表）

城市群	城市/省份	主要布局	重要政策支持	评价
粤港澳大湾区	深圳	推动区块链、量子信息、类脑智能等未来产业的技术转化成果加速落地，多领域拓展数字人民币、元宇宙等技术应用场景，扎实推进深圳数据交易所中心建设，打造数字经济发展新高地 成立元宇宙深圳创新实验室	《2022年福田区2022政府工作报告》	以元宇宙赋能打造全球数字先锋城市
	广州	成立元宇宙产业链联盟，整合大湾区现有的元宇宙产业发展基础，建立成熟的产业供应链体系，打造广州元宇宙的产业高地，打造广州未来之城 各区进行细化布局：黄埔区，人才元宇宙+企业元宇宙+城市元宇宙核心产业链；花都区，元宇宙产业园全产业链；海珠区，未现代都市工业=元宇宙+产业互联网，		着力打造广州元宇宙全产业链

（续上表）

城市群	城市/省份	主要布局	重要政策支持	评价
粤港澳大湾区	广州	元宇宙＋海上丝绸之路；增城区，元宇宙＋超高清显示产业＋加汽车产业；番禺区，元宇宙＋先进制造＋文旅；南沙区，元宇宙＋未来城市：人工智能科技前沿 南沙：数字经济发展势头强劲，已构建起完善的数字生态。集聚300多家人工智能企业，培育出云从科技、小马智行等独角兽企业，以及作为联盟发起单位的宸境科技等优秀企业，为发展元宇宙产业奠定了坚实基础。计划在南沙成立元宇宙应用示范中心和元宇宙基地，融合国家政策、国家创新实验室、创新资本等力量，建立一个以南沙为核心的元宇宙产业经济带		

资料来源：各地政府网站与权威新闻报道。

四、广州发展元宇宙的基础

面对元宇宙这一新机遇，广州在多个方面具有明显优势，抢占元宇宙及相关产业发展先机，必将为广州加速建设全球数字经济标杆城市和国际消费中心城市注入新活力，也将推动广州在新一轮技术创新和产业升级中走在全国前列。

一是从科技创新基础来看，广州作为粤港澳大湾区国际科技创新中心城市，科技创新水平一直位列全国前列，在全球创新版图中的位势不断提升。"广州—深圳—香港创新集群"在2020年全球创新集群百强中位居第2位。广州在"自然指数—科研城市"排名跃升至全球第15位，在入选中国城市中，排名从2015年的第9位上升到第5位。国家、省、市重点实验室数量分别达21家（占全省70%）、241家（占全省61%）、195家，建设10家粤港澳联合实验室（占全省50%）。省级新型研发机构数量达63家，连续五年居全省首位。广州企业创新主体地位显著提升，2015年以来高新技术企业数量从1919家增至1.2万家，营收百亿、十亿、亿元以上高企分别增长150%、175%和204%。国家科技型中小企业备案入库三年累计数超3万家，居全国城市第一。建设科技企业孵化器和众创空间405家、294家（国家级41家、54家），总孵化面积超过1000万平方米。在核心技术攻关能力方面，广州实现了跨越式提升。五年累计获国家级、省级科技奖励104项、734项，居全省第一。

二是从元宇宙的人才基础来看，广州是中国重要的科研城市，高等院校和科研院所云集、高端人才密集，数据人才储备丰富。广州聚集全省80%的高校、97%的国家级重点学科，拥有中山大学、华南理工大学2所世界一流大学建设高校和18个"双一流"建设学科。华南理工大学广州国际校区、香港科技大学（广州）、中国科学院大学广州学院相继落户。基于元宇宙全产业链人才需求分析，广州高校基本都开设了元宇宙相关的专业，在某些专业领域中广州高校在全国名列前茅，如在虚拟现实专业，中山大学与华南理工大学分列全国第1名与第2名（见表3）。

表3　基于元宇宙产业链的广州元宇宙人才培养分析

产业链	主要领域	对应专业	广州人才
硬件	芯片	微电子学、集成电路设计与集成系统、电子科学与技术、电子信息工程、电子信息科学与技术、电子封装技术	中山大学、华南理工大学、广东工业大学等知名本地高校，都设有集成电路相关专业，其中广东工业大学成立集成电路学院（微电子学院），共计每年培养5000人左右
	交互设备、输出设备	如脑机接口的研发，涉及的专业有生物医学、神经科学、计算机科学、虚拟现实专业等	中山大学、华南理工大学、广东工业大学等本地985与211高校均开设相关专业，其中虚拟现实专业，中山大学与华南理工大学分列全国第1名与第2名
软件或核心技术	云计算、人工智能	电子科学与技术、计算机科学与技术、数学等	中山大学、华南理工大学、广东工业大学等本地985与211高校均开设相关专业，其中数学专业，中山大学与华南理工大学分列全国第17名与第33名
	区块链	跨学科领域，如计算机类、信息安全、通信工程、金融学、数学等	中山大学、华南理工大学、广东工业大学等本地985与211高校均开设相关专业，其中金融学专业，中山大学为全国第15名

（续上表）

产业链	主要领域	对应专业	广州人才
内容与应用	应用场景搭建	计算机软件与理论、计算机应用技术、美术学、设计艺术学	中山大学、华南理工大学、广东工业大学等本地985与211高校均开设相关专业，其中设计艺术学，广州美术学院为全国第16名
	服务平台	法学、管理学、经济学等	中山大学、华南理工大学、广东工业大学等本地985与211高校均开设相关专业，其中法学，中山大学为全国25名

三是从城市文化底蕴来看，广州作为岭南文化中心城市，是古代海上丝绸之路的出发地、岭南文化的发祥地、近代革命的策源地和改革开放的前沿地，其文化底蕴十分深厚。元宇宙从本质而言，即是"技术与文化"的融合，元宇宙发源于游戏的新兴文化创意产业，并利用科技而壮大文化产业，赋予文化新生命。广州深厚的文化底蕴为元宇宙提供了内容与应用场景的重要素材，同时也是形成并壮大文旅元宇宙的重要基础。基于国内城市文化产业创新发展综合实力比较，广州综合实力位列仅北京和上海之后，超过深圳。

四是从元宇宙产业链来看，广州元宇宙产业链整体布局健全完善。广州是中国软件名城、国家网络游戏动漫产业发展基地、国家863软件专业孵化基地，软件和信息技术服务业和动漫游戏、数字音乐、数字出版等新兴文化创意产业一直处于全国领先位置，工业制造业及其他可应用的产业门类齐全，在游戏、VR/AR、区块链、数字平台，物联网等细分领域较强优势。广州动漫产业总产值超百亿元，约占全国产值的1/5，广州市越秀区拥有6家国家级重点动漫企业；广州网络音乐总产值约占全国的1/4；广州市网络直播行业全国第一；广州游戏产业营业收入在全国主要城市中排第二，仅次于深圳，有5家游戏企业入选2020年6月中国手游发行商收入TOP30榜单，6家广州游戏企业入选2019—2020年度国家文化出口重点企业，占广东省入选企业总数（22家）的27%。在城区布局上，天河区已基本形成以游戏动漫、电子竞技、数字音乐、创意设计等新兴文化创意产业引领发展，演艺、影视、图书批零等传统文化娱乐业辅助发展的文化产业发展格局。其中游戏电竞产业是广州天河区的特色产业，天河区是全国最大的游戏产业集聚地，是国内罕有的拥有全产业链条的电竞产业核心区域，游戏产业收入超千亿元，占全国比重约40%。未来，天河区将围绕"元宇宙"助推游戏产业场景升级，利用沉浸式交互体验、可靠的经济体系、虚拟人的身份及社交、开放的内容创作等核心要素，实现虚实共生的游戏新业态。

五、广州提升元宇宙发展能级的几点建议

目前，广州已提出要抢抓机遇，将元宇宙纳入数字经济和未来产业体系，加快布局元宇宙产业，加快构建元宇宙产业链联盟，力争打造元宇宙中国产业高地，积极支持广州打造数字经济创新引领型城市建设。如广州市黄埔区发布《广州市黄埔区、广州开发区促进元宇宙创新发展办法》是粤港澳大湾区首个元宇宙专项扶持政策，该政策聚焦数字孪生、人机交互、AR/VR/MR（虚拟现实/增强现实/混合现实）等多个领域。由大湾区科技创新服务中心、广州市数字经济协会等8家机构共同成立了"天河区元宇宙联合投资基金"，加强对元宇宙底层核心技术基础能力的前瞻研发，开展系统化的虚拟内容建设，探索更多的行业应用，形成"智库专家+科技金融"双轮驱动，助推元宇宙产业长足发展的新模式。与此同时，我们还应充分预判风险，谨防炒作概念、过度金融化、网络安全等问题。为提升广州元宇宙发展能级，引导元宇宙产业健康发展，提出建议如下：

（一）优化数字经济发展规划，引导元宇宙由实到虚、由虚返实的健康持续发展，抢占中国元宇宙发展高地

元宇宙是能让增强现实、虚拟现实、扩展现实、区块链、人工智能等技术全面应用的数字经济场景和载体，将为城市发展带来巨大机遇。广州已提出要抢抓机遇，将元宇宙纳入数字经济和未来产业体系，加快布局元宇宙产业，加快构建元宇宙产业链联盟，力争打造元宇宙中国产业高地，积极支撑广州打造数字经济创新引领型城市建设。结合国家和广东省的数字经济"十四五"规划，以及广州出台的《广州市加快打造数字经济创新引领型城市的若干措施》《广州市数字经济促进条例》《广州人工智能与数字经济试验区数字建设导则（试行）》《广州市数据要素市场化配置改革行动方案》等数字经济规划文件，制定元宇宙更加具体的实施计划，强化元宇宙新型基础设施建设，推进元宇宙终端、云平台、应用之间的互联互通；抓好数字经济和元宇宙的同生共创，促进实体经济和元宇宙经济的共融共生，让工业元宇宙、农业元宇宙、文旅元宇宙等产业发展起来，实现虚实共生、虚实和谐、由实到虚，由虚返实。当前元宇宙主要应用于娱乐、游戏等服务领域，而元宇宙只有对物理世界有正向反馈才有现实价值。要推动元宇宙运用于制造业领域，推动制造业可视化、场景化、个性化改造，推动不同产业链条实现场景动态可视化。例如，百威英博通过与微软合作建立元宇宙的酿酒工厂，可以远程实现对工厂里的生产、销售、运输等环节的进行实时掌控。广州可探索元宇宙与制造业的深度融合运行机制，实现元宇宙由实到虚，由虚返实的健康成长进程。为提升广州元宇宙发展能级，要充分预判风险，谨防炒作概念、过度金融化、网络安全等问题，引导元宇宙产业健康持续发展。

（二）注重遴选建设广州"元宇宙综合性创新发展先导区"，逐步形成"一核多点"的元宇宙产业空间格局

广州是中国软件名城、国家网络游戏动漫产业发展基地、国家863软件专业孵化基地，软件和信息技术服务业一直处于全国领先位置，元宇宙产业链整体布局较为完善，在虚拟现实/增强现实、区块链、数字平台、物联网等细分领域有一定优势。尤其是工业制造业及其他可应用的产业门类齐全，这为元宇宙相关技术提供了大量的实操应用场景。对照元宇宙产业链图谱，要进一步梳理广州元宇宙相关企业和重点项目，引导元宇宙招商引资，补短板锻长板；要从产业端着力推动增强现实、虚拟现实、扩展现实、区块链、人工智能、体验设计等相关企业及机构汇聚广州；加快元宇宙产业链上下游各环节、各主体协同发展，促进元宇宙与区块链、人工智能、云计算创新融合，不断探索新模式、新打法，积极构建新金融、新产业的强磁场，新技术、新产品的孵化器，新体系、新模式的试验田；以广州元宇宙试验场为探索载体，引进相关产业链；以打造元宇宙核心产业区、元宇宙创新孵化园、元宇宙先进智造地，提升资源配置质效，构建元宇宙空间布局；以引入一批元宇宙领军企业、培育一批元宇宙新兴企业、带动一批传统企业转型升级，促进产业融合联动，加快元宇宙集聚发展。为吸引产业链上游企业入驻提供政策保障，为孵化初创企业提供充足动力，快速带动元宇宙产业集群的形成。加快遴选一个板块，如海珠区互联网集聚区，将其打造成为广州"元宇宙综合性创新发展先导区"，打造各具特色的元宇宙产业集聚区，形成"一核多点"的产业空间格局。

（三）建议整合现有研究力量，成立"广州元宇宙研究院"，强化元宇宙基础研究，聚焦元宇宙核心技术攻关

元宇宙产业从0到1，需要大量的基础研究做支撑。目前制约元宇宙发展的痛点主要是技术层面，包括底层操作系统、时空构建引擎等。例如，在游戏引擎方面，美国较我国有巨大优势。中国若没有这类基础研究，便很容易被"卡脖子"。广州应密切关注元宇宙产业发展趋势及应用，在详细分析广州在元宇宙技术基础研究的优势上，出台支持相关基础研究的政策，培植广州元宇宙独有技术的基础研究能力。要发挥数十年软件技术沉淀而来的底层技术底蕴，夯实底层技术支撑层，推动支撑元宇宙的内容、硬件以及场景应用的高速发展。设立元宇宙新型研发机构，强化元宇宙科研攻关，推进元宇宙标准体系建设，实现技术创新的引领和带动。借鉴深圳经验，可以考虑整合现有研究力量，成立"广州元宇宙研究院"，主要聚焦工业元宇宙创新、医疗健康元宇宙创新、金融元宇宙创新、教育元宇宙创新、数字创意元宇宙创新等领域，重点关注研究高端制造产业、元宇宙医疗、文旅元宇宙等产业方向。要积极引导企业研究探索元宇宙，大力支持企业布局切入，推动产业链上下游各环节的协同发展。

（四）依托广州高校科研院所云集的教育优势，建立健全元宇宙人才培养机制，吸引全球元宇宙高水平专业人才汇集广州

广州是中国重要的科研型城市，高等院校和科研院所云集，高端人才密集，数据人才储备丰富。这为广州构建多层次元宇宙人才培养体系奠定了基础。联合中山大学、华南理工大学、广东工业大学等广州本地知名院校，培养元宇宙底层基础设施类的熟悉云计算、高并发等技术特征的人才，培养元宇宙设备类主要集中在材料科学、光学和硬件设计的人才，培养元宇宙内容类主要是游戏引擎技术和技术美术以及虚拟内容的人才，培养AI类主要是手势识别、图像技术、拟人交互、算力优化的人才，培养元宇宙基础技术类主要是虚拟形象创建、金融体系、统一身份技术的人才。必须要完善相关人才配套扶持政策，依托广州高校平台设立能够不断吸纳优质人才的元宇宙人才储备池，打造元宇宙内容创作、元宇宙体验运营与元宇宙世界构建人才高地，培养与引进数字孪生专家、元宇宙数据分析师、元宇宙空间地图绘制专家等全球顶类元宇宙人才，汇集全球元宇宙专业人才。

（五）突出广州城市特色，优化元宇宙发展生态，打造元宇宙典型场景，逐步把广州打造成为"元宇宙之都"

元宇宙是一种超越目前互联网的虚拟环境平台，它能够进一步突破时间、空间、语言等客观条件的限制，提供更加具体的形象化的服务。区块链作为联通融合元宇宙生态的技术，能够真正实现以大数据、云计算、人工智能、沉浸现实等诸多新技术联通并构建多种应用场景。借鉴韩国首尔经验，建议尽快制定"元宇宙广州"行动方案。考虑在未来技术更加成熟的条件下，可以践行多边赋能模式，促进元宇宙在公共服务领域实现大规模的场景应用。例如，搭建元宇宙赋能广州"智慧城市"场景，运用地理空间信息、数字孪生、大数据等数字应用技术，赋能城市管理部门实现对城市的实时化、精细化、动态化运营管理，利用元宇宙极大增加企业和市民接受公共服务的空间感和沉浸感。深入探索制定场景联接的相关标准体系，以区块链技术构建数字世界的全景商业模式。重点围绕制造业、文旅、教育、医疗健康等领域，聚焦数字影视、数字文旅、智改数转、社会治理等场景，带动相关产品应用验证和核心技术迭代发展，推动更多应用场景落地见效。例如，元宇宙赋能搭建三维立体的文创产业，有力增强用户的真实感、临场感和沉浸感，以此带动影视、动画、音乐等内容制作方面的全面升级，促进广州文创影视产业高质量发展。推广元宇宙创新试点，鼓励企业先行先试，促进生成多元化的应用场景，不断发掘新的数字经济增长点。例如，打造汽车工业元宇宙广州典型运用场景，运用数字孪生技术以及虚拟现实/增强现实技术整合汽车产业链上下游厂商，构建"虚实共生+全息制造"的广州汽车制造，特别是主机厂可以通过数字孪生技术将物理工厂中的设备进行1∶1孪生复制，通过全息影像的形式进行投放，打通虚拟与现实设备之间的真实数据流通，做到物理工厂与虚拟工厂的虚实共生。

（林柳琳，李三虎，周权雄）

抢抓产业互联网发展先机
推动广州数字经济上新水平

【提要】当前，数字经济的发展正从以消费互联网为特征的"上半场"转向以产业互联网为主要增长点的"下半场"，顺应数字经济发展的新趋势大力发展产业互联网，不仅是传统产业转型发展的迫切需求，也成为城市之间产业竞争的新焦点。广州市产业互联网发展存在的短板有：本土互联网头部企业数量不足、传统产业头部企业的数字化转型优势不明显、产业互联网应用场景挖掘不充分、产业互联网空间布局尚待优化等。建议广州市进一步抢占产业互联网发展机遇，努力建设成为数字经济引领型城市和数产融合的全球标杆城市。一是着力完善推动广州产业互联网发展的顶层设计；二是构建产业互联网创新生态；三是在人工智能与数字经济试验区打造产业互联网集聚区；四是树立全球产业互联网发展标杆；五是优化产业互联网发展环境。

构建数产融合的数字经济是广州建设更具国际竞争力的现代产业体系的重要举措。当前，数字经济的发展正从以消费互联网为特征的"上半场"转向以产业互联网为主要增长点的"下半场"。近年来，腾讯、阿里、百度等互联网领军企业纷纷调整升级组织架构，强化ToB业务，拥抱产业互联网。广州应当抢占产业互联网发展机遇，以产业互联网带动数字经济发展，推动产业转型升级，构筑广州产业发展新优势。

一、广州加快产业互联网发展的战略意义

产业互联网是一种新的经济形态，是基于互联网技术和生态，对各个垂直产业的产业链和内部的价值链进行重塑和改造，从而形成的互联网生态和形态。产业互联网的根本属性是产业，这是其不同于消费互联网的本质特征。大力发展产业互联网，既是国家政策的指引，又是各传统产业发展转型发展的现实迫切需求。

（一）发展产业互联网是数字经济的新趋势

从国家政策层面看，近年来，国务院、国家发展改革委先后从强化规划政策、培育平台体系、加强试点示范等多方面建立健全产业互联网发展体系（见表1），产业互联网（工业互联网）试点示范持续深化，试点成果逐年增加（见表2）。

表1　产业互联网主要规划政策情况

日期	政策名称	发布部门	相关内容
2021年12月	《"十四五"数字经济发展规划》	国务院	推动产业互联网融通应用，培育供应链金融、服务型制造等融通发展模式，以数字技术促进产业融合发展
2021年12月	《"十四五"智能制造发展规划》	工信部等八部门	到2025年，坚实基础支撑，完成200项以上国家、行业标准的制修订，建成120个以上具有行业和区域影响力的工业互联网平台
2021年11月	《"十四五"信息化和工业化深度融合发展规划》	工信部	明确了到2025年工业互联网平台普及率达45%的目标

（续上表）

日期	政策名称	发布部门	相关内容
2020年4月	《关于推进"上云用数赋智"行动，培育新经济发展实施方案》	国家发展改革委等	构建多层联动的产业互联网平台

表2　我国产业互联网（工业互联网）试点示范持续深化

试点示范项目名称	试点示范项目成果
跨行业跨领域综合型工业互联网平台	每年滚动遴选 2019年10项，2020年15项，2021年15项，2022年28项
工业互联网试点示范项目	2018年72项，2019年81项，2020年105项，2021年123项
工业互联网APP优秀解决方案	2018年89项，2019年125项，2021年132项
工业互联网示范区	山东、广东工业互联网示范区，成渝地区、长三角工业互联网一体化发展示范区，京津冀工业互联网协同发展示范区（共5个）

从产业发展趋势看。一是产业互联网已经成为促进经济增长的重要驱动之一。2021年，我国数字经济规模占GDP的比重已超过40%，产业互联网规模占数字经济规模的比重达到8.8%左右，占GDP的比重已超过3.5%。我国2018—2021年产业互联网的实际增加值逐年上升，分别达到1.818、1.999、2.120、2.397万亿元。二是产业互联网平台交易规模将首次超过消费互联网平台交易规模。我国连续多年引领全球电子商务市场，将成为历

史上第一个将一半以上的零售额进行在线交易的国家。电子商务市场规模包括产业互联网平台交易规模与消费互联网交易规模。二者的比值将从2021年47.9%：52.1%调整为2025年的50.1%：49.9%。三是产业互联网是推动工业制造提质升级的主导力量。比如德国的工业4.0模式，以制造业场景为核心，实现生产流程的自动化与智能化，巩固了其在汽车、机械制造、化工以及电气技术方面依旧保持世界领先的地位。2021年，中国工业互联网平台及相关解决方案市场规模达到432.8亿元，预计2025年市场规模将达到1931亿元。广州当前已是工业互联网的枢纽城市，集聚树根互联、致景科技、航天云网、阿里云等20多家国内知名平台，接入总价值超7400亿元的工业设备90万余台，涉及81个细分行业，实现制造流程的提质升级。

从重点企业发展战略看。一是国外高科技企业已深耕产业互联网。位于全球最高市值TOP 10的科技企业，都涉足了产业互联网领域。比如美国的苹果、微软、亚马逊、谷歌、脸书作为全球互联网5大巨头，市值总和超51万亿人民币，深耕人工智能的基础层、技术层、应用层，掌握核心技术。西门子是德国工业4.0的代表，年营收超4300亿人民币，于2016年推出了工业互联网平台MindSphere。巴斯夫作为全球领先的化工企业，年营收已超5500亿人民币，十年前已经运用传感科技。二是国内龙头企业纷纷布局产业互联网。2018年以来，腾讯、阿里巴巴、百度等头部企业加入产业互联网的发展浪潮。2018年，腾讯提出"扎根消费互联网，拥抱产业互联网"的战略；2019年，百度在自动驾驶、智能云、对话式人工智能系统等方面发布产品和战略合作；阿里巴巴聚焦产业互联网基础能力打造阿里云，2021年实现首次全年盈利。2021年，我国产业互联网领域共有149起投融资，投融资金额412.56亿元，增长均超过25%。三是广州本土重点企业进行产业互联网赋能。广州充分发挥产业链条齐全、创新要素汇集等优势，比如速道信息的药师帮平台，入驻商家超4千家，采购终端超40万家，覆盖县市超2千个；欧派的爱家创新平台让产能提高40%，用工减少2/3；广州工控的综合性工业互联网平台，涵盖广重、万宝、万力等核心业务，旗下广日电梯的云平台接入全国超2万台电梯设备。

（二）发展产业互联网成为城市产业竞争新焦点

近年来，各大城市都在加快布局产业互联网，产业互联网正成为城市塑造产业竞争力的重要方面。2021年8月，北京市发布了《产业互联网北京方案》和《2021北京产业互联网发展白皮书》，提出打造万亿级的产业互联网集群，推动北京传统企业数字化转型，助力北京建设"全球数字经济标杆城市"；上海2020年发布了《关于推动工业互联网创新升级实施"工赋上海"三年行动计划（2020—2022年）》，计划2022年上海工业互联网核心产业规模提升至1500亿元；深圳推出《深圳市推进工业互联网创新发展行动计划（2021—2023）》，提出到2023年，工业互联网发展水平国内领先，成为粤港澳大湾区制造业数字化转型引擎。2021年，按照GDP排序，广州位居八座城市（广州、深圳、上海、杭州、苏州、北京、重庆和成都）的第四位；按照数字经济核心产业增加值排序，广州位居八座城市的第六位（见表3）。紧抓"下半场"产业互联网契机，培育新产业优势，实现广州数字经济发展弯道超车，产业互联网是其重要组成部分，对汇聚粤港澳大湾区数字经济高端创新要素并在广州集成创新和成果转化具有重要意义。

表3　"十四五"八城市GDP及数字经济核心产业增加值

城市	2021年GDP（亿元）	2021年数字经济核心产业增加值（亿元）	2021年数字经济核心产业增加值占地区GDP的比重（%）	"十四五"GDP年均增速（%）	"十四五"数字经济核心产业增加值年均增速（%）	2025年数字经济核心产业增加值占地区GDP的比重（%）
上海	43215	12600	29.2	5左右	–	60
北京	40270	8171	20.3	5左右	7.5	22.3
深圳	30665	9125	29.8	6	8	31

（续上表）

城市	2021年GDP（亿元）	2021年数字经济核心产业增加值（亿元）	2021年数字经济核心产业增加值占地区GDP的比重（%）	"十四五"GDP年均增速（%）	"十四五"数字经济核心产业增加值年均增速（%）	2025年数字经济核心产业增加值占地区GDP的比重（%）
广州	28232	5590	19.8	6左右	11.8	25
重庆	27894	7151	25.6	6左右	14.4	35
苏州	22718	4459	19.6	6左右	16	30
成都	19917	2581	13	6~8	10.9	14
杭州	18109	4719	26.1	6以上	10	30

注：1. 各城市GDP和数字经济预期目标来自于该城市"十四五"规划指标；2. 部分城市2021年数字经济核心产业增加值是基于该城市2020年数字经济核心产业增加值和该城市"十四五"平均增速进行测算；3. 2025年上海市数字经济增加值占全市生产总值比重预期目标暂用中国信息通信研究院口径，包括数字产业化（信息产业增加值）和产业数字化（数字技术与其他产业融合应用）两部分。

二、广州发展产业互联网面临的挑战

（一）广州本土互联网头部企业数量不足，存在依赖性强的被动情况和潜在风险

根据中国互联网协会发布的"中国互联网企业100强"榜单，2021年，互联网百强企业中将总部设在北京、上海、广州、深圳、杭州的数量分别是35家、15家、8家、7家、7家，但前20强企业总部均不在广州。在2021年产业互联网百强企业名单中，广州入榜5个，与青岛并列第6名，

低于上海（20个）、北京（12个）、南京（11个）、深圳（11个）和杭州（8个）。产业互联网的发展离不开数字化赋能企业，目前具备较强数字化赋能能力的企业多为传统互联网龙头企业，如百度、阿里巴巴、腾讯等，但这些互联网大厂总部及其研发部门均不在广州，导致广州无法获得互联网龙头企业在技术、人才、服务等方面的外溢效益，与北上深杭等城市在产业数字化的竞争中不具备优势。

（二）广州传统产业头部企业的数字化转型优势不明显

广州很多传统产业的头部企业在其行业领域经过长时间的积累，已形成了自身的竞争优势，企业对互联网产业模式不熟悉，短期内很难放弃已有优势，接受互联网的改造。而由于业务结构、技术成熟度等原因，传统行业大多数国有企业对产业互联网基本处于试探性投资阶段，数字化业务发展比较缓慢，尚未通过数字化转型形成新优势或优势不明显。传统行业部分民营大企业近年持续加大对数字化业务的投入，但仍面临数字化转型能力不够、成本偏高、阵痛期较长等问题，实施风险较大，"不会转""不能转""不敢转"的问题依然存在。亟须分类施策，推动传统产业头部企业做大做强数字化业务板块，提高产业数字化水平。

（三）产业互联网应用场景挖掘不充分，呈现"碎片化""孤岛型"倾向

尽管产业互联网的潜力十分巨大，但相对于消费互联网，其发展却比较滞后。除了技术因素外，这和产业互联网本身的特征有很大的关系。产业互联网涉及的领域广、范围大，其本质是一个大规模的复杂系统。现在每个企业基本是一个相对独立的个体，可以根据自身的运营情况调整生产规模，但在产业互联网时代，每个企业只是其中的一个节点，构建一个串联各个节点的产业互联网的建设投入是巨大的、并且还具有很强的正外部性，因此，仅由企业推进产业互联网建设是效率极低的，需要政府牵头，采取强有力的多项措施统筹协调、支持鼓励各方参与，对政府的统筹能力提出新的要求。广州产业互联网应用场景覆盖领域和范围较窄，当前主要体现在城市管理方面，教育、医疗以及园区等领域尚未充分挖掘。各场景缺乏关联度，体现整体性、重塑性的场景不多。

（四）产业互联网空间布局尚待优化

园区数量较多，但规模普遍偏小，企业发展空间受限。园区运营模式和产业结构同质化严重，缺乏产业互联网属性较强的园区。传统产业园区的数字化改造面临较大困境。

三、对策建议

（一）着力完善推动广州产业互联网发展的顶层设计

一是构建统筹协调机制，建立市领导牵头的联席会议机制，明确产业互联网的牵头部门，加强对广州市产业互联网发展的统筹和调度。二是制定广州产业互联网发展规划，发布"产业互联网广州方案"、广州产业互联网白皮书，进一步明确广州市发展产业互联网的重点领域和产业链条，因链施策，推动产业互联网纵深发展。三是设立广州产业互联网发展基金，充分利用广州市产业基金、风险投资基金等金融资源，发布针对产业互联网企业专项金融支持服务，发掘和支撑产业互联网领域的独角兽和优质企业。四是制定专门政策支持产业互联网企业发展。出台《广州市促进产业互联网发展若干措施》，形成产业互联网发展的政策高地。

（二）构建广州产业互联网创新生态

一是结合广州产业基础选取若干重点行业的龙头企业，支持龙头企业发挥"链主"作用加快构建产业互联网。如支持汽车产业由广汽集团牵头，轨道交通由广州地铁牵头，定制家具由索菲亚、欧派牵头等，打造垂直领域的产业互联网生态。二是加大力度支持树根互联、百布网等独角兽产业互联网平台企业发展。积极引进一批产业互联网领域的头部企业和"单打冠军"。三是加快构建与产业互联网发展高度契合的多元应用场景。围绕数字政府、数字治理、数字生活、智能生产四大领域，发布产业互联网应用场景建设需求，征集新技术、新产品、新解决方案，形成"机会清单"和"产品清单"。实施"产业互联网伙伴计划"，鼓励企业开展同台竞技和技术产品公平比选、"揭榜挂帅"，构建政产学研用联动应用场景创新圈。

（三）以广州人工智能与数字经济试验区琶洲片区为核心，市区联动、条块结合，打造粤港澳大湾区产业互联网发展高地

一是建设全球一流的城市数字底座，以打造"琶洲算谷"为载体，将琶洲打造成为全国算法高地。二是建成一批示范引领性强的国家级跨行业跨领域产业互联网平台和行业级产业互联网平台，让数字化场景得到充分应用，成为国家产业互联网发展示范高地。三是以琶洲实验室和龙头企业为依托，聚焦突破基础软硬件、开发平台、基本算法等"卡脖子"和前沿核心技术，推出一批全国一流的首创技术、首制产品，成为产业互联网重要技术创新策源高地。四是把琶洲南区打造成为产业互联网创新企业集聚地。琶洲南区与互联网龙头企业集聚的琶洲西区仅"一涌之隔"，面积约4.5平方公里，市土发中心已完成2177亩土地收储工作，是集中连片发展产业互联网的优选地。建议市区联动、条块结合，对标国际先进地区，进一步优化规划布局，集聚一批产业互联网领域的专精特新"小巨人"企业和"隐形冠军"企业，将琶洲南区打造成为产业互联网发展高地。五是推进粤港澳大湾区产业互联网领域跨境数据流动、基础共性标准制定取得突破性进展，成为产业互联网领域粤港澳大湾区交流合作高地。

（四）树立全球产业互联网发展标杆

一是定期举办全球产业互联网大会，邀请知名专家学者、企业家，产业数字化、数字产业化领域龙头企业，垂直行业领域"专精特新"企业，相关科研机构共同参加，进一步增强广州市在产业互联网领域的策源和链接能力，扩大知名度和影响力，吸引更多资源集聚。二是组建一个汇集全国产业互联网领域专家的专门智库和专家咨询委员会，为广州产业互联网发展提供决策支持。三是分行业组建一批垂直领域的产业互联网联盟，以联盟为平台构建政府部门、企业群体、科研机构的多边合作和对话机制。四是发布一批产业互联网垂直领域行业指数，监测分析本土特色优势产业领域的核心竞争力和创新突破口，为进一步围绕产业链部署创新链提供数据支撑和路径借鉴。

（五）优化产业互联网发展环境

一是加快构建与产业互联网发展相适应的统计监测体系，强化统计监测。建立公开透明的市场准入标准和运行规则，打破制约创新的行业垄断和市场分割。二是发挥广东省数字经济协会等协会联盟作用，引导产业互联网基础共性标准、关键技术标准的研制及推广，加快推进重点领域标准化工作。三是制定并实施广州产业互联网人才专项计划，加大对产业互联网领域高层次人才引进和培育力度。四是提高全民全社会数字素养和技能，夯实产业互联网发展社会基础。加大对《广州市数字经济促进条例》的宣传贯彻力度，营造产业互联网发展的良好氛围。

（黄符伟，康达华）

广深两市生物医药产业对比及加强双城产业联动

【提要】生物医药产业作为当前全球最具创新、最活跃的新兴产业之一，是经济增长的新动能。近年来，广州、深圳两地生物医药产业规模迅速扩大，关键技术持续突破，产业聚集效应初步显现。面对全球产业发展新变局，建议广深加强双城生物医药产业联动发展，共同抢占全球生物医药产业制高点。一是继续以"大平台、大工程、大设施"为抓手，大力推动基础研究领域重大创新平台建设；二是继续发挥在广深港澳科技创新走廊中的核心节点城市作用，深化"双城联动"论坛，聚焦生物医药与健康产业，逐步形成协调发展双赢格局；三是充分发挥钟南山院士等顶尖科学家的"头雁"作用，协同支撑疫情防控工作；四是深入落实"链长制"，政府层链长各司其职，重点企业积极履行链主责任，推动生物医药产业内部企业之间的信息交流与运营合作，发掘内部力量，促进共同发展。

生物医药产业是21世纪最具创新、最活跃的新兴产业之一。特别是新冠疫情爆发后，更加凸显生物医药产业的重要性，成为经济增长的新动能。但是从全球看，美国、日本、欧洲等国家和地区主导着世界生物医药产业发展，三大区域在全球药品市场中的份额超过了80%，我国生物医药产业发展仍然处于初级阶段。近年来，广州、深圳两地大力推动生物医药产业发展，产业规模迅速扩大，关键技术持续突破，产业聚集效应初步显现。新形势下，全面分析广州、深圳两市生物医药产业发展现状，结合两地生物医药产业特点推动强强联合、强弱互补，对联动抢占全球生物医药产业制高点意义重大。

一、两地产业发展现状

（一）广州生物医药产业现状

一是产业规模迅速壮大。广州是国内较早发展生物医药产业的城市，在20世纪90年代出现一批生物医药创业公司。2006年，国家发改委设立广州国家生物产业基地，广州开发区成为生物产业基地核心区。2010年，国务院发布《关于加快培育和发展战略性新兴产业的决定》后，广州将生物医药产业纳入六大重点培育创新型产业集群。2016年，广州制发《广州市战略性新兴产业第十三个五年发展规划（2016—2020）》，提出"依托国家生物产业基地，巩固提升现代中药、生物制药、医疗器械、健康服务等优势产业发展水平，打造具有国际影响力的生物与健康产业集群"。2018年，《IBA计划》中提出，到2022年生物医药产业规模超1800亿元和打造具有全球影响力的生物医疗健康产业重镇的发展目标。据不完全统计，近年来，广州生物医药产业保持年均10%左右的增速，2021年上半年，实现增加值688.70亿元，同比增长12.0%。初步预计2022年，生物医药产业规模极可能突破超1800亿元的预设目标。

二是企业队伍量质齐增。广州现有生物医药企业5500多家，总数保持全国第三。2020年，广州生物医药上市公司总数达到45家，总市值超过3000亿元，位居全国第四。同年，上交所南方中心正式发布"广州独角兽创新企业榜单"，有10家生物医药企业入榜，占入榜企业总数的17.24%，仅次于信息技术行业入榜企业数。在高精尖入榜企业中，有7家生物医药企业，占入榜企业总数第一，占比25.93%。同时，在国内市场，广州的体外诊断产品、检验服务、干细胞与再生医学等领域初步形成竞争优势（见表1）。

三是产业创新基础能力突出。从大学研究机构来看，广州聚集了中山大学、华南理工大学、暨南大学等综合性高校以及南方医科大学、广州中医药大学、广州医科大学、广东药科大学等专业类高校，均设立高水平医学院和医学研究机构，为生物医药产业创新发展提供了重要的智力支撑。在生物医药前沿研究领域，广州建成了12个国家工程中心和实验室、133个科技研发机构、158个各级重点实验室、128个各级工程技术研究开发中心和51家各级企业技术中心。2021年5月，由钟南山院士牵头筹备的呼吸疾病领域的国家实验室——广州实验室落户于广州国际生物岛，致力于建成创新策源地和具有国际影响力的防控突发性公共卫生事件的大型综合性研究基地。同时，广州生物医药产业创新人才不断集聚，"三中心多区域"产业空间布局基本形成。截至2018年，共计吸引和培养了生物医药、健康医疗等重点发展领域的5名诺贝尔奖金获得者、12名两院院士、50名"千人计划"专家、20名"万人计划"专家。包括钟南山、裴钢、裴端卿、裴雪涛、邓宏魁等一批领域内具有极高影响力的专家学者，极大地提高了广州生物医药产业的创新能力。广州科学城、中新广州知识城、广州国际生物岛三大产业集聚中心聚焦创新创业生态建设，引进重大创新项目，打造引领生物医药产业发展的创新高地。

（二）深圳生物医药产业现状

一是规划政策环境趋于完备。发布生物医药产业集聚发展"1+3"文件［包括《深圳市促进生物医药产业集聚发展的指导意见》及《深圳市生物医药产业集聚发展实施方案（2020—2025年）》《深圳市生物医药产业发展行动计划（2020—2025年）》《深圳市促进生物医药产业集聚发展的若干措施》三份配套文件］，加快建立以企业为主体、产学研相结合的科研和产业化体系，围绕生物医药等七大战略性新兴产业，实施创新驱动发展战略，提升生物医药、生物医学工程等优势领域发展水平，打造世界领先的生命经济高地。

二是关键技术不断取得突破。在基因检测方面，深圳国家基因库拥有千万级可溯源、高质量样本的存储能力。生物信息数据库已建设成为高效、安全的生命科学领域信息数据分析平台，数据存储能力达88PB，计算能力691万亿次/秒。新一代基因测序能力与超大规模生物信息计算与分析能力位居世界第一，无创产前基因检测、疾病筛查等示范应用有序推进。新药研发方面，深圳奥萨医药的I类新药氨氯地平叶酸片（氨叶）获批上市，以微芯生物为代表的一批深圳医药企业已实现从"仿制"到"创制"的梦想。医疗器械方面，深圳医疗器械产业规模居华南之首，全国前列。特别在医疗影像、基因测序、医疗电子和植入介入材料等细分领域已经具备较强的实力，深圳制造的亚洲首台超声肝硬化诊断仪面世。深圳先进院是国内生物医学工程领域规模最大的研究基地，已成为国内重大医疗器械创新研发的旗帜。深圳医疗器械产业国际化水平高，产品出口200多个国家和地区，出口额位居全国前列。

三是平台建设不断加强。截至2019年，建成生物医药领域各类创新载体超过400家。深圳国家基因库投入运营，可访问数据量和样本存储量全球最大。国家超级计算深圳中心拥有超大规模生物大数据分析计算能力。规划布局脑解析与脑模拟设施、合成生物研究、深圳精准医学影像组学等重大科技基础设施。此外，空间布局方面，在坪山区、大鹏新区、福田区、罗湖区、南山区、盐田区、龙华区和光明区进行多节点布局，以坪山国家生物产业基地、深圳国际生物谷核心启动区和深港科技创新特别合作区为核心，形成"三核多点"的产业空间布局结构。

二、两地产业对比

（一）两地发展目标存在差异

《广东省发展生物医药与健康战略性支柱产业集群行动计划（2021—2025年）》表明，广州、深圳生物医药与健康产业发展目标不同，两市在产业政策、补贴政策范围、区位优势等方面也存在差异。

表1　广州深圳产业政策

城市 对比 内容	广州	深圳
发展目标	打造粤港澳大湾区生命科学合作区和研发中心，布局生命科学、生物安全、研发外包、高端医疗、健康养老等领域	建设全球生物医药创新发展策源地，做精做深高性能医疗器械、生物信息、细胞与基因治疗等领域

（续上表）

城市 对比 内容	广州	深圳
产业政策	《广州市生物医药产业创新发展行动方案》《广州市加快生物医药产业发展实施意见》《广州市加快生物医药产业发展若干规定（修订）》《广州市生物医药全产业链发展推进方案》	《深圳市促进生物医药产业集聚发展的指导意见》《深圳市生物医药产业集聚发展实施方案（2020—2025年）》《深圳市生物医药产业发展行动计划（2020—2025年）》
补贴政策	重点补贴范围包括医疗器械－临床研究、医疗器械注册证、公共服务平台、产业化、重大推介交流	重点补贴范围包括药品－临床研究、资质认证、仿制药一致性评价、重点项目投资、上市持有人、委托研发、生产
区位优势	粤港澳大湾区中心城市，拥有国家生物产业基地和国家医药出口基地的叠加优势	深圳与香港只一水之隔，有利于借助香港的资源促进生物产业的发展。深圳市拥有滨海国家生物产业基地，在发展海洋生物产业方面具有独特的优势

    2020年12月，国家药品监督管理局药品审评检查大湾区分中心和国家药品监督管理局医疗器械技术审评检查大湾区分中心在深圳成立，大大降低深圳医药产品审评检查成本，缩短了新产品的产业化周期，进一步促进了相关产业集聚发展。一方面，更多的新药品、新器械、新技术将在深圳开展先行先试，这将有利于深圳占据技术高地。另一方面，可节省深圳医药企业参与标准制定、了解标准实施情况、合规生产的交易成本，促进深圳生物医药孵化平台建设，为深圳打造医药产业创新发展高地营造良好的

市场环境。

近年来，广州密集发布《广州市加快IAB产业发展五年行动计划》《广州市加快生物医药产业发展实施意见》《广州市加快生物医药产业发展若干规定》《广州市落实深化审评审批制度改革鼓励药品医疗器械创新实施方案》等一系列政策文件，从生物医药的创新研发、临床试验、生产制造、上市应用、流通销售等全产业链各环节切入，对项目全生命周期给予扶持，完善产业发展环境。重大项目支持上不封顶，加快建设"卡脖子"关键核心技术的重大公共技术平台，推进高端产业化项目落地。而深圳发布的《深圳市生物医药产业集聚发展实施方案（2020—2025年）》是从产业布局层面规划生物医药与健康产业发展，包括坚持"要素集聚+空间集聚"双核驱动，建成"一核多中心"错位发展格局等一系列内容。从政策引导上来看，深圳市生物医药产业更多地依靠市场调节，广州市要学习借鉴，着手完善生物医药与健康产业的市场建设，发挥政府和市场的双重比较优势。

（二）两地产业实力、产业活力各有所长

在生物医药产业方面，深圳生物医药规模以上企业数量与广州相比存在一定差距，但是医药制造业总产值确略高于广州，且企业更具有活力。深圳迈瑞、华大基因、比亚迪、稳健医疗等企业已成长为国家生物医药领域细分专业自主创新的龙头企业。2020年，深圳已经形成了包括坪山国家生物产业基地在内的优质特色产业集群，在生物医药与健康领域拥有17家上市公司，发展成为国内影响力最大的医疗器械产业集聚地。深圳还拥有信立泰、海普瑞、翰宇药业、健康元等企业，引进了赛诺菲巴斯德和葛兰素史克两大国际疫苗巨头落户，极大地强化了疫苗领域的优势。此外，深圳在生物医药领域创造多项荣誉。例如，世界第一个基因治疗新药、第一张亚洲人基因图谱、国内第一个生物工程一类新药、第一台医用核磁共振诊断仪、第一台伽马射线治疗系统、第一台全自动生化分析仪等自主创新成果。"深圳制造"逐渐形成品牌优势，代表高质量生物医药设备以及产品。

与深圳相比，广州有自身优势，也需要向深圳学习。广州在产业生

态链建设方面优于深圳，生物医药产业发展涉及整个生态链，从研发、临床、生产到销售，有着系统的链条。深圳在基础医疗资源、医疗人才储备和培养等方面弱于广州，生物医药的产业链、生态链构建亟待进一步完善。

（三）广州转化应用能力基础较强

截至2021年，广州全市三级医疗机构71家，其中三甲医院38家[①]，聚集全省约31%的三甲医院资源，省内排名第一。具备药物临床试验机构资格的医疗机构35家，约占全国总量的1/10，为串联生物医药产业链上下游的临床研究和转化研究提供了良好的基础，也为药企开展临床试验提供便利。同时，广州基础医疗资源情况较好，医疗系统收治能力较强，医师资源丰富，拥有4所医科大学（不含部队所属院校），数量居于全国首位。据不完全统计，截至2021年，深圳市的医疗资源、医院医疗机构数量、床位数以及医师数量均低于广州，约占广州相应对应指标的50%～60%。

三、广深两地生物医药产业联动路径

当前，全球生物医药产业正处于技术创新的高峰期，我国生物医药产业正处于政策变化的高频期，也正处于新一轮改革开放的时代浪潮，全球、全国和区域生物医药产业格局的裂变与重组趋势凸显。在新的赛道上，广州和深圳均面临"前有标兵，后有追兵"的夹逼之势。在新时代背景下，两地需要以更宏大的视角、更紧迫的危机感，优势互补，联动发展，共同构画生物医药产业美好未来。

（一）继续筑牢广深两地生物医药领域"科学发现"根基

狠抓生物医药领域"科学发现"环节，以"大平台、大工程、大设施"为抓手，大力推动基础研究领域重大创新平台建设，全力提升生物医药产业基础研究创新能力。充分依托中国科学院及深圳及港澳地区资源，

---

① 数据来源：广州市卫生健康委员会官方网站上公布的广州地区三级医疗机构信息（截至2021年3月22日）。

布局建设一批重大科技基础设施和大科学装置，提升基础研究和应用基础研究能力，与香港、深圳等地区大学合作成立研究中心，共同支撑粤港澳大湾区国际科技创新中心建设。大力推动与美国、日本、以色列等国家在生物医药领域交流合作等合作平台，打造开放、融合、共赢的新格局。

（二）支持广深"双城联动"开展生物医药领域科技创新

一是充分发挥广州、深圳在广深港澳科技创新走廊中的核心节点城市作用，聚焦生物医药与健康等领域关键共性技术、前沿引领技术、现代工程技术、颠覆性技术，加强基础研究与应用基础研究合作，逐步形成以创新驱动推进两地协调发展的双赢格局。二是在健康医疗重大专项、农业和社会发展科技专题等各类科技项目中，支持在穗单位与深圳市科研院所、医院及企业等单位科研合作，聚焦生物医药与健康医疗领域关键核心技术，加强前瞻布局，不断提升创新能力，壮大产业发展新动能。

（三）广深协同奋战为疫情防控提供强力科技支撑

充分发挥钟南山院士等顶尖科学家的"头雁"作用，统筹穗深港澳等城市高水平研究机构和一流科技企业协同奋战，聚焦检验检测、疫苗研发、有效救治药物等研究方向，全力组织实施新冠肺炎疫情防控应急科研攻关，以广州、深圳等为核心，成立"粤港澳大湾区疫苗产业基地"，全力打造华南地区最大的呼吸传染病疫苗生产基地，为坚决打赢疫情防控硬仗注入硬核科技力量。

（四）广深联合打造高端医疗器械产业集群

广州联合深圳申报的"广东省深广高端医疗器械集群"成功入围工信部国家先进制造业产业集群竞赛决赛，两市联合打造高端医疗器械产业集群对加快打造粤港澳大湾区生物医药产业核心引擎、推动建设全国生物经济先导示范城市、全球知名的生物科技创新中心与生物医药产业集聚地起到重要的促进和支撑作用。

（五）联合落实落细"链长制"工作

推动生物医药产业链"链长制"工作，将两地链长制工作落到实处，政府层链长各司其职，重点企业积极履行链主责任，推动生物医药产业内部企业之间的信息交流与运营合作，发掘内部力量，促进共同发展。一是要从整体角度出发，自上而下构建产业链，两地牵头部门各自制定实施产业链发展行动计划，全员相互配合形成强大工作合力。二是以推动生物医药产业高质量发展为目标，建设好人才链、技术链、资金链、信息链等，由点到面，形成生物医药产业集群生态系统。三是夯实链长与链主（即为政府与市场）链条路径建设。链长做好发展规划设计，强化协同合作，形成资源集聚优势，进而发挥辐射带动作用，补足短板，发挥优势。四是推进"强链""补链""延链"。两地着力培育一批产业控制力和根植性强的"链主"企业，支持3～5家创新型龙头企业发展壮大。完善临床资源统筹与服务体系，积极探索政府牵头+第三方独立运作的创新药物临床试验服务中心。两地加快建设一批国家级的关键共性生物医药产业支撑平台和生命科学领域的重大科技基础设施。全力支持广州再生医学与健康广东省实验室打造成为国家实验室。加强关键核心技术产品研发和产业化。两地深入开展生物医药与健康产业与其他产业融合环节的"延链"。加快生物医药与人工智能、大数据、云计算、区块链等新一代信息技术产业融合，赋能生物医药产业竞争力。

（刘　罡）

推动广州市智能联网汽车走向自动驾驶

【提要】智能网联汽车驾驶自动化是汽车产业发展大势，是广州汽车产业转型升级的重要机遇。受制于汽车电子产业对自动驾驶的支撑不足、自动驾驶产业链供应链稳定性不强、道路智能化改造和测试步伐需加快、法规政策体系有待完善等因素，广州智能联网汽车向自动驾驶的产业转型亟须破局。建议：一是要加快自动驾驶汽车电子产业培育；二是要打造安全自主产业链体系；三是要持续加强应用示范；四是要深入推进广深联动合作；五是要完善产业政策体系。

广州市明确提出在"十四五"时期将智能网联汽车与新能源汽车产业打造成为新兴支柱产业，构建全产业链集群，打造全国领先的智能汽车平台和生态圈，建成全球知名"智车之城"。纵观国内外智能网联汽车发展大势，自动驾驶是汽车产业转型的战略方向和诸多国家、城市竞相发展的战略高地。当前，全球自动驾驶汽车产业已进入商业化前期阶段，广州应抢抓机遇、积极布局。

一、国内外自动驾驶汽车产业发展形势

（一）国际发展形势

一是自动驾驶车辆研发制造不断加快。美国、欧洲、日本等地对汽车智能化、网联化拥有数十年经验积累，在核心芯片、关键零部件、研发体系、标准体系等方面优势较为明显。各大汽车企业陆续推出CA级（有条件自动驾驶）、HA/FA级（高度自动加码/完全自动驾驶）自动

驾驶汽车产品。二是发达国家陆续进入自动驾驶发展第二阶段。目前，欧美日等国家的自动驾驶发展纷纷从第一阶段（前期研究、确立技术路线、政策引导、开放路测）过渡到了第二阶段（审查现行法规、调整和制定安全标准、制定新法规），并且已着手建立符合本国国情的自动驾驶法律框架。三是互联网企业跨界促进自动驾驶技术爆发。苹果、谷歌、英特尔等利用自身海量数据优势，着手网联化技术研究并实现跨越式发展，着重于智能车载系统的关键和核心技术的研发及整体解决方案。互联网企业跨界促进传统车企选择智能化发展路径，自动驾驶渐进式推进取得明显成果。

（二）国内发展形势

我国自动驾驶汽车产业起步较晚，但顶层设计快速推动，产业布局迅速。一是传统整车制造企业加快跨界合作和创新商业模式。上汽与阿里巴巴、广汽与小马智行、文远知行、腾讯联手进军智能网联汽车产业，是整车企业与互联网企业合作的代表案例。二是自动驾驶技术开发研究方兴未艾。百度、腾讯、阿里基于自身互联网优势，开展自动驾驶领域各项研究。华为、中兴等则基于5G方面的优势开展自动驾驶系统研究。联通、移动、电信等运营商依托网络优势开展网联信息交互等相关研究。三是以智能网联汽车示范区建设促进道路测试。上海、浙江、京冀、重庆、湖北、吉林、广东、湖南、江苏等地区形成了10个智能网联汽车示范区，推动我国智能网联汽车的验证、测试及应用示范工作。北京、上海、重庆、广东等地政府相继出台智能网联汽车道路测试管理实施细则。

二、广州市智能网联汽车自动驾驶产业的现状和问题

（一）发展现状

近年来，广州市积极创建基于宽带互联网智能网联汽车与智慧交通应用示范区，特别是在健全产业链、无人驾驶汽车上路、封闭测试场建设等领域上不断创新突破，智能网联汽车产业生态资源走在全国前列，智能网联汽车产业集群成为国家先进制造业集群首批培育对象，为加快驶入自动

驾驶汽车产业赛道奠定了坚实的基础。

一是产业基础扎实。广州拥有广汽集团、东风日产等传统整车制造企业以及小鹏汽车等造车新势力企业，形成涵盖整车生产、三电（电池、电机、电控）以及电池关键材料等领域的新能源汽车产业体系；拥有汽车行业国家级企业技术中心1个（广汽研究院）、省级企业技术中心9个、省级工程中心2个、省级制造业创新中心1个，相继引入百度阿波罗、小马智行、文远知行、滴滴自动驾驶等4家世界级自动驾驶研究公司；成为国内最具竞争优势的"整车+网联技术+汽车电子"智能网联全产业链的生态集聚地。

二是主导产品国内领先。在整车制造方面，广汽埃安、小鹏汽车在全国新能源汽车中保持销量领先。近几年广汽Aion LX、Aion V、小鹏P7等新车型陆续上市，均代表了国内智能网联新能源汽车的最高水平。

三是跨界融合活跃度高。广汽集团、小马智行与华为、腾讯及科大讯飞等，在5G应用、云计算、大数据、车联网、智能驾驶等方面开展深入合作。广汽与腾讯、滴滴等打造"如祺出行"智能移动出行平台，与文远知行、如祺出行签订战略合作及投资协议，将共同打造行业领先的robotaxi产品和服务，全方位优化基于自动驾驶的打车和用车体验，实现robotaxi规模化商业化运营落地。

四是基础设施建设和公共检验检测平台支撑有力。广州是第一批新城建试点城市，也是全国16个试点城市中唯一的超大型城市，并入选住建部和工信部首批"智慧城市基础设施及智能网联汽车协同发展"试点城市。聚集了工信部电子五所、中国电器院、中汽中心等一批拥有智能网联汽车和车联网领域国家级公共检验检测平台的机构，数量居全国前列，能力覆盖智能网联整车软硬件系统、零部件、汽车电子等全链条，以及可靠性、功能安全、信息安全等全面性能检测。同时，广州正规划建设智能网联汽车电子系统集成产业综合基地、广汽新丰（8500亩）封闭测试场，积极争创国家车联网先导区，开展智能网联汽车的测试验证工作，全市开放道路789.2公里、发放测试牌照195张、有效测试里程超过350万公里，在全国率先推出自动驾驶商业化运营试点政策。

（二）面临问题

在看到广州市发展智能网联汽车产业取得一定成绩的同时，也要清醒认识到，当前广州智能网联汽车走向自动驾驶还存在一些短板，主要表现在以下几个方面：

一是汽车电子产业对自动驾驶的支撑不足。随着汽车产业向智能网联方向发展，汽车电子占整车比重越来越高，目前已达30%以上，预计2030年将达70%以上，而广州市汽车电子年产值仅100多亿元。关键核心技术自主创新能力不足，汽车工业软件、高性能车规级芯片、智能操作系统、智能计算平台、车载高精度传感器、车辆电子控制等核心技术研发和制造能力不足，关键零部件企业发展滞后。据不完全统计，全国智能网联汽车产业链重点企业共有88家，北京、深圳、上海的重点企业总数位列前三位，分别是26家、13家和11家，而广州仅有5家重点企业。

二是自动驾驶产业链供应链稳定性不强。广州智能网联汽车产业链体系不够完整，整车关键零部件企业、电子集成系统企业集聚度和控制力不足，供应链特别是车载芯片制造环节的供应体系比较脆弱。尤其是自动驾驶汽车芯片需求量大，而广州智能网联汽车"缺芯"问题严重，国产可替代性不强，车规级AI、MCU芯片等高端核心组件高度依赖进口。同时，汽车产业园区和产业基地定位、分工不够明晰，高成长性、高竞争力的本地企业较少，产业本地化近地化配套能力不足，涉及自动驾驶的新业态、新模式的萌发还不够活跃，新型产业生态还需要培育。

三是道路智能化改造和测试步伐需加快。智能交通基础设施建设有待加快推进，道路智能化改造和高速公路、城市快速路测试仍需进一步加快。目前全国多个城市已开放高速道路或快速公路测试，如北京已开始在物流车方面开展商业化模式测试；长沙将商用车测试优先落地商业化，并明确开放高速道路测试；武汉向百度、海梁科技、深兰科技等企业颁发全国首批自动驾驶车辆商用牌照，不仅允许自动驾驶车辆进行载人测试，还可以商业化运营。广州市也出台了混行环境下自动驾驶先行先试的意见与方案，但政策落地步伐较慢，市级相关部门和区政府配套政策需加快出台。同时，目前广州市没有国家级整车检测资质的汽车测试场，在建的四个测试场：中汽研汽车检验中心（增城）、南方（韶关）智能网联新能源汽车试验检测中心、花都智能网联汽车测试场、南沙自动驾驶测试基地项目均需加快推进。

四是法规政策体系有待完善。2021年12月，公安部发布了新制定的《机动车登记规定》，其中对智能网联汽车做出规定。2022年6月，深圳市人大常委会通过了《深圳经济特区智能网联汽车管理条例》，对L3及以上自动驾驶权责、定义等进行了详细划分，明确了以往处在模糊领域的L3级别自动驾驶的全域通行问题，对高速、城市开放道路和泊车域，以及对商业化运营放开等做出了规定，走在了国内城市智能网联汽车立法工作的前列。与兄弟城市和广州智能网联汽车产业发展的实际需求相比，广州市对自动驾驶和智能网联汽车立法相对滞后，自动驾驶相关配套政策还需进一步完善，测试结果和里程互认存在障碍，无人配送目前主要限于封闭或半封闭园区，自动驾驶商业化运营规定尚不健全，路侧基础设施建设所涉部门之间的协调尚不明晰。

三、对策建议

为抓住自动驾驶汽车产业发展的重大历史机遇，充分发挥广州在建设世界级智能网联汽车产业集群的主导核心作用，实现汽车产业"换道超车"，提出以下对策建议。

（一）加快自动驾驶汽车电子产业培育

一是坚持本土培育和靶向招商两手抓。大力推动广东省智能网联汽车制造业创新中心上升为国家智能网联汽车制造业创新中心华南分中心，加强高精动态地图、云控基础平台合作。鼓励广汽集团、东风日产等传统整车生产企业与互联网企业跨界合作，支持自动驾驶汽车产品研发以及在部分商用领域的优先推广应用，推动相关整车产品及技术的更新迭代。通过收购兼并和投资参股等手段，重点提升自动驾驶汽车基础工业软件、操作系统、计算平台、车规级高端芯片、传感器组件、域控制器等关键领域核心技术研发和制造能力，提升资源近地化配置和自主可替代能力，增强产业链供应链稳定性和安全性。二是加强产业与研发融合。建设华为云汽车产业工业互联网创新中心，充分利用华为广州创新中心研发力量。借助华为、树根互联、腾讯等国家级"双跨"互联网平台，以及中国工业互联网研究院广东分院暨国家工业互联网大数据中心广东分中心的创新和应用优势，加快广州汽车产业数字化转型。三是鼓励发展新应用新业态新模式。鼓励支持使用本地核心技术产品，打造覆盖车载核心软硬件、高性价比数字化道路体系、人车路网云协同驾驶以及移动出行MaaS（Mobility as a service，出行即服务）的创新创业平台，促进手机生态向汽车智能座舱等领域应用的平移。统筹建设广州市智能网联汽车大数据云控基础平台，打造大湾区智能网联汽车云控管理大数据中心。

（二）打造安全自主产业链体系

一是打造自主可控的汽车"芯"地。发展宽禁带半导体项目，如南砂晶圆、芯粤能项目，逐步解决车用功率器件的自主可控问题；加快推进粤芯二期、三期项目建设，推动车规级芯片的设计、测试和生产；打造芯片研发创新平台，建立车规级芯片的标准、测试和验证平台，吸引国内自主可控的芯片生产、设计、封装等企业落户广州。二是实施"提链计划"。与中国电动汽车百人会合作开展"智电汽车供应链质量安全提升计划"，通过"全国巡回"形式的培训活动计划，帮助广州市汽车零部件供应商提升能力。三是加强检测认证服务。支持有条件的区规划建设半开放测试示范区，开展基建改造、测试场景建设等工作，保障道路测试条件。构建中国（广州）智联汽车电子测试示范体系，完善自动驾驶汽车零部件、智能驾驶、通信设备等检测认证服务体系，搭建技术验证及检测平台，加强对安规、性能、环境适应性、材料分析、电磁兼容、可靠性、信息安全等全覆盖测试，提供入网认证、委托测试、通信产品认证、计量校准、国内国际标准认证、评估与验证、进出口产品检验检测服务，为产业发展提供保障和支撑。

（三）持续加强应用示范

按照住建部、工信部"双智"试点城市要求，围绕工信部"建设5G+车联网先导应用环境构建及场景试验验证"项目，建设出行优化、示范运营、公共服务等自动驾驶汽车示范应用场景。一是积极申报国家级车联网先导区。探索自动驾驶公交车、出租车商业化模式，促进交通、公安等数据融合应用。统筹制定5G车联网及应用场景布点规划，逐步纳入国土空间规划。二是大力推行车路协同发展。加快道路数字化改造和智能网联汽车应用示范。推进5G、路侧设备、交通标识改造等智能交通基础设施建设，逐步实现涵盖城市公路、高速公路的广州全域道路数字化。在广州智能网联道路示范区基础上提出大湾区乃至国家智能网联道路数字化建设和分级标准。三是有序扩大路测区域。率先开放城市公路、高速公路L4+自动驾驶测试、运营和安全监管，加快在不同混行环境下开展自动驾驶汽车应用示范运营。探索城市、区域之间测试结果和里程互认，逐步扩大无人配送上路许可区域，适当放开无人驾驶道路测试和无人驾驶载客运营牌照，加快推动自动驾驶出行服务商业化运营。四是强化产业公共平台建设。引导广州市在建的四个测试场差异化发展，争取取得国家级检测资质，加快构建完善公共测试服务支撑体系。

（四）深入推进广深联动合作

以广州、深圳为中心建设架构统一、物理分散、标准一致的国家智能网联华南属地中心，将大湾区自动驾驶汽车准入、测试、认证及全生命周期监测运行建设成为国家属地运营中心标杆。

一是打造广深产业集群。以广深在自动驾驶汽车产业集群协同发展为基础，不断在产业定位协同、核心技术联合攻关、上下游企业资源整合、行业公共活动联合举办等方面深化合作，避免因城市竞争而导致的产业资源浪费，打造大湾区深化改革开放的产业协同发展的典范。其中，广州市以整车制造为主导，强化网联技术、汽车电子发展，打造全球知名的智能网联汽车产业基地；深圳围绕网联技术与汽车电子的产业优势，打造世界领先的自动驾驶汽车电子信息基地。二是加快建设行业标准体系。系统规划、分步落实打造以广深为代表的具备国际化先进水平的自动驾驶汽车标准化体系。结合广深自动驾驶汽车产业集群建设，探索联合发布政策文件和立法协作，共同建立健全自动驾驶汽车制造、测试、使用、监管等方面的规范和标准。三是丰富应用场景与消费场景。开展跨区域城市级自动驾驶汽车大规模、综合性应用，共同构建大湾区自动驾驶汽车先导区。探索广州携手深圳率先实现5G-NR+LTE-V混合组网规模商用，解决智能网联网络连续覆盖运营问题，充分利用广东5G独立组网的优势，合理补充建设RSU通信基站网络，开展全域全息路口升级，实现广州、深圳全域动态高精度地图运营及城市数字孪生，建设垂直立体化数字交通网络。依托两地开放程度高、经济活力强的优势，进一步丰富应用场景与消费场景，打造自动驾驶汽车产业化、商业化的前沿阵地和消费高地。

（五）完善产业政策体系

一是加强法规保障。结合不同混行环境的政策管理体系，加快自动驾驶汽车立法研究论证。加强对数据安全法、个人信息保护法、《汽车数据安全管理若干规定（试行）》等的研究，明确自动驾驶汽车数据权益、数据利用和隐私保护、数据安全交易标准等问题。二是完善政策体系。落实《关于逐步分区域先行先试不同混行环境下智能网联汽车（自动驾驶）应用示范运营政策的意见》等文件，加快起草编制年检标准、事故鉴定、数据安全、安全员培训、示范运营监控平台等政策文件。成立自动驾驶行业协会，组建专家咨询委员会、事故鉴定专家库，启动自动驾驶商业化运行混行试点。

（王一川，康达华）

深入推进珠三角九城同建"无废试验区"

【提要】开展"无废城市"建设，是深入贯彻落实习近平生态文明思想、推动减污降碳协同增效的重要举措。目前珠三角九城同建"无废试验区"试点工作存在缺乏总体统筹规划及城市间有效合作机制、大量危险废物跨省市转移潜藏巨大风险、缺乏统一交易市场和规则标准等问题。建议：一要强化顶层设计，建立高效的城市间协调合作机制；二要推动规则标准衔接，组建"无废城市"产业大联盟；三要共建湾区固废综合交易平台，把南沙打造成"无废城市"技术高地和合作示范区；四要设立"无废城市"产业绿色发展基金，引导绿色金融资源支持固废产业发展；五要联合攻坚技术难题，打造成"无废城市"建设的技术高地；六要以新能源汽车动力电池为突破口，探索可持续的固废梯次循环利用和产业协作商业模式。

　　"无废城市"是一种先进的城市发展模式，是深入践行习近平生态文明思想、提升城市生态文明水平、加快实现减污降碳、建设美丽中国的重要举措。习近平总书记先后多次作出有关重要指示批示，主持召开会议专题研究部署固体废物进口管理制度改革、生活垃圾分类、塑料污染治理等工作，亲自推动有关改革进程。2018年初，中央全面深化改革委员会将"无废城市"建设试点工作列入年度工作要点，同年12月国务院印发《"无废城市"建设试点工作方案》，今年生态环境部等17个部门和单位联合印发《"十四五"时期"无废城市"建设工作方案》。自2019年全国开展"无废城市"建设以来，深圳等首批试点城市在各类固体废物治理方面取得显著成效。2021年2月，广东省结合深圳市推进国家"无废城市"建设试点工作经验和全省实际情况，提出珠三角所有城市开展"无废试验区"试点，要求到2023年底，无废试验区协同机制初步建立、区域联动不断加强、合作更加广泛深入。"无废城市"建设是一项系统性工程，广深"双城联动"推动湾区九城市同建"无废试验区"，加快推进大湾区城市绿色低碳转型，以高水平保护推动城市高质量发展、创造高品质生活。

一、珠三角九城同建"无废试验区"面临的难点痛点

2019年4月，深圳市入选全国首批"无废城市"建设试点，为建设无废试验区探索了经验。除深圳外，大湾区其他8个城市尚处于出台"无废城市"建设试点方案的起步阶段。其中，广州、珠海、佛山近期发布了各自的"无废城市"建设试点方案，其余5个城市的试点方案正在编制中。"无废城市"建设刚刚起步，无废试验区建设面临诸多痛点和难点。

（一）大湾区"无废城市"建设处于单个城市试点的起步阶段，缺乏总体统筹规划

无废试验区的建设不仅有赖于珠三角9个城市各自的"无废城市"建设，还需要更高层次的协调和统筹联动。目前，无论是《广州市"无废城市"建设试点实施方案》提出的六个方面共55项工作任务，《深圳市"十四五"时期"无废城市"建设实施方案》提出36项重点工程及110项任务，还是其他地市相关方案的任务，都是主要从本市角度考虑，没有充分衔接和统筹珠三角、粤港澳大湾区城市群的需求和潜在可利用资源。单个城市产业链条相对较短、固废循环利用潜力受限，难以建设高质量的"无废"产业集群。大湾区需要跳出各市行政辖区范畴，从更大的区域、更高的层次对整个产业链的布局、城市群间资源循环利用、区域性固体废物处置设施等进行系统谋划，实现产业衔接、固体废物循环利用和处理处置等的统筹调适，才能更好地实现"无废城市"固体废物产生量最小、资源化利用充分、处置安全的目标，从而支撑珠三角无废试验区建设。

（二）低值固废处置难，跨省、市转移量大，潜藏较高的风险隐患

珠三角地区废盐、废酸以及含砷废物、生活垃圾焚烧飞灰等低价值、难处置危险废物的利用处置成本高，本地处置企业少，成为日益凸显的处置难题。由此导致的铝灰渣、焚烧飞灰、废盐等危险废物跨市及跨省转移量大，也伴随着较高的风险隐患。2021年珠三角地区危险废物产生量430.3万吨，转移处置量（含省内跨市转移和跨省转移）240.1万吨，占55.8%，排在前3位是东莞、广州和深圳（见图1）。以广州为例，2021年，广州有8100家产废单位跨省、市转移危险废物，共计44.4万吨（占产生量的60.8%），其中跨省转移7.0万吨，主要去向为湖南省、山西省，最远至2000多公里外的内蒙古自治区。花都区2020年曾发生废铝灰渣倾倒事件，肇事者从珠三角其他城市收集8000余吨废铝灰渣倾倒在花都境内，虽然公安机关已破案，但堆存的废铝灰渣需要耗费大量资源才能妥善处置并消除安全隐患。

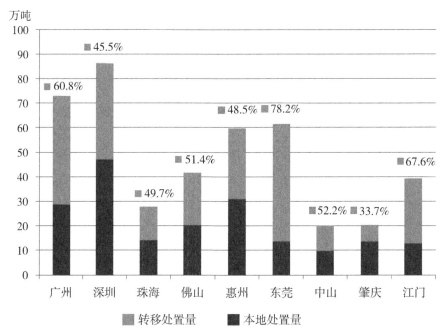

图1 珠三角城市2021年危险废物产生量中本地处置量与转移处置量占比情况

（三）固体废物资源化利用产品的协同认定机制未形成，没有统一的交易市场和规则标准，阻碍了建筑废弃物等固体废物资源化利用

建筑废弃物处理处置是珠三角城市面临的一大挑战。广州、深圳等市的渣土受纳场等固废处理处置设施的选址面临困难，如深圳市每年产生约1亿立方米，受城市产业发展定位、土地资源稀缺、建设用地指标紧张等因素影响，处置设施选址难、落地难，本地处置能力不足，每年约70%的渣土需运往市外处置。目前，珠三角城市群尚未从整体产业链绿色发展的角度考虑固体废物资源化利用的问题，缺乏固体废物资源综合利用产品相关标准体系，未形成固体废物资源化利用产品的协同认定机制和统一的交易市场。

（四）城市间"点对点"定向利用缺少高效顺畅的合作机制，未形成珠三角城市间危险废物上下游协同利用模式

《国家危险废物名录（2021年版本）》鼓励"点对点"定向利用，明确规定对于尚未列入《危险废物豁免管理清单》中的危险废物，或者在利用过程不满足《危险废物豁免管理清单》所列豁免条件的危险废物，在环境风险可控的前提下，根据省级生态环境部门确定的方案，可以实行危险废物"点对点"定向利用，即一家单位产生的一种危险废物，可作为另外一家单位环境治理或工业原料生产的替代原料进行使用。如再生铜行业的阳极泥，含有金、银、钯等贵金属，具有较高的回收价值，可以点对点定向给予具有该类物质回收能力的企业处理。目前，珠三角城市间固体废物处置合作缺乏统一高效、沟通顺畅的三方或多方合作机制，也没有培育形成相关评估、保险等第三方服务企业和市场，在危险废物"点对点"定向利用方面还没能创造具有珠三角特色的模式。

（五）缺乏新能源汽车电池等新型固废循环利用处理的技术创新和区域性处置设施，先行示范和引领作用不突出

随着碳达峰、碳中和工作的深入推进，新能源汽车、光伏发电等新业态固体废物将大量产生。目前，广东省这类新型固废的产生量与处置量还不算大，回收处理利用尚处于试点阶段，但随着第一轮新能源汽车报废潮的到来，珠三角地区废旧锂电池等固体废物必将呈现爆发式增长。迫切需要对这类固体废物产生量预估、处置设施建设规划、重点企业培育、处置技术研究、人才储备等方面进行提前谋划，才能适应未来新型固废与日俱增的处理需求，引领国内处置技术发展。

（六）信息壁垒影响了市场配置资源决定性作用的发挥，社会力量参与度不足，加大了政府负担

珠三角城市群尚未建立统一的固体废物管理信息展示平台，各地市、各企业的具体产废及处置信息难以方便获取。在谋划"无废城市"建设时，难以全面规划城市群相关资源循环利用产业衔接，不利于开展区域合作。同时，区域"共建共享、协同共治"工作存在信息壁垒，不利于固体废物处置市场价格透明和技术进步。此外，信息公开不充分也会影响市场配置资源决定性作用的发挥，降低民间资本的投资热情，导致固体废物的合作机制以政府为主，社会力量难以参与到固体废物处理处置合作机制中来。

二、深入推进珠三角九城同建"无废试验区"试点工作的建议

落实新发展理念、推动高质量发展是广东的根本出路。珠三角九城作为广东省高质量发展的重要支撑，需要加强联动，优化产业和规划衔接，强化污染物协同控制和区域协同治理，构建循环利用产业链，以共建"无废试验区"为抓手推动大湾区经济社会全面绿色转型、生态环境持续改善。

（一）建立高效的"无废城市"协调合作机制，构建起珠三角一体化的固废处置体系

一是将"无废城市"建设纳入《广州市　深圳市深化战略合作框架协议》，建立健全协调合作联动机制，在固体废物统一交易平台、资源化利用、产业协作、处理处置技术研发等领域构建双城合作机制，打破信息壁垒，实现固体废物的跨部门、跨区域数据共享与互通互联，为企业、智库、资本、公众等各方提供固体废物互访交流、技术合作的便利渠道。二

是推动在粤港澳大湾区建设领导小组下设立"无废试验区"建设委员会，以广深为双核，统筹指导和综合协调区域规划编制、产业发展布局，针对工业废盐、生活垃圾焚烧飞灰等危险废物以及未来可能爆发性增长的动力电池等新型固体废物，统筹规划一批区域性固体废物处置重大项目，增强危险废物处理能力匹配性，充分调动各市力量，深入推进政策法规、许可审批、税收运费、监管执法等一体化建设。三是以汽车行业、先进制造业等优势产业产生的固体废物和建筑废弃物等为重点培育一批骨干企业，合理部署资源循环利用基地、静脉产业园区、重点固废协同处置工程等项目，扶持固废循环利用和协同处置产业发展壮大成为有影响力、有代表性的新兴行业，建设具有国际竞争力的大湾区汽车行业和先进制造业共生体系，培育新经济增长极。

（二）建立"无废城市"产业大联盟，推动规则标准衔接

一是珠三角九城共同建立由城市固废循环利用、处理处置产业链相关的企业、行业协会、评估机构、科研院所、大专院校、金融保险机构、律师事务所以及行政管理机构等组成的"无废城市"产业大联盟，为固体废物循环利用和处理处置行业提供一个高效的"政、产、学、研、资、介、协"开放合作平台。二是依托产业大联盟平台，推动规则标准衔接，制定固体废物综合利用标准体系，统一交易规则，打造区域固体废物资源化利用和处理处置统一市场。广州、深圳充分发挥地方立法权和特区立法权，制定相关地方法规，建立"固体废物综合利用标准"，明确固体废物综合利用产品认定的程序、标准及方法。推动省级层面制定出台固体废物综合利用管理办法，出台工业固体废物资源综合利用产品目录，形成有序衔接、配合严密的综合利用标准体系，保障固体废物的综合利用行为遵循统一的标准规则。

（三）共建固体废物综合交易平台，激活固体废物综合利用和处理处置市场

依托广州碳排放权交易所、深圳排放权交易所，共同搭建"无废城市"固体废物利用处理处置交易平台，以服务企业为导向，破解固体废物市场价格信息不透明、信息不对称、运营成本高等痛点，设计开发固体废

第一部分

综合城市功能出新出彩篇

105

物处置交易平台，为企业提供合作方选择、咨询、报价、签约、检测、支付、法律援助等"一站式"线上服务，构建起统一开放、竞争有序、智能高效、服务便捷的固体废物交易线上新体系，推动激活固体废物综合利用和处理处置市场。

（四）设立"无废城市"产业绿色发展基金，引导绿色金融资源支持固废产业发展

一是探索构建粤港澳大湾区"无废城市"绿色金融合作机制。立足广州作为全国绿色金融改革创新试验区的经验成效，发挥深圳绿色金融与科技创新深度融合的特色，用好香港国际金融中心在吸引国际资金方面的优势，在固废绿色金融的政策支持、体系构建、基础设施建设、产品开发等方面积极探索，形成统一的"无废城市"绿色金融标准体系。二是联合设立"无废城市"产业绿色发展基金，充分调动社会资本投入的积极性，运用市场机制支持"无废城市"建设，促进固废处理技术创新和推广，推动粤港澳大湾区固体废物循环利用、处理处置市场整体繁荣发展。三是为固体废物循环利用和处理处置企业提供多样化金融服务。优化现有绿色信贷、绿色保险产品，创新绿色信贷、保险品种，推广创新绿色园区、绿色建筑、个人绿色消费、固体废物循环利用等绿色信贷品种；激励信托金融机构采用资金信托、慈善信托或者服务信托的模式，通过资产证券化、产业基金、股权投资、可转债投资等形式为企业提供多样化金融服务。四是积极做好企业上市辅导、孵化工作，推进"无废城市"领域的固废循环利用处置企业和相关技术研发、检测评估机构等优质企业赴深交所、香港联交所IPO，有效发挥大湾区绿色发展的联动效应。

（五）联合攻坚技术难题，打造成"无废城市"建设的技术高地

一是结合"广州—深圳—香港—澳门"科技创新走廊建设，在广深联手共建国际科技创新中心框架下，联合发挥广州的科教资源潜力与深圳的科技成果转化能力，支持南沙成为"无废城市"建设的技术研发基地。二是依托南沙、深圳国家重点实验室和粤港澳大湾区高校、科研院所和科创企业集中的优势，针对危险废物处理处置、建筑垃圾资源化利用、"无废社会"智能化支撑技术等领域，攻坚水泥窑协同处置实验室危险废物、生

活垃圾焚烧飞灰资源化利用、新能源汽车动力电池梯次利用和资源回收、"无废城市"智慧管理等技术，抢占未来发展的技术高地。争取在专利技术、工艺设计等方面处于国际领先地位，成为驱动固体废物处理产业变革的核心动力引擎，并逐步将技术推广应用至"一带一路"沿线城市和世界各地。

（六）以新能源汽车动力电池为突破口，开展广深城市间"点对点"利用，探索建立可持续的固体废物梯次循环利用和产业协作商业模式

一是率先在新能源汽车动力电池回收处理上，开展广深城市间"点对点"定向利用。截至2020年底，广州市有电池回收利用试点企业4家，梯次利用企业56家，回收服务网点212个，初步构建了动力电池回收网络。但广州没有车用动力电池最终处置企业，深圳市内的格林美公司和深汕特别合作区乾泰技术有限公司等处置企业有充裕的处置能力可形成有效互补。二是创新实施固体转移白名单制度。在定向利用过程中，试行"点对点"利用的固体废物转移免审批、运输免通行费等便利政策，提高固体废物转移处置效率，探索建立成功的固体废物梯次循环利用和产业协作商业模式。

（熊必永）

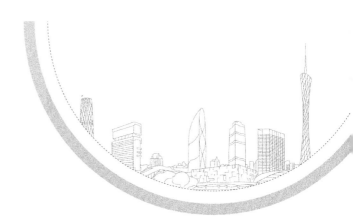

第二部分

城市文化综合实力
出新出彩篇

以南沙为试点规划建设好城市 "第六立面"

【提要】城市第六立面是展示城市文化内涵和活力形象的重要窗口，是城市风貌与精神的空间凝练，也是城市特征、城市精细化管理的重要体现及载体。当前广州城市第六立面规划建设存在四点不足：一是认知度低，第六立面空间利用率不高，场所感、认同感不足；二是缺少立法、统一规划及管控规则，第六立面建设"各自为政"；三是文化挖掘滞后，缺乏城市文脉传承，难以彰显城市特色；四是科技赋能不足，场景吸引力和未来感有待提升。建议将南沙作为城市"第六立面"规划建设的试点，将南沙建设的"世界水准、中国气派、岭南风韵"在城市空间上充分展现，为南沙建立高质量城市发展标杆提供支撑：一是补齐专项规划、设计导则和立法等短板；二是深化有关行政审批和管理制度改革；三是加强文化挖掘和创造，以"绣花功夫"展现城市魅力；四是强化科技赋能，打造独具特色的世界一流城市第六立面场景体系；五是加大宣传力度，发动多元主体参与。

习近平总书记2018年在广州指出："城市规划和建设要高度重视历史文化保护，不急功近利，不大拆大建。要突出地方特色，注重人居环境改善，更多采用微改造这种'绣花'功夫，注重文明传承、文化延续，让城市留下记忆，让人们记住乡愁。"①随着城市空间朝立体化、多层化和

---

① 习近平. 在广东考察时的重要讲话，2018年10月24日。

场景化方向快速发展，城市第六立面作为呈展城市历史文化、活力形象和地域特质的重要承载体，在城市空间规划和建设当中越来越重要。科尔尼《全球城市综合排名》（GCI）每年基于商业活动、人力资本、信息交流、文化体验、政治事务等五个维度对全球城市进行评价和排名，其中文化体验这一维度就包含了城市空间、文化传承等内容。广州在实现老城市新活力的实践中，应推动城市立面、城市空间高水平规划和建设，以激发城市形象新活力，提升城市文化体验新魅力。

一、城市第六立面规划建设日益成为城市文化体验的重要内容

城市第六立面的概念由建筑第六立面扩展而来，建筑第六立面是指城市中建筑底面的总和。城市第六立面，除建筑底面、架空层和建筑突出物底面外，还包括屋檐、绿化植被、电子屏幕、电子设备、市政管道等城市多种要素，其对改善人居环境，提升人民群众获得感、幸福感和安全感至关重要，是"老城市新活力"中城市空间提质的关键一环，广州应高度重视城市第六立面的规划和建设。

在全球范围内，巴黎、伦敦、柏林、阿姆斯特丹等历史名城都非常重视城市第六立面的规划建设和管理，为这些城市保留、传播原有的历史和文化提供了良好的载体。例如，巴黎为了保护富有传统特色的城市街道景观，以及为了在城市更新改造过程中塑造新的城市街道景观，规划同样沿用了始于17世纪路易十四时期的技术方法，针对一些传统街道以及重要道路，在对沿街建筑的体量轮廓进行控制的基础上，利用不同的颜色和线型表达，做出保持建筑檐口高度统一和立面投影连续的规定。伦敦要求城市公共空间的设计必须实现与周边社区的紧密联系，融入当地人文背景。

广州作为一座具有2200多年历史的历史文化名城，城市第六立面是传承好城市文脉和城脉的重要载体，能焕发城市空间的时代魅力和文化魅力，是落实老城市新活力的具体展现。广州市近年来也城市建设过程中越来越重视城市历史文化的保护和传承。广州市2018年印发实施的《珠江景

观带重点区段（三个十公里）城市设计与景观详细规划导则》及2019年印发实施的《广州城市设计导则》等文件中，对城市第六立面及与其概念相似的"加强建筑退界与街道空间的整体设计""通过景观化细节设计桥底灰色空间消除压迫感"等内容进行了规范和强调。在广州城市第六立面的规划建设中，要高度重视空间营造与城市历史文脉延续的关系，充分体现城市发展的自然历史过程，用绣花功夫规划建设好城市第六立面。

二、广州城市第六立面规划建设存在的不足

（一）认知度低，第六立面有效利用率不高，场所感、认同感不足

调研中发现，由于城市第六立面在国内的研究和利用尚处起步阶段，广州的大众、媒体及有关部门对城市第六立面认知度极低，城市第六立面的重要性未得到足够的重视，导致广州的城市第六立面空间利用率低下，仅作为建筑物构件而存在，没有突出其公共空间的属性，对居民、游客等群体吸引力较弱。珠江新城等中心地段的大型商业建筑、办公建筑、连廊下部的城市公共空间属性缺失，居民缺乏闲谈交流、驻足停留、拍照打卡的空间。

另外，已建设的城市部分第六立面，未得到有效的管养、维护；部分第六立面破旧、杂乱，如部分屋檐、桥底等，由于不及时打扫保洁，成为卫生死角；有的则铺设管道，建筑所有者及使用者根据个人喜好及生活需要自行改造第六立面或增加设备，破坏其景观特征，且存在一定安全隐患，让城市第六立面成为城市"灰空间"，影响城市形象，导致城市第六立面场所感、认同感的不足，破坏了在城市长期生活并经常穿行于城市第六立面等公共空间的居民群众对城市的情感依附，影响了其归属感、认同感及幸福感的获得和提升。

（二）缺少立法、统一规划及管控规则，第六立面建设"各自为政"

统一的规划、建筑物管控要求及设计导则等是城市第六立面风貌形

成的前提性影响因素。一是广州目前在城市第六立面方面尚无相关的专项规划、管控要求及具体设计导则。《广州城市设计导则》中关于第六立面的内容"鼓励对人流密集的枢纽空间、商业空间、地下通道、空中连廊等建筑第六立面进行精细装饰设计，对设施设备统一做隐蔽化处理""第六立面装饰效果应与建筑其余立面协调，应营造美观、具有特色的第六立面装饰效果，为行人提供舒适的步行环境"是以鼓励装饰设计的表述出现，没有对要求进行细化，且目前尚无对应的专项实施细则。在广东省和广州市"十四五"规划，省级、市级国土空间总体规划中，也没有关于第六立面及相似概念的表述；二是城市建筑物外立面改造、装饰等，以单个项目申报，由行政主管部门审核该项目材料、技术指标后颁发建设工程规划许可证，涉及城市第六立面的建筑物立面改造和装饰，未建立专门的、统一的、科学的审核审批机制；三是对于现实中较为明显的管道和电缆敷设造成城市第六立面景观杂乱的情况，也缺少对应的规范文件约束及指引。上述因素造成了广州城市第六立面建设和管理"各自为政"，直接影响了城市风貌和品质；四是缺少法律法规的直接支撑。目前，《城乡规划法》《建筑法》等关于城市规划建设的法律，针对城市第六立面的规定尚处空白，另外，广州尚无关于城市立面（含第六立面）规划建设的地方性法规和政府规章。

（三）文化挖掘不足，城市特色及历史文脉彰显不足

调研发现，虽然近年来在街区改造及城市第六立面建设中，文化挖掘越来越受到重视，各种人文历史活化融合运用的场景不断呈现，但相对于国内外城市第六立面建设走在前列的城市，广州城市第六立面建设在挖掘人文历史方面尚存短板，没有充分挖掘并发挥红色文化、岭南文化、海丝文化、千年商贸文化等在涵养城市文化底蕴、焕发城市内在活力等方面的作用。

（四）科技赋能不足，场景吸引力和未来感有待提升

城市活力和吸引力可以通过丰富多彩、形态各异的空间场景来呈现。在经济全球化和互联网大潮中，国际大都市越来越多地依靠科技赋能增强城市空间场景的现代感，以此增强对年轻人与创新型人才的吸引力。调

第二部分　城市文化综合实力出新出彩篇

研发现，目前广州在推动互联网、大数据、虚拟现实、增强现实、人工智能、元宇宙和城市规划建设深度融合不足，运用场景不多、不深、不活，导致城市第六立面建设的场景吸引力和未来感不足。

三、以南沙为试点优化广州城市第六立面规划建设的建议

国务院印发的《广州南沙深化面向世界的粤港澳全面合作总体方案》，提出南沙要建立高质量城市发展标杆。建议抓住这一契机，将南沙作为广州城市"第六立面"规划建设的试点，在城市空间上充分展现出广州城市规划建设的"世界水准、中国气派、岭南风韵"，为南沙建立高质量城市发展标杆提供支撑。

（一）补齐专项规划、设计导则和立法等短板

首先，在城市国土空间规划基础上，研究编制城市立面、第六立面专项规划，对城市立面进行中长期规划引领和管控。在专项规划的导引下，修订《广州城市设计导则》等城市设计标准和导则，增补关于城市第六立面设计规范标准内容，同步编制城市第六立面设计实施细则，全面补齐城市第六立面规划、建设和管理全流程配套制度和机制的短板。其次，推动城市立面、城市第六立面规划、建设和管理的地方性立法，尽快启动《广州市城市立面规划建设管理条例》的立法工作，争取早日推动城市立面进入法治化建设和保障的轨道。

（二）深化有关行政审批和管理制度改革

一是改革涉及城市第六立面的建筑物外立面改造、装饰行政审批制度，依据城市空间规划所划定的城市景观、风貌、视廊的分区分类，根据城市立面、城市第六立面的统一规划（待编制），结合片区或单个项目的设计情况，在不增加审批人负担的前提下，进行统一、联动式的审批。

二是采用行政审批与技术审查分离制度，除了上述第一点的行政审批，探索建立城市第六立面独立技术审核机制，引入专业设计力量和技术审核机构参与城市第六立面设计和建设的技术审核工作，由技术审核团队根据上层级的规划、设计导则及专业规范，对第六立面设计的必要性、可

行性和专业性进行第三方专业审查，作为行政审批与核发相应文件的技术依据。

三是修订《广州市城市建筑物外立面保持整洁管理办法》、《广州市建筑物外立面安全管理暂行办法》等部门规范性文件，增加关于城市立面、城市第六立面规范管理的内容，针对管道和电缆敷设、墙体破旧脱落等造成城市第六立面景观杂乱的情况，进行规范约束和实操指引。

（三）加强文化挖掘和创造，以"绣花功夫"展现城市魅力

深入贯彻落实2018年习近平总书记在广东考察时指出的"城市规划和建设要高度重视历史文化保护，不急功近利，不大拆大建。要突出地方特色，注重人居环境改善，更多采用微改造这种'绣花'功夫，注重文明传承、文化延续，让城市留下记忆，让人们记住乡愁"指示精神，将城市第六立面作为展示城市历史文化，讲好广州故事，留下城市记忆的重要载体和窗口，进一步加强历史文化的挖掘，强化文化资源、人文精神的创新性改造、创造性提升，采用"绣花"功夫打造一批代表城市独特魅力的标志性城市第六立面，营造最佳城市空间场所感，向世界展现最美好的广州形象，讲好最动听的广州故事。

（四）强化科技赋能，打造独具特色的世界一流城市第六立面场景体系

《粤港澳大湾区发展规划纲要》提出，粤港澳大湾区要建成智慧城市群，推动互联网、大数据、虚拟现实、增强现实、人工智能和城市规划建设深度融合。伴随信息技术快速迭代发展，城市发展愿景畅想及现实推动，经历了数字化、智能化、智慧化的接力迭代，特别是近两年元宇宙概念火热，对城市发展的技术和产业生态带来巨大挑战，城市公共空间、第六立面建设需紧跟科技潮流，踏着科技浪潮的浪尖，融合最新科技技术，才能塑造最具未来感、最有沉浸体验感的城市第六立面及城市公共空间。

具体来说，广州应持续完善新型基础设施建设，依托5G、数字孪生、虚拟现实等先进技术，将红色记忆、历史人文故事等资源演绎为鲜活生动的文化场景，并对老字号、非物质文化遗产等线下文化资源数字化，通过新潮方式在城市第六立面进行推广，实现全城即时互动；依托城市天

幕等新型城市第六立面，打造沉浸式体验，实现场景实时互动，打造独具特色的世界一流城市第六立面场景体系。

（五）加大宣传力度，发动多元主体参与

践行习近平总书记"人民城市人民建，人民城市为人民"的理念，高度重视并加大城市第六立面的宣传普及力度，将城市第六立面的规划、建设纳入城市中长期规划和年度工作安排事项。规划、建设等行政主管部门，应对城市第六立面进行大力宣传，普及城市第六立面常识，鼓励机关、企事业单位及个体商户等主体在进行建筑新改扩建及立面装饰时，对建筑第六立面进行优化提升的规划和建设，发动成立城市第六立面研究会社会组织，提高全民关注并支持城市第六立面规划、建设的意识。

（陈树博，吴兆春）

提升广州文化消费活力
助力建设国际消费中心城市

【提要】文化消费是更高层级的消费形式，是国际消费中心城市的重要内容。当前广州在提升文化消费活力方面存在的短板有：一是公共文化服务供给质量有待提高；二是文化产业整体实力和竞争力还不强；三是文化消费新型业态发展相对缓慢；四是城市文化消费还没有形成品牌效应。建议广州市以构建世界级旅游目的地，建设国家文化和旅游消费示范城市为抓手，加强对文化消费和文化产业工作的统筹协调，一是打造一批新型文化消费地标群；二是加大优质文化产品服务供给；三是多措并举开展文旅促消费活动；四是大力发展夜间文旅消费；五是以数字赋能丰富文化消费体验；六是打响"广州消费"国际品牌。

文化消费是更高层级的消费形式，是国际消费中心城市的重要内容。广州是文化产业大市，市场主体活跃，2021年实现营业收入4807.76亿元，年均增速远超同期GDP增速，文化产业已成为广州市现代产业体系的重要支柱。广州也是文化消费大市，演艺资源丰富、电影市场充满活力、文化惠民力度大，全市城市居民人均文化娱乐消费连续多年位居全国首位。广州作为国家中心城市、历史文化名城、国际商贸中心，提升文化消费活力应该也必然是建设国际消费中心城市的重要内容和优势所在，对于更好彰显广州岭南文化魅力，推进经济高质量发展具有深远的意义。

一、国内外先进城市在提升文化消费活力方面的经验借鉴

依托便捷的交通网络、舒适的消费环境、独具特色的消费产品，国外一些重要城市吸引和集聚了来自全球的消费资源，发展成为国际消费中心城市。国内城市如北京、上海等城市也充分发挥资源优势，加快建设国际消费中心城市。它们有的引领全球消费潮流，有的大力发展旅游产业，有的独辟蹊径创新出彩，呈现出各具特色的城市魅力。

（一）巴黎：时尚之都引领消费潮流

作为世界时尚之都，巴黎不仅是时尚产品设计中心，也是各大品牌展示新品的秀场，引领着全球时尚消费潮流。依托各类时尚活动、购物节、会展等卖点，巴黎吸引着全球消费者的目光。据统计，巴黎每年举办400多场贸易展览会、1000多场大会以及2300多场不同规模的活动，是欧洲活跃的展览中心。巴黎也是全球最受欢迎的旅游目的地之一，每年吸引近5000万名游客，其中包括约2000万名国际游客。巴黎充分利用其丰富的文化历史遗产，围绕知名博物馆、美术馆、古迹等地标打造商业集群。无论是别具匠心的纪念品商店、古色古香的酒店房间，还是精心设计的巴士游或骑行路线，都能让消费者获得独特的旅游消费体验。

（二）伦敦：文化产业激发城市活力

作为世界著名的国际消费中心城市，英国伦敦有许多独具魅力的消费场所。其中，伦敦西区的剧院可谓一大亮点，是伦敦文化消费的支柱。到伦敦西区现场观剧既是不少本地人的重要娱乐休闲方式，也是许多游客的必选项目。据有关统计，伦敦西区全年演出超过1.8万场，观众超过1500万人次，剧场的火爆还带旺了演出手册、唱片、纪念品等衍生产品以及周边餐厅、酒吧、超市、旅馆、出租车等行业的消费。随着科技不断发展，伦敦文化产业还积极引入数字技术。疫情防控期间，国家画廊等场所开设了虚拟现实通道，人们浏览官网就能欣赏到清晰度极高的画作和展品。多元化的产品和体验，让伦敦在打造国际消费中心城市的过程中，不断壮大优势产业，始终保持生机和活力。

（三）迪拜：创新营销吸引世界目光

迪拜位于欧亚非三大洲交会点，自古就是连接三大洲的商贸中心之一。20世纪80年代起，迪拜在硬件设施上投入大量资金，兴建机场、酒店、商场、娱乐场所等，为吸引全球消费者创造条件。迪拜采用许多大胆创新的营销理念吸引世界目光，其拥有世界第一高楼哈利法塔、最大人工岛棕榈岛、全球首家七星级酒店帆船酒店等一批"世界之最"，并积极邀请外国影视剧组前来取景拍摄，令城市形象深入人心。迪拜还以城市的名义赞助世界知名球队和大型体育赛事，打造先进体育场馆设施，为体育名将提供备战训练场地，积极举办国际赛事。一系列举措既提高了城市知名度和影响力，也创造出可观的经济效益。

（四）北京：数字文化消费全国领先

北京市围绕中国共产党建党100周年、冬奥、北京"四个文化"、节庆等重大主题推出系列精品文化活动。结合新型业态、新产品和新模式，以"IDO国际动漫游戏嘉年华""摩登天空音乐节""凹凸跨界国潮艺术展"等活动为抓手，促进新型文化消费。2021年北京市规模以上"文化+互联网"企业实现营业收入8952.1亿元，占全市规模以上文化企业营业收入近60%。北京文化消费多元化发展态势显著，以短视频、直播等为代表的数字文化消费增长迅猛，通过对网络游戏、网络视频、在线阅读领域的北京、上海、广州、深圳4个城市用户数量对比发现，北京市数字文化消费蓬勃发展，在线文化需求持续扩大，领先于其他3个城市的文化数字消费情况，正加快形成数字文化消费圈。

（五）上海："四大品牌"激活消费潜力

上海市打响"上海服务、上海制造、上海购物、上海文化"四大品牌，持续挖掘消费新市场，引领消费新潮流。在打响"上海文化"品牌的过程中，一方面通过深挖文化元素，鼓励引导消费购物积极参与文化氛围、文化潮流的营造，以市场手段赋予"上海文化"品牌更强的活力；另一方面着力提高广大群众对于文化元素的感受度和参与度，主动开展线上线下相融合的文化创意活动，让消费者切实感受到"上海文化"活力魅力。2021年举办的"中国好网民礼赞建党百年"国潮设计大赛，特别引入了红色文化IP授权，对馆藏文物进行设计赋能，实现红色文化与市场潮流文化的融合与碰撞，用中国潮流讲好"中国故事"。该大赛页面访问量达1274万，收到投稿作品5833件，对"上海文化"元素的传播与创新起到积极作用。

（六）国内其他城市对文化消费支撑作用的重视

深圳市从供需两端发力，不断激发文化、旅游和体育消费潜力，促进消费升级和产业提质有机协同，加快发展更具竞争力的文化、旅游和体育产业。成都市以"雪山下的公园城市、烟火里的幸福成都"1个城市核心IP为统揽，推出大熊猫、古蜀、三国、诗歌、休闲、美食、时尚文化7个城市品牌特质标识，构建"1+7"城市文化旅游标识体系。长沙市围绕假日旅游经济，推出"抖音城市美好生活节""文旅星消费·偏偏爱长沙"等活动，精心打造"到长沙看焰火"城市旅游品牌，涌现出芒果TV、超级文和友、茶颜悦色等城市名片。杭州市围绕"数智杭州·宜居天堂"和"全面呈现古今交汇的文化盛景"的发展目标，组织策划文博会、动漫节、"欢乐游杭州"、文旅消费季、"文旅市集·杭州奇妙夜"等一系列活动。苏州市深挖丰富历史文化资源，大力推动数字文化产业发展，创新文旅演艺产品，推动苏工、苏作更好走出去。

二、广州市推进文化消费建设存在问题和薄弱环节

对标国内外先进城市，广州在推进文化消费建设方面，还存在一些薄弱环节，主要表现在以下几个方面：

一是公共文化服务供给质量有待提高。公共文化服务供给水平与北京、上海等先进城市还有差距，与国际巴黎、伦敦等历史文化名城相比差距还很大，比如广州现有博物馆65座，而巴黎有博物馆297座、伦敦有192座、纽约有150座、首尔有201家，不仅数量上差别大，也没有一个堪称世界级的博物馆。从公共文化服务分布来看，中心城区文化设施和文化服务供给比较充分、层次较高，外围城区及偏远镇街供给不足、形式单一。从文化节事看，影响力较大的文化活动不多，面向市民群众的歌舞剧院等演

艺场所，也远未达到形成生态、集聚业态的水平。

二是文化产业整体实力和竞争力还不强。对比国内先进城市，广州多项经济指标还相对落后。从产业规模看，2019年广州文化产业增加值约1500亿元、占GDP比重为6.34%，与北京（约3318.4亿、9.48%）、上海（约2500亿、6.71%）、深圳（约2200亿、8%）、杭州（约2105亿、13.69%）还有较大差距。从市场主体看，广州90%以上文化企业是中小微企业，2021年广州规上文化企业3074家，对比2019年北京的4831家、上海的3120家都有明显差距，且旗舰型、领军型文化企业缺乏，没有一家全国30强文化企业。

三是文化消费新型业态发展相对缓慢。文化装备制造、传统媒体、音像制品等传统优势产业转型升级缓慢，新兴业态发展比较稚嫩，文化与科技、商业、旅游业等跨界融合结合能力尚显不足，特别是代表未来发展方向的数字文化产业，还面临不少短板。如龙头骨干数字文化企业方面，广州无一企业年营收超过1000亿元，年营收超500亿的只有网易公司1家，网易公司2020年营收736.7亿元，与国内规模最大文化企业深圳腾讯公司（2020年营收4820.64亿元）、北京字节跳动公司（2020年营收2366亿元）等相比，有明显差距。

四是城市文化消费还没有形成品牌效应。对比伦敦、巴黎、迪拜等国外先进城市，广州城市文化消费品牌活动不多，辐射面不广、影响力还不够；和上海、成都、长沙、杭州等国内城市相比，也显得地方特色不够彰显，文化消费标识度不够鲜明，还缺乏对城市的整体营销和包装，迫切需要打响"红色文化、岭南文化、海丝文化、创新文化"城市品牌，吸引更多的国内外游客光临广州，真正把文化消费这张名片做强做大，为打造国际消费中心城市龙头地位夯实基础。

三、提升广州文化消费活力，助力建设国际消费中心城市的对策建议

建议广州市以构建世界级旅游目的地，建设国家文化和旅游消费示范

城市为抓手，加强对文化消费和文化产业工作的统筹协调，推动建设文化消费地标群，优化高品质文化供给，加快文化与科技、金融等深度融合，持续培育文化消费新型业态，打响广州文化消费品牌，不断提升文化消费活力，助力国际消费中心城市建设。

（一）打造一批新型文化消费地标群

加快推进白鹅潭大湾区艺术中心、广州文化馆、美术馆、粤剧院、博物馆建设，完善重点文化设施项目布点和社区公共文化场所配套，打造一批具有影响力的标志性文化消费设施。充分挖掘珠江两岸文化元素，连片提升花城广场、海心沙、海心桥、广州塔、琶醍等景观节点，将城市新中轴及珠江两岸打造成具有国际标识的文化消费地标。结合城市更新工作，提升北京路、上下九等传统商圈的品质、特色和影响力，将骑楼、西关大屋为代表的老建筑和充满现代感的新建筑结合起来，面向广州老字号和世界知名品牌店进行商业招租，设立珠江怀旧电影厅、老广州音乐茶座、老报刊阅览室等，以时尚的包装彰显广州独特的历史文化魅力，将其打造成为面向世界的老广州"会客厅"。聚焦中心城区，充分融入红色文化、岭南文化、海丝文化、创新文化等元素，导入文创商店、特色书店、小剧场、文化娱乐场所等多种业态，构建"一区一特色"的区域性、差异化岭南特色商圈体系。

（二）加大优质文化产品服务供给

针对不同年龄段提供不同的文化产品，比如针对青年、儿童、女性、老年人等不同群体的文化消费偏好，精心推出有针对性的文化产品服务。以粤剧粤曲、广东音乐、岭南工艺、广州文艺等为载体开展文艺创作，推出一批文艺精品，组织舞台艺术精品在市内展演和赴全国巡演。推动市属文艺院团与国内外高端剧院合作，建设一批文化艺术名家工作室，推动文艺名家走出去、请进来。推动文化文物单位文创产品开发，鼓励企业、院校等机构参与文创产品开发、经营，支持在特色街区、旅游集散中心、景区景点设立文创产品销售网点。深入推进中国（广州）超高清视频创新产业园区、广州市（增城）影视产业孵化基地、南沙湿地公园影视拍摄基地等项目的建设，鼓励优秀影视作品创作、发行和放映，积极拓展影视消费市场。

（三）多措并举开展文旅促消费活动

积极推广高雅艺术，鼓励降低演出票价，吸引更多群众购票消费。积极稳妥组织发放文旅专项消费券，用于促进文化娱乐、景区、酒店等场所的消费活动。发放文旅消费优惠票券，鼓励市民游客到酒店、精品民宿优惠住宿，推动亲子游、毕业游、乡村游、研学游等欢乐游活动。结合数字人民币在文化旅游等领域的场景应用试点，加强与银联等金融机构合作，推出系列优惠活动，促进数字人民币在文旅场景消费。鼓励生态旅游消费，策划开展粤港澳大湾区北部生态文化旅游合作区宣传推广活动，推出合作区文化旅游IP，举办亲子研学、车尾箱市集等活动，擦亮北部合作区休闲生态、田园度假、休闲康养等特色旅游品牌。每年举办"文化旅游消费季""文化旅游消费月"活动，积极发动社会各界广泛参与，支持各区策划打造主题突出、特色鲜明、富有创意的文化和旅游消费活动。

（四）大力发展夜间文旅消费

积极开发夜逛博物馆（纪念馆）、文化遗址、赏灯光秀、品粤菜美食、购物、看粤剧等夜游产品，让传统岭南文化与时尚元素相互辉映。深化北京路、正佳广场等国家级夜间文化和旅游消费聚集区建设，提升琶醍、太古仓、潮墟等聚集区建设水平，继续培育一批国家和省级夜间文化和旅游消费聚集区。引进一流创意团队策划夜间综合大型文化演出，利用海心沙舞台打造有关岭南文化和粤商故事的夜间大型实景表演。持续提升广州塔、珠江夜游等夜间精品文化旅游项目，在游船上增设如广州早茶体验、粤剧表演、小型音乐会等具有广州特色的活动项目。推进"Young城Yeah市"等夜游主题活动，鼓励开办24小时书店，扩大夜间演出市场，优化文旅场所夜间餐饮、购物、演艺服务，打造新的文化旅游消费增长点。

（五）以数字赋能丰富文化消费体验

着力培育和引进一批重点数字文化企业，加强与腾讯、字节跳动等龙头企业合作，推动建设一批数字文化企业华南总部，形成产业集聚，打造全国数字文化产业中心。利用科技创新打造新型文化消费，提升文化产品的科技含量，实现文化产品服务技术、传播技术等关键领域的突破。充分利用广州打造数字经济创新引领型城市的发展契机，深入推进广州国家级文化和科技融合示范基地、广州人工智能与数字经济试验区琶洲核心片区等重点产业载体建设，推动数字消费领域新变革，培育新型数字文旅消费。发展基于5G、超高清、增强现实、虚拟现实、人工智能等技术的新一代沉浸式体验型文化旅游消费业态，培育"云逛街""云演艺""云展览"等文旅"云产品"，打造文旅新体验。整合景区、文旅场馆、剧院、展览展会等相关资源，打造集机构入驻、票务销售、咨询服务、信息发布、文旅消费数据采集分析等功能于一体的一站式数字文旅消费服务平台。

（六）打响"广州消费"国际品牌

一是强化城市大宣传、大推介理念，联合国际著名传媒机构开展城市整体营销宣传、城市品牌宣传，推出体现广州城市特质的宣传口号和形象标识。根据文化消费新业态、新模式的发展情况，结合广州本地的文化特点，提出响亮的口号打响广州文化消费知名度，比如，"文化消费看广州"，广州是全球"时尚之都""会展之都""电商之都""美食之都"，等等。推动在市、区举办的各类促消费主题活动中统一使用宣传口号和形象标识，形成具有广州特色、国际影响的品牌形象。二是从娱乐、景点、美食等一系列具有广州特色、岭南韵味的本地特色品牌中，打造一批成为国际强势品牌。持续打响广州长隆、广州融创文旅城等文化旅游项目知名度，提升"迎春花市""广州马拉松"等品牌影响力。把老字号和非物质文化遗产作为打响文化消费品牌的重要突破口，建设非遗展览中心、北京路非遗街区，组织非遗品牌大会、广州非遗购物节，加快建设广州非遗展览中心的展陈、非遗聚集区、非遗工作站，培育"非遗+"新业态。组织举办中国（广州）国际纪录片节、中国国际漫画节、广州国际旅游展览会、中国（广州）国际演艺交易会等品牌节展，办好广州时尚周、时尚产业大会等时尚品牌活动，引导文化企业参与广州国际购物节、广州国际美食节等节庆活动，促进文化和旅游市场交易，提高专业化、市场化、国际化水平。三是加强与抖音等短视频媒体平台的合作,通过定制城市主题活动等方式创造更多的爆款"网红美食""网红景点+背景歌曲"。用好海外社交媒体平台,重点推送国际消费中心城市素材内容,采取多种手段呈现文、商、旅、体、医、美(容)特色亮点,提升广州消费的国际影响力、传播力、辐射面。

(李世兰,邱朝明)

促进数字创意产业发展
打造数字创意产业高地

【提要】数字创意产业是数字经济发展的重要引擎，已成为我国经济发展的新增长点。广州数字创意产业发展备受重视、产业发展迅猛、骨干企业众多、产业特色明显，其中数字音乐、数字新闻、数字视频、数字动漫、网络游戏、数字出版产业在国内均处于领先地位。但同时也面临企业总体规模相对较小，缺乏优质内容，产业人才队伍薄弱，产业发展环境有待优化，城市形象建设力度有待加强等问题。建议：一是加强政企协作，优化顶层设计；二是着力培育市场主体，激发市场活力；三是加强科技支撑，推动产业升级；四是引导企业"走出去"，增强国际竞争力；五是完善培养激励机制，加强人才队伍建设；六是打造国际化专业会展，提升广州城市形象等六个方面促进广州数字创意产业的持续有序发展，加快打造数字创意产业高地。

数字创意产业是文化创意产业和现代信息技术有机融合而产生的一种新型经济形态，其本质是以5G、人工智能、云计算、大数据等前沿数字技术优化与重构文化产业。为大力培育和发展数字创意产业，我国先后出台《"十三五"国家战略性新兴产业发展规划》《战略性新兴产业分类（2018）》《关于实施国家文化数字化战略的意见》等文件，对数字创意产业的长远发展进行了顶层规划。2020年广东省印发《广东省培育数字创意战略性新兴产业集群行动计划（2021—2025年）》，对促进数字技术与文化创意深度融合，加快培育广东省数字创意产业发展提出了具体要求。

一、广州数字创意产业发展现状

（一）数字创意产业备受重视

一是不断完善产业政策体系，相继出台《关于加快文化产业创新发展的实施意见》《关于加快动漫游戏产业发展的意见》《广州市促进文化与科技融合的实施意见》《广州市加快数字互娱产业创新规范发展工作方案》《广州市促进文化产业和旅游业高质量发展若干措施》等政策性文件，初步形成覆盖数字创意产业各领域的政策体系。二是落实好资金支持，2017年以来市财政共安排9000万元时尚创意（含动漫）产业专项资金扶持动漫游戏产业。2021年，市文化广电旅游局印发《广州市文化和旅游产业发展专项资金管理办法》，在市文化和旅游产业发展专项资金中设立"数字文化产业"专项扶持，每年安排资金扶持数字文化产业、文化创意产业等项目，2020年安排1530万元，2021年安排3790万元。三是积极打造产业发展生态，支持广州大湾区数字娱乐产业园区、励弘文创旗舰园等一批数字创意产业园区发展，加快多益网络总部大厦、奥飞文创中心、广州日报科技文化中心、南方智媒大厦等总部项目建设，重点引进国内领先的互联网游戏运营商4399落户保利鱼珠港，通过龙头企业的影响，带动游戏及相关产业发展，构建高质量产业生态链。

（二）数字创意产业发展迅猛

广州作为中国开放程度最高、经济活力最强的区域之一，数字创意产业发达，数字经济发展在国内处于领先地位。目前，全市已初步形成覆盖创作生产、传播运营、消费服务、衍生品制造等各环节的产业链，在数字音乐、数字新闻、数字视频、数字动漫、网络游戏、数字出版等细分领域形成领先优势，拥有国家软件和动漫游戏产业基地、国家数字出版基地、广东国家音乐创意产业基地广州主园区等多个国家授予的数字创意产业相关称号。动漫游戏、视频直播、数字音乐、工业设计等产业发展强劲，2021年全市新业态文化企业732家、营业收入2078.55亿，其中数字创意产业规模超1000亿元，处于全国领先地位，展现出强大的成长潜力，有力支撑产业平稳健康发展。

（三）数字创意骨干企业众多

经过多年发展，广州涌现出了网易、微信、YY、虎牙直播、酷狗、奥飞等细分领域龙头企业和知名品牌。当前，全市高新技术文化企业超1000家，全市文化企业累计专利申请数超6500件。网易、津虹网络（YY直播）、唯品会、三七文娱、虎牙直播、多益网络、趣丸网络、荔支网络等8家广州企业入选"2021中国互联网企业百强榜"，上榜数量居全国前列。

表1 广州入选2021年全国互联网百强企业名单

全国排名	公司名称	主要业务与品牌
8	网易	网易游戏、网易有道、网易严选、网易新闻
21	广州津虹网络传媒有限公司	YY直播、YY语音、追玩
27	唯品会（中国）有限公司	唯品会
29	三七文娱（广州）网络科技有限公司	三七游戏、37网游、37手游、37Games
32	广州虎牙信息科技有限公司	虎牙直播、NimoTV
42	广州多益网络股份有限公司	多益网络、神武、梦想世界
75	广州趣丸网络科技有限公司	TT语音、TT电竞
82	广州荔支网络技术有限公司	荔枝APP、吱呀APP

（四）数字创意产业特色明显

一是网络游戏企业集聚度高，2020游戏产业营收达1066.44亿元，在全国主要城市中排第二，占全国游戏产业营收的20.71%，聚集了网易、三七互娱、星辉天拓、多益网络等多家头部企业。二是电竞赛事起步较早，在全国三大电竞赛事直播平台中，广州虎牙和网易CC直播占据两个席位。三是动漫业在全国具有重要地位，总产值超300亿，约占全国产值五分之一。目前，广州市有近400家动漫企业，原创漫画发行占据全国漫画市场30%以上的份额。中国（广州）国际漫画节已成功举办十四届，拥有"中国动漫金龙奖"等国内外知名动漫奖项和品牌。四是具有数字文化娱乐的龙头企业，2021年广州网络数字音乐总产值超百亿，约占全国四分之一，涌现出酷狗音乐、荔枝FM等一批数字音乐龙头企业。虎牙直播、YY直播等互联网直播企业成为行业巨头。

二、广州数字创意产业发展存在的问题与挑战

（一）企业总体规模相对较小

广州数字创意企业规模呈现"星星多、月亮少"的态势。广州虽然有头部企业，但是在国内的整体知名度较低，与北京、上海、深圳、杭州等城市相比仍有差距。缺少如腾讯、阿里这样的大型骨干龙头企业，全国文化企业30强名单中也没有一家广州企业。奥飞娱乐等部分企业逐步转移重心到国外，在国内的产出逐渐降低。相关企业营收主要以买量通过渠道商收益为主，发展潜力相对较弱，在国内产出的内容质量不高，品类单一，精品较少。多方面因素叠加，导致广州在数字创意产业发展的优势不突出、潜力不明显。

（二）优质原创内容不足

内容是数字创意产业发展的核心，优质内容的创造是数字创意产业的生命线。当前广州数字创意产业面临创新能力不足、内容质量不高、文化内涵不足、精品力作不多、社会责任感不强等突出问题。一是创意抄袭和同质化现象严重，折射出的是内容原创力不足和知识产权保护乏力。为了降低成本，快速赚取利润，中小企业往往选择山寨抄袭爆款IP，而不愿在原创环节投入人力和财力。由此导致动漫网游、网络视频、网络文学等领域普遍存在内容雷同、风格相近、制作粗糙等问题。二是内容的精品化、多次开发程度不高。一般而言，网络文学改编电影、游戏、动漫较为常见，但是在此基础上二次开发的漫游互动、影游互动、衍生品开发链条则

表现出延伸乏力。广州数字创意产业发展亟须摆脱低端同质化竞争，转向以优质原创内容为主导的差异化竞争。

（三）产业人才队伍薄弱

广州游戏、动漫等文化数字化领域专业人才、管理人才十分缺乏，同时还存在人才培养与产业发展脱节的问题。一是薪酬不理想，据统计，广州虽然是一线城市，但在数字创意产业领域，薪酬相比（北上深）没有竞争力。二是人才落地难。作为一线城市和全国商贸中心，广州消费水平相对较高，生活成本较高，成为阻碍人才落地的主要障碍之一。三是人才界定难。数字创意产业和传统科技研究不同，难以通过学历完全界定人才水平，在当前的政策条款下，大量的相关产业人才想要在广州安家立业，仍然是比较困难的事情。四是吸引人才的重点新项目少。由于本地企业长期对内容制作以及在新品类、新内容缺少探索，人才需求缺乏重点项目带动，主要集中在数字策划和运营，难以吸引行业内的创新型和复合型人才。

（四）产业发展环境有待优化

一是产业政策支持力度与外地相比还有一些差距，政府对产业的资金、土地、税收等方面的支持力度有待进一步加强。二是数字创意已成为青少年主要娱乐消费方式，但目前社会对数字互动娱乐包容度不够，存在行政审批严、审批标准不明确，监管部门多、监管频繁等现象，企业面临较大的监管成本。三是随着数字创意产业迅猛发展，相关的法律法规和规章制度跟不上行业发展的步伐，难以满足当前和未来新经济发展的需要。以游戏产业为例，作为游戏产品的"身份证"，版号是国家新闻出版署批准相关游戏出版运营的批文号的简称。从2018年开始，为促进游戏产业健康发展，国家新闻出版署对版号的发放逐步收紧。广州某知名游戏企业反映，他们作为行业内有影响力的游戏公司，也难以保证申请的版号能顺利获批，对于游戏产品研发造成了极大的阻碍。四是缺乏数字创意内容出海的规范参考与引导监督机制，在国内游戏版号受限制，游戏产业收入受到影响的情况下，广州部分企业如三七互娱、奥飞娱乐等已经看准趋势，逐步转移文化输出重心到海外市场。但是，游戏出海面临着很多困难和不确定因素，包括本地化差异性，账款回收难、政策风险等困难，迫切需要政府为企业建立规范有效的数字创意内容出海绿色通道。

（五）城市形象建设力度有待加强

在城市形象方面，广州长期保持千年商都留下的低调务实的城市个性，一方面影响了相关产业从业人员对广州的发展预期与价值判断，另一方面也影响了其他地区年轻人对广州的城市印象，在网络上呈现出守旧、刻板的城市形象，没有把握住数字创意产业对城市形象的宣传高地，缺少对新时代广州经济社会发展建设成果的宣传，缺少对综合历史悠久的岭南文化和时尚新锐的潮流标的立体多元的广州城市形象的宣传。

三、推动广州市数字创意产业发展的思路和建议

（一）加强政企协作，优化顶层设计

一是整合企业在市场、行业方面的研究经验和相关资源，对相关行业的基础资源分类、规模、需求等做到详细记录整理，做到基础资源摸清楚、政策制订有参考。二是要根据需求优化顶层设计，在数字经济领域市场准入特点的基础上，帮助企业协调审批各环节面临的困难诉求，加快推动相关部门数据共享和业务协同，减少企业办事"多头跑、来回跑"。三是抓好初创企业孵化、重点企业发展中各项优惠政策集成，切实解决"政府承诺不兑现""政府承诺晚兑现"等问题。

（二）着力培育市场主体，激发市场活力

一是进一步放宽数字创意市场准入条件，鼓励多种所有制数字创意企业发展，形成充分竞争的数字创意产业市场。二是重视数字创意产业的品牌效应，力争推创更多奥飞动漫、"喜羊羊"等极具影响力的行业区域品牌。三是加强数字创意产业集聚区管理，大力推动全市文化产业园区建设，吸引国内外著名数字创意公司落户广州，推动一批数字创意企业在广州设立总部。

（三）加强科技支撑，推动产业升级

一是着力解决以5G、大数据、云计算、物联网、虚拟现实、人工智

能等核心技术与传统文化产业深度融合发展中关键技术的"卡脖子"问题，有效降低在数字建模、交互引擎、后期特效系统等开发工具、基础软件等对外依赖程度。二是强化科技赋能，充分发挥数字技术在传统文化产业内容创作、产品研发、模式创新的深度渗透和核心支撑作用。三是加快推进科学技术最新成果转化到传统文化产业领域，增强高端印刷、文化装备制造、传统工艺品等传统文化产业科技含量，通过"上云、用数、赋智"，提升文化产品和服务的附加值，进一步增强传统优势文化产业核心竞争力，推动广州文化产业结构持续优化。

（四）引导企业"走出去"，增强国际竞争力

一是提前布局文化出海规范制度与基础建设，准备好相关资源，以国际一流水平为标杆，以出海市场本地化相关规范为重点，探索和研究国际化内容指导规范，为企业出海寻找新增量做好相关规范制度的引导、监督、保驾护航。二是积极鼓励动漫游戏、数字文化装备、互联网文化企业等优势标杆企业到境外发展，通过境外投资并购、联合经营、设立分支机构等方式不断开拓海外市场。三是鼓励数字创意企业积极参加国际交易、会展，深化人才、创意、技术、管理方面的国际交流与合作，让广州成为中国文化走向世界的排头兵。四是积极打造数字文化创意内容"出海"的"广州样本"。充分吸纳当前数字创意标杆企业的先进经验，在广州试点打造数字创意内容出海绿色通道、经济新增量的数字港口。

（五）完善培养激励机制，加强人才队伍建设

一是构建多元化数字创意人才培养体系，引导有条件的高等院校和科研院所共建数字创意产业人才培养基地，大力支持高等、中职院校设立相关专业，重点培养既懂技术又善经营的复合型人才和创新型人才。二是综合运用住房、教育在内的人才引进相关政策，打造稳固的全产业链协同市场，吸引各行各业的人才在广州落地生根。对有优秀数字创意产品的企业进行针对性人才补贴。加快引入外地优秀企业，打造鲇鱼效应促进本地企业共同进步，营造良性的人才竞争环境。三是重视行业在职人员的培训成长，对各层次的员工进行职业培训，提高在职人员对新业态的认识和适应能力，建立科学的高技能人才培养、评价、使用机制，拓展发展通道，让

更多优秀的高技能人才脱颖而出。

（六）打造国际化专业会展，提升广州城市形象

一是引进数字创业文化领域的前沿国际会议。举办大型专业会议有助于企业获取相关的行业资源，建立合作关系，广州可以借鉴美国E3游戏展、中国国际数码互动娱乐展览会（China Joy）等办展经验，抓住粤港澳大湾区建设的区位优势，加强与港澳同行业的交流与合作，逐步引入游戏、电竞等产业国际性展会、论坛、峰会，构建利于生产者的全生态的内容交流线下渠道，打造湾区数字创意产业的经济名片。二是重点研究广州特色文化内容与动漫、电竞、文旅产业的深度融合，通过赛事承办等新方式，以"接地气"的方式走进群众当中，改变旧观念，打造新形象。三是抓住数字创意产业发展机遇，全面推进广州特色艺术成果、科技文化成果、生活基础设施建设相关网络宣传工作，塑造更加多元立体的城市形象。

（董昊旸，李沁筑）

构建广深"一心两都三枢纽"品牌形象体系

【提要】广州和深圳同为粤港澳大湾区建设的中心城市和门户枢纽，"广深联动"对提升广东省乃至整个湾区的国际传播能力建设水平，具有重要的示范和引领作用。课题组通过分析广深两地城市品牌建设的文化根基和实践探索，立足建立联动机制、品牌差异发展、传播分工合作的要求，提出了构建广深"一心两都三枢纽"品牌形象体系的建议，并对"广深联动"提升国际传播能力的策略做了战略性的思考。

广东省第十三次党代会提出要深入实施对外传播工程，生动鲜活讲好中国故事、大湾区故事、广东故事。广州和深圳同为粤港澳大湾区建设的中心城市和门户枢纽。广州具有2200多年的建城史，自古以来便是华南地区的政治、经济、文化中心；深圳作为改革开放先行示范区，敢为人先、勇立潮头，是一座充满朝气活力的魅力之城。两城在城市品牌传播中各据优劣势，也面临不少机遇挑战。广深在国际传播中发挥双城联动的示范引领作用，是推进粤港澳大湾区建设的必然要求，也是粤港澳大湾区建设的关键一招。

一、广深联动构建国际大都市品牌体系的优势对比分析

广州和深圳孕育于独特的岭南文化中，发展于改革开放的潮流里，作为区域发展的核心引擎发挥着强大的辐射带动功能，分别用传统和现代构筑自身品牌形象，综合运用多种资源优势推动城市国际传播。

（一）城市人文背景

岭南地区由于得天独厚的地理环境和自然环境，长期处于不同文化相互交流沟通的状态，形成东西交汇的岭南文化。独特的岭南文化具有鲜明的开放性、兼容性、多元性、务实性，这是广深两地共同的文化背景。具体来说，广州是底蕴深厚的岭南文化中心，早在清朝十三行时期就成为公认的国际贸易中心、世界城市之一。广州深受岭南文化三大系别之一的广府文化影响，广府文化的代表"三雕一彩一绣"，以及岭南音乐、岭南画派、粤剧、杂技等文艺形式在广州这片沃土上舒徐繁衍。广州拥有全广东省80%的高等院校与97%的国家重点学科，聚集了岭南地区最高水平的文艺机构和人才，是名副其实的岭南文化中心。深圳经济特区成立距今四十余载，在确立市场经济秩序的初创时期，深圳许多勇闯禁区的改革探索都伴随着激烈的思想交锋。在改革开放的背景下，推动深圳文化创新的最深层力量来源于市场经济、存在于市场经济理性中所蕴含的创富激情，也正是因此，深圳形成了与其他历史城市截然不同的先锋型文化内核，即以观念文化创新和技术文化创新相融合为基本形态、以改革开放为符号和象征系统的创新型人文精神。

（二）城市功能定位

《粤港澳大湾区发展规划纲要》明确提出广州深圳同为区域发展的核心引擎。赋予广州国家中心城市和综合性门户城市的定位，要求全面增强国际商贸中心、综合交通枢纽功能，培育提升科技教育文化中心功能，着力建设国际大都市；赋予深圳经济特区、全国性经济中心城市和国家创新型城市的定位，要求加快建成现代化国际化城市，努力成为具有世界影响力的创新创意之都。具体来说，深圳作为改革开放的经济特区、社会主义先行示范区，在湾区城市群中承担的是"发动机"的作用，更多地发挥着制度变迁的"示范效应"和创新驱动的"扩散效应"。不同于深圳的经济、创新中心地位，独特的地理、政治地位和资源优势让广州成为了广东省乃至华南地区的多功能中心城市。作为粤港澳大湾区龙头之一的广州，长期以来在政治、经济、信息等方面发挥着强大的辐射带动功能。广州作为重要的对外贸易中心，是国家经济的重要带动者之一，更是当下国家实施"一带一路"建设的核心网络型枢纽城市，这表明广州具备和发挥作为核心城市的引领、集散、辐射的功能和作用。在此背景下，广州深圳应当进行与深港不同的错位定位，深圳为创新创业制度彰显技术创新特色，广州作为国家中心城市、省会、贸易中心，大力发挥核心枢纽之作用。

（三）城市品牌形象

从城市品牌功能来看，城市发展需要通过总结凝练过去所拥有的资源、取得的成就等从而塑造一种品牌化形象来提升价值。城市品牌形象是基于一个城市"有什么""做什么"和"秀什么"。广州在两千多年的发展历史中形成了较为一贯的城市符号。广州历来享有"花城"美誉。自明清时期，广州形成了至今闻名遐迩的"迎春花市"。中华人民共和国成立后，广州将"花"作为独特的元素和符号，在城市景观建设、跨文化交流及外宣活动中一以贯之，"花城"形象得到广泛认同。"花城"之名历经1700多年，从未被其他城市取代，为广州"花城"形象的深入人心提供了重要的品牌符号。如果说广州是以传统作为城市形象推广的品牌，深圳却是另辟蹊径，对标现代提出了"设计之都"的城市品牌。深圳"设计之都"的理念与这座城市发展的历史轨迹高度吻合。改革开放的前沿地本来就是一张白纸上的演绎，符合设计创意的定位，见证了这座城市的变迁历史。同时，设计助推深圳产业升级，并以此作为转变经济增长方式的突破口，推动深圳从"制造型经济"向"创意型经济"转型升级。深圳围绕"设计"创新城市形象标识，推动了创新文化产业的快速优质发展。仅以2018年为例，以创意设计业为龙头之一的深圳文化创意产业保持快速发展态势，实现增加值2621.77亿元人民币，占GDP的比重超过10%，设计已经成为深圳本地的一个重要文化品牌、一张闪亮的"文化名片"。

（四）城市国际传播

城市的国际传播作为国家外宣的重要组成部分，必须以地方的"涓流"融入国家"洪流"中，才能汇聚国际传播的"浪潮"。广州充分运用"国家队"的资源，在融入国家大外宣中传播广州形象，其中，举办"读懂中国"会议是中央、省、市协同，官方、民间合作外宣的成功案例。广州连续三年举办"读懂中国"（广州）国际会议，习近平总书记视频连线、致贺信并会见部分嘉宾，200多家境内外主流媒体近千名记者参会，推出相关报道2万多篇。同时融入高访配套外宣，紧跟总书记全球步伐，赴海外20多个国家和地区举办了30多场广州故事会，在达沃斯论坛、G20、APEC等重大国际活动中开展系列配套宣传，用广州案例、广州故事传播中国声音、中国形象。深圳则是立足本土资源，加大对港澳地区的宣传，成功举办"湾区升明月"——2021年大湾区中秋电影音乐晚会。深入推进粤港澳大湾区传播工程，开展"大湾区 大未来"主题宣传，组织《我和我的祖国》大湾区快闪活动。协调指导深圳报业集团、广电集团港澳台中心开展对港传播，加大前海政策宣传报道，《直播港澳台》荣获中国新闻奖一等奖"新闻名专栏"，深圳市入选新华社评选的十大"中国国际传播综合影响力先锋城市"。

综上所述，广州、深圳两地的城市形象在人文背景、城市定位、品牌形象、国际传播等各方面的呈现状况各有侧重，但是一些共性的城市元素呈现高度类似。尤其是在粤港澳大湾区建设的新时代背景下，两地迫切需要联动谋划，一体构筑符合国际大都市城市标准的品牌体系，进一步塑造和提升湾区城市国际形象。

二、一体打造广深"一心两都三枢纽"品牌形象体系

立足于建设国际大都市的发展定位，广深两地可进一步提炼既有历史内涵又适应未来发展需要的要素，提升和创新城市品牌，以"湾区之心"为核心品牌，高标准打造国际商贸之都和国际活力之都，充分展示广深两地作为创新枢纽、开放枢纽、文化枢纽的实力、活力和魅力，塑造城市特质彰显、内涵价值丰富、识别度高的"一心两都三枢纽"城市国际品牌形象体系。

（一）湾区之心

广州深圳两地共享"湾区之心"的独特地理位置，同时也是湾区建设的核心引擎。心，是具体和抽象的结合，蕴含了湾区人文地理的元素，关联了核心引擎、引领带动的内涵，包含了两城携手同心、破浪前行之意，

可从多种层面反映城市面貌和城市精神。广州深圳可深入发掘"心"这一全球通行的情感表达方式，立足广州岭南文化悠久传统和深圳敢创敢干的城市精神，打造一系列形态新颖、内容丰富的主题宣传活动，对接匹配历史、人文、环境、科技等元素，周期性、持续性、全球性地塑造传播湾区之心的品牌形象。

（二）国际商贸之都

侧重于展示广州这座"千年商都"在湾区建设浪潮中的活力魅力。广州作为我国改革开放的前沿阵地、对外贸易的重要枢纽，积极发挥优势资源禀赋，创建一流的营商环境，打造良好的产业生态，全面增强国际商贸中心功能，携手深圳共建世界级商贸区，将商贸这一粤港澳大湾区城市共同的发展优势，上升为粤港澳大湾区制度创新先行区的重点建设内容。同时在国际商贸中心建设基础上，持续增强国际商贸之都形象的全球凝聚力，加快形成带动粤港澳大湾区、服务全国、辐射"一带一路"和联结全球，具有较强集聚辐射力、竞争力和美誉度的国际商贸之都。

（三）国际设计之都

侧重于展示"深圳设计"城市品牌。2008年，深圳成为中国第一个、世界第六个"设计之都"。开放多元、兼容并蓄的城市文化和敢闯敢试、敢为人先、埋头苦干的特区精神，为深圳设计提供了充分的发展空间。设计来源于创意，而创意的源泉就是开放包容的文化、无穷的想象力和勇于创新的精神。概括起来，就是要对标国际一流水平，在新时代打响"深圳设计"城市品牌，将深圳设计周打造成为四大平台——深圳城市形象推广平台、创新创意产业发展平台、创新创意人才孵化平台、城市美好生活体验平台，成为与深圳建设中国特色社会主义先行示范区相匹配的国际文化名片。

（四）一体打造创新枢组

《粤港澳大湾区发展规划纲要》提出，要将打造高水平科技创新载体和平台作为大湾区重要的发展目标之一。广州都市圈与深圳都市圈的科技创新和产业协同集聚度处于区内领先水平。根据世界知识产权组织发布的《2020年全球创新指数》，在全球前100名最具活力科技集群排名中，深圳—香港—广州科技集群位居第二，仅次于东京—横滨。在全球化与世界城市研究小组与网络2020年世界城市排名中，广州、深圳入围世界Alpha-（一线弱城市）。深圳敢创敢试、不甘失败的移民文化，与广州开放包容的地域文化相互渗透，共同塑造了大湾区的创新文化，支撑着广深一体打造创新枢纽的建设。

（五）一体打造开放枢纽

"一国两制"所形成的制度边界，是粤港澳大湾区区别于国内其他城市群的独特之处。广深两地同为改革开放的前沿阵地，以扩大体制机制开放为动力，提升合作水平共建开放湾区，形成优势互补、互惠共赢的合作体系。加强与世界其他著名湾区的联络与合作，举办世界湾区联盟高峰论坛，争取世界湾区联盟总部落户。继续深化改革开放，以开放创新精神打造国际交往中心，以高端国际会议为平台，以城市国际组织为网络，以建设世界枢纽型网络城市为支撑，打造全方位对外开放门户枢纽，为共建"开放湾区"贡献力量，为建设国际大都市提供充沛活力。

（六）一体打造文化枢纽

广深两地文化同源同宗、同气连枝，都是岭南文化交融贯通的代表。可以借鉴成都、重庆两地的经验，共同担负起建设岭南文化中心和对外文化交流门户的使命，提升两地文化辐射力与凝聚力，吸引更多国际知名的文化活动。充分发挥资源、区位、人文和政策等优势，以推动中外文化交流互鉴为目标，以重大文化项目和平台建设为抓手，在内容创作、文化交流、文化保护、产品生产、要素流通、文化消费、文化传播等领域形成特色优势，建设岭南文化中心和对外文化交流门户，打造新时代文化新枢纽。

三、广深联动提升国际品牌形象对外传播的策略

要过河，必须找到船与桥。广深两地要调动多方力量，把官方和民间、国内与国外、机构与个人等各方力量调动起来，从机关、高校、智库等各方面把人才队伍建立起来，共同拟定广深两地进一步加强和改进国际

传播能力建设行动计划，强化战略谋划和前瞻布局。立足重大会议活动平台，精准对接目标受众群体，创新媒体融合传播渠道，灵活运用多元内容载体，形成"大珠小珠落玉盘"的生动局面。

（一）搭建重大平台，共同彰显城市国际影响力

以国际会议为契机，持续吸引国际社会的关注，向国际社会展示广深两地城市形象。借助重大国际会议平台展示城市形象。借助世界经济论坛、博鳌亚洲论坛、中国高层发展论坛等重大高端活动，推出一系列广深故事专栏和广深融合系列专题片，讲好广深"双城记""双子星"故事，推广粤港澳大湾区创新发展经验、机遇和品牌形象。积极参与上合组织峰会、金砖国家峰会、APEC峰会、G20峰会等国家元首外交活动，借船出海、借台唱戏进行城市经济文化宣传推介。持续搭建高端交流平台扩大国际朋友圈。围绕"一带一路"、粤港澳大湾区建设等主题积极谋划领导人会议，争取承办"一带一路"国际合作高峰论坛等国家重要主场外交活动，推进中国与国际区域合作会议，构建金字塔形的国际会议体系。不断提升广州国际城市创新奖、深圳设计周、世博会"深圳日"活动等已有国际会议活动的影响力，主动策划宣传议题，邀请中外媒体进行集中采访和专访。精心承办及宣传"读懂中国"广州国际会议、全球未来城市峰会、文博会、深圳"一带一路"国际音乐季等系列高端活动，打造"1+N"模式国际会议平台。

（二）聚焦重点目标，共同覆盖国际传播受众。加强国际高端人群定向传播

着力加深全球政界、商界、媒体界、学界等高端人群对广州的了解和认同。依托高端国际交流平台、国际友城、国际媒体、跨国企业机构、学术智库力量等媒介，进一步加强与世界知名政要、国际组织要员、国际媒体代表、海外智库和研究机构及其他国际权威人士的联系。提高国际传播的人才竞争力。深挖人才潜力，加强培养国际传播复合型人才，在资源、待遇等方面加大支持力度，留住人才、吸引人才，用好人才。发挥海外华侨华人的传播纽带作用。办好海外华文媒体高层采访等活动，成立由海外华文媒体、华人社团联络站等组成的海外传播集约中心，培育两地"海外传播官"队伍。加强与海外侨团侨社的联系与合作，挖掘侨团侨社、华文学校、侨商侨企等主体的传播潜力，培育城市国际传播多元力量。引进有国际视野的中国留学生，发挥外籍记者、编辑和主持人在国际传播领域的优势，努力打破文化和价值观屏障。策划青少年华侨夏（冬）令营、岭南文化体验等活动，搭建广大华裔新生代交流平台。增强外籍人士认同感。加强与外国驻广深机构及外资企业员工、外籍教师、留学人员以及其他外籍人士的联系，积极组织举办"体验中国"、中外友人运动会等多种交流活动，做好外籍人士汉语培训工作。发挥各类驻外机构和各国领事馆的作用，结合不同国家与地区实际国情与文化特点，借力城市对外交往、民间外交、公共外交系列活动与平台，根据受众地区偏好制定精准传播策略，促进城市品牌本地融入。

（三）运用技术优势，共同构建国际一流传播矩阵。夯实全球多元化媒介传播网络

整合统筹广深两地外宣平台，组建广州日报社、深圳报业集团、广电集团国际传播小分队，融合"直播港澳台""直新闻"等名专栏、名栏目、名团队力量，建立完善"纸媒+网站+客户端+官微+自媒体+代运营"线上线下全覆盖的立体化融媒体矩阵。进一步加强与新华社、央广总台、中国日报、经济日报等媒体合作，与国家外宣平台及海外主流媒体联动，在欧美经济体、亚太经济体扩大国际传播。拓展与国内互联网跨国企业的联络，利用企业技术优势开发多样化城市品牌传播数字产品，甄选有条件的企业全球营销网点植入城市展厅，扩大城市品牌与国际社会接触的机会。升级城市传播信息处理平台。建设全球广深联动新闻媒体数字化集约中心，对信息进行"中央厨房式"操作，运用5G、大数据、云计算、语音识别等技术开发全球接入的城市品牌传播资源共享云平台，构建传播信息内容采集处理共享、传播线索交互对接、传播素材供应一站式综合性的线上支持系统，使广深城市品牌传播产品的全社会创作便利化。委托第三方成立广深城市品牌监测中心，通过云平台数据访问量及目标人群传播反馈数据，加强城市品牌传播跟踪研究，提高城市品牌传播效能。

（四）丰富品牌内涵，共同升级国际传播载体。联合设计互动艺术装置增强传播效果

利用前沿科技、艺术设计，结合广州独特历史文化元素，在城市地标、重点商圈、风景园区、文化建筑等市政设施、建筑立面、公共空间精心打造一批广深两地互动艺术装置。通过互动艺术装置，城市居民和游客可以使用智能手机、无线互联网和游走等方式，加强人与城市之间的互动交往。联合制作多媒体城市宣传品。制作一批适应国际表达的官方城市形象片，凸显广州城市品牌。发挥深圳市文化创意与设计联合会等团体作用，邀请一批国际设计师，开发设计一系列具有广深特色的城市纪念品和文化衍生品，在重大活动、国际路演、友城互访、国际会展等重要场合派发，同时在旅游景点、文化场馆等城市两地对外窗口及网络平台销售，扩大流通影响。扶持创作岭南风格文艺精品。组织拍摄融通中西文化的"双城故事"系列影视作品，创新运用动漫、灯光秀、无人机表演等时尚文化表现形式展现文化魅力。引导民间城市主题作品创作，征集编撰系列城市主题研究丛书，公开发行并赴海外参加国际书展、国际会议交流。创设"粤港澳湾区研究国际文库"，收录以广深为主题的高水平研究成果。与海内外知名社交媒体平台建立合作，结合重大节庆、重要赛事、著名景点，鼓励吸引海内外游客、观众创作与广深有关的优秀作品，并通过社交平台进行广泛传播、制造热点。

（谢艺杰）

关于广州历史文化街区保护活化利用的建议

【提要】当前，广州市历史文化街区进入"小规模、渐进式"的有机更新新阶段，但全市在历史文化街区的整体保护活化利用方面还存在一些问题，主要表现为政策缺乏弹性支撑、活化利用缺乏整体性、街区的人居环境亟待改善、历史文化资源分散、产业业态低端等方面。课题组从制度创新、实施策略、产业布局、工作模式四个角度提出了对策建议。

广州历史文化街区的形成是明清以来至民国时期城市建设成就的集中体现，是岭南文化的重要物质载体，代表了广州老城市的历史风貌。广州现有划定的26片历史文化街区（其中内城7片、西关14片、河南3片、东山2片），涵盖了广州四大历史区域（内城、西关、东山、河南）的重要地段以及城郊的长洲岛历史地段，整体呈现"大分散，小集中"的特点。这些历史文化街区不仅承载着广州的城市记忆，还凝聚着千年商都的历史文脉，做好历史文化街区的保护活化利用，既是广州城市更新的题中应有之义，也是让老城市焕发新活力的重要抓手。

一、广州历史文化街区进入"小规模、渐进式"有机更新新阶段

随着城市化进程的不断加快，城市更新贯穿于城市发展的各个方面，承担着优化"人、城市和环境"的空间关系、推动经济社会结构转型升级，让城市变得更有生机和活力的重要功能，在城市可持续发展中发挥特

殊的作用。结合广州千年历史文化底蕴和城市发展特点，当前广州城市更新（特别是主城区）已进入以历史文化街区保护活化利用为主的新阶段，这是"小规模、渐进式"有机更新的新阶段，是注重地方特色、注重历史传承和文化延续的新阶段；是紧扣产业更新和消费升级，再造城市活力的新阶段；是历史与现代相结合、改善人居环境、提升城市品质的新阶段。

目前，全市历史文化街区（26片）的保护范围面积共699.45公顷，其中核心保护范围371.89公顷，建设控制地带327.56公顷。广州坚持保护优先，通过编制保护规划划定底线、明确保护要求，指导、规范和约束历史文化街区、历史建筑的保护、利用和管理。近年来，荔湾区、越秀区进行了大胆探索，打造出了永庆坊、泮塘五约、新河浦等一批具有影响力和示范效应的历史文化街区。

总结广州市历史文化街区保护活化利用的成功经验，我们充分感受到：推进历史文化街区的保护活化利用，要深刻领会和认真贯彻落实习近平总书记关于历史文化保护传承利用的系列重要论述精神，尤其是以2018年10月总书记视察荔湾永庆坊时发出的重要指示为指导，聚焦历史文化城区的保护再生，更多采用"微改造"这种绣花功夫，最大限度保留传统格局、街巷肌理和景观环境，同时需要创新规划的公共政策，通过细化管控措施、健全管理机制，提出历史城区功能活化和发展策略，制定历史文化街区保护活化利用的激励措施，实现老城市整体保护和协调发展，激发出广州文化发展的新动能。

二、当前广州历史文化街区保护活化利用存在的主要问题

广州市在历史文化街区的整体保护活化利用方面还存在一些问题，主要表现为：

一是政策缺乏弹性支撑。广州市出台了《广州历史文化名城保护规划》《广州市历史文化名城保护条例》等文件，明确了保护的刚性约束，这是非常必要的，但历史文化街区在进入有机更新的新阶段后，如何在加强保护的同时，更好支持活化利用成为当前需要解决的突出问题。

二是活化利用缺乏整体性。当前仍以单个项目试点为主，历史文化街区的活化利用缺乏"全市一盘棋"的统筹谋划。已实施的项目（如永庆坊、泮塘五约）前身大多都是旧城改造项目，具有较多的"已征收可利用的载体"，但其他历史文化街区大多为城市建成区，可直接利用的载体少之又少，整体连片活化利用的难度更大。

三是街区的人居环境亟待改善。绝大多数的历史文化街区处于广州老城区，建筑密度大且公共空间少，大部分以无物业的老旧小区为主，基础设施陈旧、管道老化、公共配套设施短缺、人居环境不佳，亟待改善。

四是历史文化资源分散。除沙面历史文化街区外，其他街区的历史文化资源大部分呈点状或小集中形态分布，不少因为产权等问题处于年久失修状态，蕴藏其中的城市历史记忆急需系统挖掘、整理与提炼。

五是产业业态低端。目前存在于不少历史文化街区的产业业态以批发、零售、仓储及餐饮为主，人流物流量大，时常挤占道路和公共空间，导致交通不畅、产业功能单一、经济贡献不高、附加值较低，与人民群众的需要和高质量发展要求差距大。

三、进一步推进广州历史文化街区保护活化利用的对策建议

（一）在制度创新方面，支持多元参与，实现刚性约束向弹性利用的转变

一是规划层面要理顺城市肌理并落实"留改拆"，合理确定规模和尺度，支持适当抽疏增加公共空间、适当增建补充公共设施，切实改善人居环境，完善城市格局，传承城市记忆。二是鼓励业主自主更新，灵活出台技术规范和导则，提供技术支持，简化审批手续（包括消防等），支持符合条件的进行重建改建、功能转变，满足创新创业需要。三是制定公房整合利用配套政策。老城区有大量公房资源（包括住宅和非住宅），但一般都存在房屋年久失修、使用效率低、经济效率差等问题，急需在人员腾挪、承租年限、经营范围等方面进行突破。同时，配套私人产权置换政策，在居民自愿前提下，支持政府指定单位通过购买、产权置换等形式实

现空间腾挪及活化利用。四是鼓励社会资本参与一体化运作。历史文化街区改造是一项长周期、高投入的工程，应发挥财政资金杠杆作用，进一步健全社会主体参与的机制体制。通过整合闲置低效资源、让渡公共收益、培育居民出资购买服务等方式，引入社会资本参与设计、改造、建设、运营一体化运作，实现改造项目全生命周期管理。

（二）在实施策略方面，坚持历史与现代相结合，实现从注重保护向保护活化并重的转变

没有利用的保护是不可持续的，没有活化的历史文化街区是没有灵魂的。需要因地制宜按照"居住、商业、商住混合"等不同功能分区、"一街区一特色"，分类实施历史文化街区保护活化利用。一是坚持民生优先，广泛征求历史文化街区范围内的居民意见，把历史文化和现代生活融为一体，着重提升人居环境、增加公共空间，补足市政配套设施和公共服务设施短板，切实解决人民群众急难愁盼的问题，构建"全龄友好街区"，让街区充满人情味和烟火气。二是梳理文化脉络，结合广州城市发展史，全方位挖掘岭南文化、红色文化、海丝文化及其精神内涵，讲好"广州故事"，让历史文化街区内"处处见历史、处处显文化"。三是强化活化利用，制定文物和历史建筑"一栋一策"保护活化利用方案，不仅要让文物和建筑"活起来"，更要让文化和精神传承下来。具体实施过程中，在保持原有风貌的基础上，鼓励以适应现代生产生活需要为导向，充分挖掘其"教育""铸魂"功能，实现科学活化利用。四是运用科技手段，针对现有历史文化街区建筑密度大等实际，建议系统研究交通等专项规划，突破单个历史文化街区的界限，充分运用智慧化手段，在历史文化街区构建以慢性系统为主的交通组织网络，统筹布局公共服务设施，打造"智慧绿色街区"。

（三）在产业布局方面，制定正负面清单，实现从产业导入向文商旅融合发展的转变

一是制定产业"正负面清单"。逐步疏解与历史文化保护传承不相适应的工业、仓储物流、批发市场等低端产业。二是强化创新创意产业支撑。跳出单个历史文化街区的局限，充分统筹老城区的旧厂房等各类资源和载体，大力引导科技研发、文艺创作、动漫设计、建筑设计、创新创意产业，打造"开放式创客空间"。三是推进文商旅融合发展。永庆坊项目作为协同推进历史文化保护传承和城市更新的成功案例，应放大其效应，坚持"以用促保"，让历史文化街区在有效利用中成为城市的特色标识和公众的时代记忆。

（四）在工作模式方面，坚持两个"全过程"，实现从"社区建设"向"社区营造"的转变

历史文化街区涉及利益主体广、群众诉求多元、专业技术要求高、社会关注度高，建议坚持两个"全过程"，真正做到"人民城市人民建，人民城市为人民"。一是居民"全过程"参与。居民是历史文化街区保护活化利用的主体，应成立由街区居民代表为主、涵盖各利益主体在内的公众咨询委员会，广泛摸查改造需要、听取改造意见，编制实施方案，重点节点反复听取意见、实施过程中主动接受监督，务必使其成为真正的参与者、建设者、监督者和受益者。二是专家"全过程"把关。坚持专家领衔，成立高规格专家委员会，为历史文化街区保护活化利用领航定向，以专业力量提供全过程技术支撑、全流程品质把控，最终形成可复制可推广的历史文化街区保护活化利用实践经验。同时，组织设计团队到各街区驻街设计参与"场域"体验，聆听社区故事、了解社区需求，促进"社区建设"向"社区营造"转变，满足各方多元需求，激活老城市焕发新活力。

（赵宏宇，贺　丹）

促进全域旅游发展
建设世界级旅游目的地示范区

【提要】培育一个能够集中展现广州文化品格及城市发展成就的综合性示范区域，以高峰效应聚焦世界关注，是广州打造"世界级旅游目的地"的重要抓手。海珠区作为全市唯一融岭南文化、生态文化、工业文化、海丝文化、红色文化、创新文化为一体，坐拥广州塔、广交会两大国际知名地标，又可开通水陆空三线文旅线路的中心城区，建设世界级旅游目的地示范区的基础优势显著。但也存在历史遗址和文化地标开发利用及活化程度不高、重点区域公共配套不完备、文旅产业融合发展不足、文旅新业态格局尚未形成等短板。建议：第一，提级统筹，推动区内外文旅资源联动；第二，加大投入，完善文旅基础设施建设；第三，全域规划，聚焦"一核三轴六线"布局打造主客共享的多彩海珠；第四，系统开发，精准目标分类有序高效建设；第五，政策激励，培育壮大文旅市场主体。

当前，广州正以打造"世界级旅游目的地"和"国际消费中心城市"为目标，以产业结构优化和旅游产业全要素促进全域旅游发展，全力推动旅游业国际化。海珠区作为广州市三大老城区之一，地处广州城央，为珠江水系广州河段前后航道所环绕，是唯一与城市古代轴线、近代轴线、现代轴线和科技创新轴都有所连接的行政区，能够展现广州四大文化品牌的地标同聚一隅，文商旅体要素配套完全，更有广州塔、海珠湿地、广交会、中山大学等多张具有世界级文旅名片。发挥好海珠区文旅产业发展基础好，文化新业态发展势头强的优势，增能海珠区建设世界级旅游目的地示范区，是广州建设世界级旅游目的地的重要抓手和应有之义。

一、将海珠区建设成世界级旅游目的地示范区的基础优势

"十三五"时期，海珠区累计接待国内外游客总人数12884万人次，年均增幅超10%，旅游企业总收入202.57亿元，年均增幅超14.8%；区内拥有国家A级景区9个（4A级景区1个，3A级景区8个）；旅行社79家；各类酒店宾馆400多家，8家星级酒店（5星级1家，4星级2家）。已建成旅游集散中心1个、城市旅游问询中心2个，打造广州有轨电车线路游、珠江夜游、双层巴士观光游、地铁8号线文化主题游等特色旅游交通及线路。2020年，海珠区依托"一塔一展一区一湿地"（即：广州塔、广交会展、广州人工智能与数字经济试验区、海珠湿地）成功创建省级全域旅游示范区，实现"景点旅游"向"全域旅游"的转变，并正在争取创建国家级全域旅游示范区，将海珠区建设成世界级旅游目的地示范区的基础优势显著。

一是"广交会"名片闪耀全球。位于海珠区东部的广交会展馆区被誉为"中国对外交易的晴雨表"，每届20万左右的客商云集，数十万国内外客商不仅持续刷新吃全市文旅消费峰值，更成为传播广州形象的重要人际渠道。当前广交会展馆第四期正在加紧建设，建成后广交会展馆总建筑面积增加40%以上，将超过德国汉诺威展馆，助力"中国第一展"再次转型升级，成为世界上最大的现代化会展综合体，为海珠区建设世界级旅游目的地示范区提供强大支撑力。

二是"广州塔—海心桥"片区辐射驱动力强。"广州塔"是广州在全球媒体中曝光度最高的城市地标，海心桥作为世界最大人行桥的文旅打卡景点热度持续攀升。以"广州塔—海心桥"辐射周边广州国际媒体港、琶醍、阅江碧道以及广州美术馆等文旅空间，整合海珠区内广州有轨电车线路游、珠江夜游、双层巴士观光游、地铁8号线文化主题游等特色游览方式及旅游线路，初步形成了通过片区带动全区、辐射全市旅游观光发展的驱动结构。

三是串联区内文旅资源的交通线路基本打通。海珠区作为城央岛区，已于2022年基本完成42公里环岛路和堤岸170公里骑行绿道建设，沿环岛

路、新滘路、新港路三条区内重要道路向内外延展的串联结构基本建成。为构建"一带一环四区"（即新中轴线文旅休闲带，滨江文商旅体娱融合环，岭南传统文化旅游区、商贸智能数字时尚文旅区、工业遗址文化旅游区、海珠国家湿地公园生态休闲旅游区）复合型文旅生态系统提供了充分准备。

二、将海珠区建设成世界级旅游目的地示范区的主要挑战

一是历史遗址和文化地标存在开发利用不足、活化程度不高。海珠区融岭南文化、生态文化、工业文化、海丝文化、红色文化、创新文化为一体，文化类型十分丰富、文化特色非常鲜明类型多样。孙中山大元帅府，十香园，黄埔古港等蕴含广州深厚红色文化、岭南文化、海丝文化底蕴的文化资源储备丰富。海珠湿地作为世界最大城央"绿肺"，是广州市贯彻落实习近平生态文明思想的重要印证。广州塔、工美港、琶洲人工智能与数字经济试验区等地标充分彰显出广州作为改革开放前沿地的创新活力。但这些历史遗址和文化地标依然存在开发利用不足、活化程度不高等情况。以卫国尧烈士故居、陈复烈士墓、邓世昌纪念馆、南石头监狱旧址等红色文化遗迹为例，就普遍存在保护活化不充分的情况。

二是重点区域公共配套尚不完备。海珠区重点文旅景点景区的公共配套整体尚不完备，游客体验度还有较大提升空间。譬如包括广州塔景区在内的重点旅游景点，仍存在信息指引标识不足、广播系统缺失、硬质隔离设施缺乏、停车场不足、临时上下客点区设置不规范、厕所数量不够等细节性问题；黄埔古港、小洲村等知名古村落旅游景点的环境治理和基础设施配套尚未完成。除此以外，尚有海幢寺、纯阳观等重要宗教人文场馆周边规划建设匹配度较低，使之处于"养在深闺人未识"状态。

三是扶持文旅产业融合发展的力度不够。广州市先后印发了《关于印发广州市促进文化和旅游产业高质量发展若干措施》《广州市文化和旅游发展专项资金管理办法》等政策支持文商旅产业发展。黄埔区、番禺区，花都区等均先后颁布了区级文旅扶持政策。与之相比，海珠区相关政策在

支持力度和扶植面上尚存在差距。在文旅体项目建设用地方面，缺乏公共文化服务设施配套的基本用地。譬如在琶洲片区缺少标志性大型文商旅地标，辖内互联网企业尚未达成统筹开发楼宇一、二层空间的共识。在文商旅产业人才的引育工作方面力度尚不足，未能对区内亟须的在文商旅产业人才培训、职称评定和人才服务保障方面给予支持，在相关领域高端人才引进工作的政策落实尚不到位。

四是全域、全龄、全时、全季联动的文旅新业态格局还未形成。随着数字技术的快速发展，文旅项目的爆款热款普遍呈现出重娱乐性、重体验感、重沉浸度、重年轻群体的"四重"特点。但海珠区目前还尚未利用好琶洲人工智能与数字技术的产业优势赋能文旅产业，旅游产业中文化元素、科创元素等融合度尚不深，数字文化创意领域还未打造出拳头产品，智慧景区建设还不够完善，线上、线下空间结合度不高。全域、全龄、全时、全季联动的文旅新业态格局还未形成。

三、将海珠区建设成世界级旅游目的地示范区的对策建议

（一）提级统筹，推动区内外文旅资源联动

海珠区建设世界级旅游目的地示范区，在政策制定和综合治理上需联动市、区两级多个部门。在历史文化资源活化上需调动包括所属部门及街道、社区与各类企业主体的积极参与，形成整体性的联动效应。在文旅线路设置与文旅资源的联动开发方面要与越秀区、荔湾区、天河区、番禺区、黄埔区等进行合力共建，实现优势互补。一是建议成立由市政府牵头，由市、区两级领导担任组长、副组长，市、区两级相关职能部门和海珠区各重点街道负责人担任成员的"世界级旅游目的地示范区"建设领导小组，提级统筹、协同推进。从顶层设计上加强对海珠区全域旅游融合发展的统一部署和组织协调，协调解决推进过程中的重大问题。二是建议制定《广州市世界级旅游目的地示范区（海珠区）发展规划》，增强海珠区文旅资源的文化承载力、辐射力，建设一批具有国际级影响力的文旅名片（地标），打造一批具有国际影响力的文化交流平台，孵化一批具有国际

美誉度的文旅品牌项目。为广州建设"世界级旅游目的地"和"国际消费中心城市"，提供强大软实力支持。三是在海珠区设立专门编制部门，为海珠区文商旅资源整合开发利用制定标准统一、边界清晰的工作方案，保障相关工作方案的推进执行。四是用好海珠区位居珠江文化廊道核心的区位优势，争取导入更多国家、省、市促进文旅业发展的政策支持、试点落户。五是立足海珠区文旅资源分布的现状，谋划增设更多水上旅游线路，与周边区域文旅资源串联，实现文旅动线的跨区联动，建议与市客轮公司等单位联合开辟环岛游线路。

（二）加大投入，完善文旅基础设施建设

一是加快完善重点核心景区基础设施优化。要结合海珠区打造国家级全域旅游示范区的工作目标，加大对广州塔核心景区周边公共卫生设施、便民设施的建设，加快周边公共交通配套建设进度，提高景区周边交通承载力，提升游客对广州塔景区的文旅体验。二是对区内其他景区景点的配套设施建设要提前谋划。推动将旅游集散中心、游客服务中心、咨询中心纳入城乡公共服务体系，健全游客服务、停车及充电、标识标牌、流量监测管理等设施。以8个3A级景区为次重点对象，提前谋划相关旅游景点景区的基础设施建设。三是加大全域旅游信息化基础设施建设。发挥区内高新企业多的优势，积极对接相关企业，通过定制化开发或接入省、市相关平台等形式，建设海珠区全域旅游数字化营销、旅游数据监控、景区智慧管理、游览服务定制、游客意见反馈一体化智慧旅游平台，提升游客对海珠区全域旅游的沉浸度与美誉度。

（三）全域规划，聚焦"一核三轴六线"布局打造主客共享的多彩海珠

一是结合海珠区文旅资源品类全但分布零散的实际情况，坚持"全域旅游，全域规划"，按照全地域覆盖、全资源整合、全领域互动、全社会参与的原则，整体规划、建设、管理和营销海珠区的文旅项目。围绕"一核三轴六线"（即：以广州塔—海心桥为核心，沿新滘路、新港路、环岛路三轴，以红色文化线、绿色生态线、蓝色江海线、灰色工业线、橙色创新线和古色岭南线六条线索）将区内文旅资源串珠成线，连线成片，打造

"多彩海珠"。二是在具体线路开发中，要遵循"主客共享"原则，营造浓厚的全域文旅氛围。推动以海珠区高品质休闲生活区，打通景点式"旅游飞地"或"旅游孤岛"，在硬件上，精心谋划人性化的街道设计、个性化的广场空间、标识标牌、绿化景观、街头雕塑、座椅、广告设计、停车场、公共厕所、垃圾箱等硬件设施，打造具有岭南独特风格的景观配套。积极投入免费景点景区建设，打造一批居民与游客都喜欢的休闲旅游场景。三是在品牌营销上，集中运用会展活动、各级媒体、推介会等资源开展事件营销，持续增强区内居民与区外游客对海珠区文旅品牌的认知，实现"处处是景、人人见景"的全域文旅风貌，增强旅游业对区域发展、产业提升的带动能力。

（四）系统开发，精准目标分类有序高效建设

按照广州市"十四五规划"要求，对标国家级全域旅游示范区验收标准。遵循以微改造盘活现有资源的轻资产逻辑，提升资源投入的精准化和实效化，分类有序进行建设。一是优先聚焦现有优质景区提级增能，进一步完善"广州塔—海心桥"片区建设，推动"广州塔—海心桥"片区5A级景区建设，并同步开展琶洲片区"广州塔—观塔楼宇空中游"旅游项目的业态引入。二是根据海珠区全域旅游发展整体目标定位，按照基础设施配套情况，文化要素结构、业态完整度等标准，集中力量以"太古仓夜间文旅游""湿地海珠湖—龙溪小洲生态古村游"等基础较好的景点景区、文旅线路为着力点，完成3到4个景区的4A级升级建设，形成高峰带动效应，再逐步推进全区文旅开发。三是用好"岭南文艺"和"城央宜居生态"两大独有资源。在擦亮"岭南文艺"品牌上，可优先围绕文商旅要素完备的江南西商圈进行规划，加快"十香园"周边河涌景观带建设，联动岭南画派中学、广州美术学院（关山月故居）等场馆，将岭南画派、岭南文化名人作为文化标签注入江南西商圈，打造集历史建筑、文化展览、艺术研学、文创消费为一体的"岭南艺术文化街区"。在"城央宜居生态"品牌建设上，一方面围绕湿地生态园区进行农耕文化、生态文明元素整合，提升生态园区的文化要素。另一方面，将周边龙溪村、小洲村等进行联动开发，运用好省市关于促进全域旅游发展的相关政策，盘活空闲农房

宅基地零星分散用地，引入高品质民宿等新业态，实现海珠区湿地生态资源与古村文旅资源叠加，建设"城央宜居生态区"。

（五）政策激励，培育壮大市场主体

通过将政策激励贯穿全域旅游建设全过程，充分发挥政府主导、社会参与的整体效应，让市场资本、市场主体有效参与海珠区全域旅游项目的开发。一是在项目启动阶段，可制定社会力量参与历史文化街区保护活化的激励政策，在土地使用上、规划建设上通过适当放宽国有历史建筑出租条件，延长租赁期限，给予足够时间进行修缮、盈利。在合规变更土地用途、调整容积率等重点审批事项上给予清晰指引和支持，激发市场主体的参与性。二是在项目修缮过程中提高修缮和监管验收标准，提升审批效率，同时允许实施主体基于历史建筑特点及活化利用需求，在建筑内部可以临时增加使用面积或者调整楼层层高。在满足消防、市政公用等管理要求的情况下可以增加外部面积，在主管部门明确使用期限的前提下，不计算容积率，不纳入控制性详细规划，不办理产权登记，无需补缴土地出让金，从而提高实施主体修缮改造的积极性。三是制定优质项目后期奖励制度，根据项目落地成本、投资进度、生产经营情况和对地方经济发展贡献度等指标进行考察，对项目改造成果突出的，对主导企业通过税收减免、给予新增建设用地指标等进行后期奖励；四是积极拓宽开发资金渠道，加大财政资金支持，吸引社会资金参与，形成共建共享良好格局。牵头成立文商旅产业投资基金等方式，对重点文商旅融合项目，重大活动的策划、组织或宣传，高端人才的引进、培训等给予资金扶持。五是将国有历史建筑市场化运作获得的收益作为专项保护基金，同时设立制定历史文化街区更新改造的年度资金投入计划，列入区财政的专项预算，用于历史建筑的保护修缮和日常维护，以及周边公共环境、配套市政设施等非营利性用途。六是鼓励和支持海珠区有实力的企业优先参与相关文旅项目的策划、设计、建设和营运，尤其要在产业链布局上推动区内文旅企业之间相互合作、协同创新、抱团发展。

（葛思坤）

加强广州市工业遗产保护与活化利用

【提要】广州是我国近代工业发源地之一，拥有众多工业遗产，如何合理地进行工业遗产保护与活化，让这些城市记忆保留下来成为广州城市发展历史过程的见证，并在新的时代条件下"活"起来，实现老城市新活力，对于提升城市治理水平、构建生态良好、宜居宜业的都市发展格局具有十分重要的意义。课题组通过调研走访，深入了解广州工业遗产的保护与活化情况，分析了当前存在的主要问题，对进一步做好工业遗产的保护与活化提出了建设性的建议。

广州是我国近代工业发源地之一，深厚的工业文化积淀为广州留下了宝贵的工业遗存，随着城市化进程加快和产业升级改造，广州大量的工厂、仓库、车间等逐渐退出历史舞台。如何让这些城市记忆留下来，让工业遗产"活"起来，在保护利用过程中，推动文旅融合和产业融合，实现从"工业锈带"到"生活秀带"的转型升级，让工业遗产重新焕发生机，是广州推动实现老城市新活力，打造社会主义文化强国城市范例过程中需要不断探索和实践的重要课题。

一、广州工业遗产的基本情况

广州拥有我国工业史上的多个第一：世界上规模最大的造币厂、我国第一个机场、我国第一家橡胶厂和机器缫丝厂、我国第一台柴油机、我国第一架自主设计并生产的飞机等。广州现存工业遗产主要沿163公里珠江两岸和35公里废弃铁路线分布，不仅包括仓库货栈、车站码头、工厂车间、居住建筑、厂区环境等物质文化遗存，还包括工艺技法等承载非物质文化的遗存。它们独特的文化、历史、艺术和技术价值默默诉说着城市发展的历史进程，表达着城市特色，呈现了广州人艰苦奋斗、励精图治、与时俱进和改革创新的精神。改革开放以来，广州经历了产业不断升级与创新转型的过程，在城市更新改造的不同阶段，承载着"工业文明"光荣的大量历史遗产受到广泛关注。2022年初，市工信局开展了摸底调查，共统计具有较高价值的各类工业遗产近90处，其中陈李济中药文化园于2021年被列为首批广东省工业遗产名单。目前广州市近50%的工业遗产尚处于原始状态，亟待谋求合理的保护更新方法。

广州现存工业遗产已有近一半得到不同程度的活化利用。早期相关主管部门通过"织补式"方法连缀工业遗产和城市空间，规划了珠江南岸的滨江碧道和铁路绿道，串联城市主要公共节点，共活化了沿线66个、总规模9.2平方公里的工业厂区与各类历史遗存。同时，广州市还策划了11公里的"工业拾遗"文化步径，串联15处工业遗产，让"工业锈带"变身"工业秀带"。

创建于20世纪50年代初期的"广州纺织机械厂"，已被改造为以"时尚、创意、科技"为主题的T.I.T创意园园区，吸引微信等大型创新性企业入驻园区，成为海珠区重要的信息、时尚产业聚集地，也以类型多样、内容丰富的各类文化展会带动了周边的文化产业发展。始建于1904年的广州太古仓旧址，曾是广州内港区生产最繁忙、船舶到港密度最高、吞吐量最大的码头，也是近现代广州对外贸易和运输港口的重要遗存。太古仓旧址从2008年开始实施转型改造，变身创意办公、展览展示、影院、餐饮等新业态空间，陆续对外开放，滨江带水的位置加之风格独特的红砖大型厂房，使之成为广州最早的网红打卡地之一。珠江啤酒厂改造为城市观光列车站点及艺术休闲区琶醍，是珠江滨江南岸最受欢迎的活力文化社区。增城糖纸厂改造的1978电影小镇荣获"中国乡村旅游创客示范基地"。海珠区大干围码头改造为B.I.G海珠湾艺术创意园，成为集艺术、时尚、运动的潮流网红打卡地。

这些优秀的工业遗产保护利用案例，为广州市今后进一步做好工业遗产的保护活化提供了有益经验。一方面，工业遗产保护利用可提供文化产业、旅游产业等新型生长点，带动相应片区提升产业层级和创新能力；另一方面，工业遗产保护利用可与景观设计、创意文化产业等进行统筹规划，提升城市公共服务设施水平，达致良好的社会效益。

二、工业遗产保护与活化面临的主要困境

（一）缺乏分类认定标准，保护利用模式粗放

工业遗产认定需具备典型性、稀缺性和不可复制性，一旦认定为工业遗产，需遵循相关规章制度进行保护修复或开发利用。目前广州尚未形成成熟的工业遗产评估认定标准和体系，相关保护利用法规也未系统梳理，造成实际工作中的随意性和不确定性。很多颇有典型性和稀缺性的工业遗存被损毁甚至拆除，部分工业遗产可能正面临着自身工业元素不断逐渐消失的问题，改造过程中部分工业遗产不能做到"修旧如旧"。有的地方存在重建筑遗产，轻视生产线和工艺等遗产的倾向，有的工业遗存开发后只留下厂房的外壳，车间里有历史价值的机械设备已不复存在。如此种种，显然与具有丰富工业遗产的广州地位是不相匹配的。

（二）政策衔接不畅，活化利用难度高

目前，由于工业遗址所在地性质多为工业用地，在保护开发过程中需遵循城市建设、消防、工商管理等规章制度和要求，层层报批影响了工业遗产保护利用的整体规划及进度。同时，管理政策与用地规划的频繁变动也使业主或运营商得不到长期承诺，以市场为主体的参与者面对极大的不确定性产生退缩情绪，参与意愿受到打击。如使用权租约期限偏短、拆迁改造突然加速等，严重影响了社会资本进入工业遗产活化利用领域的积极性。调研中相关方面反馈的问题主要集中在三个方面：一是土地使用变更的不确定性，二是审批主体模糊、指引不清，三是消防审批难度大。这些问题严重制约着相关企业主体的积极性，影响了工业遗产的保护与活化的进程。

（三）开发利用过度商业化，同质化倾向严重

由于资本市场对工业遗产的价值认知不全面、前期研究投入不足，当前不少工业遗产的开发模式同质化比较严重。目前广州工业遗产活化利用集中于物业开发模式和创意园区模式，各类文化创意园区占比较大，主要的经营业务类似"厂房出租"。这种经营思路造成对工业遗产的保护过于机械，多数是单纯的厂房建筑保护和空间增容，文化内涵挖掘不够，遗产价值显示度不高。调研发现，多数园区定位模糊，缺乏个性发展，大部分园区尚未形成鲜明特色的产业链。从经营模式看，经营主体缺乏结合工业遗产个性特征融入城市环境、提升公共服务品质的意识，工业遗产博物馆和工业遗产旅游的活化探索较少，也缺少从文旅创新的经营思路考虑改造提升的概念。各园区引入的业态比较雷同，尤其以餐饮、娱乐业为主，破坏了工业遗产厂区应承继的先锋创新、理性务实的氛围。一些工业遗产过度开发，改造过大、拆建过多，已逐步丧失遗产本身的承载文化记忆和历史传承特征。

三、加强广州市工业遗产保护与活化的对策建议

（一）加快建立保护利用制度，探索分级分类保护利用方法

一是借鉴当前推行的广州市历史建筑与传统风貌建筑的调查、评估与认定方法，建立科学合理的认定标准与分类标准，建立监测评估制度，开展工业遗产动态监测和保护利用效益评估，加快甄别和抢救濒危工业遗产，完善工业遗产档案记录，加强修缮保养。

二是采用自下而上和自上而下相结合方式，进一步摸清市区工业遗产底数，明确工业遗产构成。加强工业遗产基础数据的收集整理，建设标准化的工业遗产数据库，在大量工业遗产尚存之际保存好其图像、测绘数据及历史资料等。在此基础之上，客观评估工业遗产价值，公布工业遗产保护名录。

三是对接已有的文物保护、历史建筑与传统风貌建筑等文化遗产保护利用制度，逐步建立起工业遗产的"分级保护"体系。"文物保护类"

可对在工业史上具有里程碑意义的工业遗产进行"原真性"完整保存。如番禺紫坭糖厂已列入国家重点文物保护单位,即需按照《文物保护法》的要求进行相关的保护修缮和活化利用,不破坏文物本体和空间格局,保护特色构件和工艺技法,最大程度还原文物本体的特点,并使其空间功能得到新的赋能,可考虑转化为文化教育、展示展览以及传媒演播等类空间。

"保护利用类"可对具有一定地方特色的工业遗产进行整体保护、局部适度利用的方式,改造为以工业景观为背景的文化教育、休闲娱乐等设施。

"改造利用类"以改造再利用为主,点缀以工业历史符号和文化元素,同时注意掌握产业引入与其整体风格的协调。

(二)强化顶层设计,完善政策支持体系

结合城市功能的整体规划,坚持整体性、前瞻性和生态先行的原则,强化顶层设计,推动广州工业遗产保护与城市功能规划的协调和融合,让工业遗产成为广州市内的地标建筑、城市精神载体。对分散的工业遗产进行整合规划,促进城市环境、文化、社会、经济等多维度的全面复兴。研究解决工业遗产在保护与活化过程中出现的用地性质、权益期限、经营业态所涉及的规划建设、消防、工商等多重审批问题,可同时出台税收、财政专项资金、土地使用等政策鼓励引导社会团体、企业和个人参与工业遗产的保护利用,激活工业遗产保护与活化投资市场的积极性。统筹保护和活化的关系,进一步建立因地制宜、"一处一方案"的管理机制,为相关企业、园区搭建平台,逐步有序引导工业遗产的活化利用。

(三)创新产业经营模式,提升保护活化品质

以促进现代服务业与工业遗产的深度融合为突破口,探索创新工业遗产的活化运营模式,避免同质化倾向。一是将工业遗产和旅游产业相结合,开发工业旅游观光产业,适当延伸发展工业文化研学旅游。以研学旅游作为载体,将工业遗产作为研学活动的核心,不但能对工业遗产的建筑空间进行适应性利用,也可加强对现代工业工艺流程的深刻理解,进而开发具有高度体验感、历史人文与科普教育结合的工业旅游(研学)项目,打造具有地域和行业特色的工业旅游线路。二是将工业遗产和文化产业相

第二部分 城市文化综合实力出新出彩篇

结合，开发工业文化产业。建设工业博物馆、工业展览馆、工业主题公园等公益设施，发掘整理各类遗存，完善收藏、保护、研究、展示和教育功能。充分利用信息技术和新传媒手段，开展有关工业的文艺作品创作、展览、科普和爱国主义教育等活动，弘扬工匠精神、劳模精神和企业家精神，促进工业文化繁荣发展。

（赵宏宇，王志明）

推进古村落保护发展　维系乡村文化根脉

【提要】古村落积淀了丰富历史信息和深厚文化底蕴，维系着乡村文化的根脉。当前广东古村落面临着经济、社会、文化等方面因素的冲击，政府对古村落的保护缺乏顶层设计，村一级对古村落的保护开发不力，古村落开发受到多种不利因素制约。建议：进一步加强顶层设计，发挥村的保护开发主体作用，探索多渠道、多类型的资金支持措施，结合古村落文化特色、自然环境、区位交通和经济基础等条件，探索实施政府、村民、企业（社会主体）等多方参与、利益平衡的保护利用途经，提升古村落保护开发质量。

习近平总书记多次强调，建设美丽乡村，"不能大拆大建，特别是古村落要保护好"。①古村落（又称"传统村落"）积淀了丰富历史信息和深厚文化底蕴，是乡愁、乡音、乡情的纽带，维系着乡村文化的根脉。在我国全面推进乡村振兴的背景下，古村落还存在保护不足、开发不够、振兴不力等问题，亟待引起重视并加以解决。广东作为改革开放前沿地，古村落面临的经济、社会、文化等各方面因素的冲击更为突出，古村落的建设模式和运作方案值得关注和研究。

一、广东省古村落保护和发展概况

（一）广东省古村落基本情况

广东古村落作为传统农耕生活载体，分为广府、客家、潮汕和雷州

---

① 习近平. 在湖北考察时的重要讲话，2013年7月23日。

四大民系，是岭南文化的物化积淀和有力见证，具有重要文化价值和保护意义。目前，广东省共有263条村被列入住建部公布的中国传统村落名录，其中25条村被建设部和国家文物局评为"中国历史文化名村"，数量在全国所有省级行政单位中名列前茅。为充分发挥省内众多古村落的传统底蕴和文化价值，广东省先后出台《关于加强历史建筑保护的若干意见》《广东省传统村落保护利用办法》《广东省乡村休闲产业"十四五"规划》《广东省乡村振兴促进条例》等政策文件，促进古村落利用自身优势实现振兴发展。2021年国庆假期期间，尽管受到疫情影响，广东省内14段古驿道重点区域接待游客仍达到207.2万人次，71个乡村旅游点和历史古村落接待游客多达136.2万人次，跟古村落关联的乡村旅游热度不减。

（二）广东古村落保护和发展的主要模式

一是争取上级支持，加强文物建筑和传统文化保护，打造文化保护示范区。例如，梅州市梅县区获得2022年传统村落集中连片保护利用示范县资格，预计两年内可获得4500万元中央资金补助，目前该区有24个传统村落，是广东省传统村落数量最多的县区，其中有15个传统村落获中央专项资金支持。开平市的自力村、锦江里村以及马降龙村等古村落，其特有的"开平碉楼与村落"在2007年被评为世界文化遗产，由此获取巨额财政保障资金。二是强化企业合作，围绕古建筑景点，开发商业旅游价值。例如，台山市草坪村活化利用村内青砖老房、祠堂书塾等特色建筑，同时引入商业业态，合理划分乡村民宿、农田体验、餐饮娱乐等功能区域，现已成为当地的网红打卡点。德庆县内的金林水乡交由南湖国旅接手经营，和龙母庙、盘龙峡等旅游景区形成完善的组合线路，游客数量大幅增加。三是提炼文化符号，整合旅游资源，打造特色文旅项目。佛山市将崇尚翰林文化的松塘村、以六祖禅修闻名的百西村头村，与5A级风景区西樵山串联，建立"山水+国学+禅修"的古村落群文化旅游区。广州市花都区结合炭步芋头节、赤坭春耕节、梯面油菜花节等地域特色文化活动，围绕节庆特色开发商旅文综合产品和项目，打造兼具时尚与传统、既有时代特征又有地域印记的岭南文化旅游品牌。

（三）古村落发展优秀案例

广东省古村落保护和发展业已形成较为成熟、可资借鉴的多种模式，以广州市花都区炭步镇朗头村（又称塱头村）为例，该村同步抓好古村落文化保护和乡村振兴，先后获得了"国家AAA级旅游景区""中国历史文化名村""中国传统村落""广东旅游名村""广东省文物保护单位"等荣誉称号。该村于元朝至正二十七年（1367年）立村，至今已有600多年。村内保存古建筑群有388座，明清年代的青砖建筑近200座，是迄今为止广东保存规模最大的古村落之一。该村弘扬古村落文化、实现乡村振兴的举措主要有以下几项：一是引入国学机构。深入挖掘"科举之乡"文化底蕴，引入"明伦书院""慧德书院""塱朗书屋"等数家国学传播机构，将国学精粹和文化旅游相结合，主要面向中小学生，以假期组织游学营的形式，进行小规模驻村式集中授课，形成独具特色的传统文化教学体验。二是建设特色场馆。基于该村岭南文化的传承，以古村建筑整体保护性开发为前提，聘请台湾文创人打造"抱朴""进士屋""琴斋"三座古民居博物馆和八座具有朗头特色的古民居陈列馆，与古建筑相映成趣，形成具有独特观赏价值和文化韵味的特色景观。三是举办民俗活动。将传统民俗活动与商业运作相结合，举办芋头文化节、古村落旅游文化节、荷花节摄影大赛、元宵节投灯游灯、中秋烧禾楼、重阳节敬老等民俗活动，形成地方特色鲜明的文化体验。四是强化企业合作。2021年，朗头村与广东省唯品会慈善基金会达成合作协议，以实现乡村文化振兴的美好愿景为核心，着眼该村的传统建筑、耕读文化、名人事迹，打造图书馆、展览馆、剧场场馆等文化建筑，强化商业旅游、文化体验以及休闲娱乐等功能，建设具有地方特色的历史文化名村。

二、面临的主要问题

（一）政府对古村落的保护缺乏顶层设计

一是相关法律法规尚未完善。广东省出台了古村落保护的法规条例和政策措施，但各地未根据地域实际出台相应的地方性法规，实施过程中针对性和可操作性不强。如，农村实行"一户一宅"的国家政策，缺乏基于地方实际的灵活调整机制，导致古村落内部分村民不得不拆旧屋建新房，或者在自行改造旧屋过程中对古建筑的传统风貌和建筑文化造成严重破坏。二是产权问题制约保护和开发工作开展。古村落大部分老建筑属于私人所有，因其保护和修缮需要专业资质和大量资金，村民个人难以实施。如由政府牵头实施，一方面给财政造成巨大负担，另一方面老建筑的所有权并未改变，这种使用公共资源进行私人物业修缮的做法难以推行。如政府采用回收产权的方式进行集中开发，则需要耗费更长时间和更多人力、物力、财力。三是管理部门沟通协作机制尚未健全。古村落历史文化保护和乡村发展涉及众多管理部门，各部门往往根据自身工作需要出发编制相应的专项规划，如旅游规划、美丽乡村规划、名村建设规划、传统村落保护发展规划等，缺乏统筹安排，造成规划内容的重复和冲突，实施中的反复、矛盾，浪费资源的同时对古村落造成不可挽回的破坏和损失。

（二）村一级对古村落的保护开发不力

一是村的保护开发主动性不强。由于古建筑开发需要资金等投入大、实施过程复杂、回报周期长，短时间内难以增加村民和村集体的收入，村委对该项工作缺乏主动性，使得村民对古建筑民居保护和利用缺乏共识和参与热情。二是人口流失导致传统文化的传承断层。随着外出务工人口增多，部分古村落的建筑长时间无人居住而走向破败，跟古村落关联的传统文化趋于消亡。三是保护开发模式趋同。许多古村落保护利用目标不明确，忽视村落所处区位的经济、交通和周边资源情况，照搬套用其他村落的发展模式，依赖建立博物馆和旅游开发，商业模式未能贴合村落自身的历史文化价值特色，可持续性保护发展难以为继。

（三）古村落开发受到多种不利因素制约

一是整体环境和配套有待改善。不少古村落位置偏远，发展相对落后，水、电、网络、交通等基础设施配套欠佳，饮食住宿条件不完善，降低了游客前往的意愿。二是古村落开发难度大。进行古村落的旅游开发，首先要进行古建筑的修复、村容村貌的整治、基础设施和服务设施的完善，需要大量的前期资金投入，超出大多数村集体、个人或企业的承受能力，对社会资本的吸引力不够。三是新冠疫情影响。很多地方政府都出台政策要求居民减少跨区域流动、减少不必要的人员聚集，并要求景点单位在出现疫情时暂时关闭，大大降低了乡村旅游产业的收入、提高了经营成本，使以旅游产业为核心的乡村振兴计划难以实现。

三、对策与建议

（一）进一步加强顶层设计

一是因地制宜出台地方古村落保护法规或条例。建议由地方政府主持，组织住建、国土、规划、农业、文化、旅游等相关部门参与，针对当地古村落保护利用实际，研究制定专门性地方法规或保护条例等，将各地古村落保护纳入法制化、规范化轨道。二是积极探索传统民居产权制度改革。建议积极开展古村落土地资源政策和传统民居产权制度改革方面的探索，试点推行传统民居产权制度改革，化解古建筑保护开发和产权私有之间的矛盾。三是加强组织保障体系建设。建议地方政府组织成立古村落保护领导小组或指挥部，设立涵盖领导成员、职能部门、专家团队、操作主体等不同层次、不同对象的联合工作机构，进一步明晰相关职能部门在古村落保护利用方面的职责分工，综合协调和研究解决重大问题，进一步增强工作合力。

（二）进一步发挥村的保护开发主体作用

一是加强党建引领。由村党支部书记牵头，组织党员干部学习有关乡村振兴、传统文化保护、旅游行业提振等方面的政策文件。加强日常与村民的沟通，及时宣传解释重点政策，作出重大决策前充分听取村民意见建议，争取村民的理解和支持。二是鼓励村民参与。加强古村落保护宣传教育，探索将古建筑保护开发与村民分红挂钩，进一步增强村民主动参与的积极性。三是突出文化特色。以古村落独特的文物建筑和历史背景为核心，注重文物展览、建筑游览、传统文化介绍等突显地方文化特色的项目内容，建设有独特竞争力的传统文化旅游产业。

（三）进一步优化古村落保护开发环境

一是探索多渠道、多类型的资金支持措施。积极探索推动补助、无息贷款、贴息贷款等多种方式综合支持传统民居保护和基础设施建设。政府牵头整合各类涉农资金向传统村落倾斜，并鼓励本土乡贤、企业家回乡及相关社会力量通过捐资、投资、租赁等多渠道参与传统村落的保护。二是选择合理的保护利用途径。结合古村落文化特色、自然环境、区位交通和经济基础等条件，探索实施政府、村民、企业（社会主体）等多方参与、利益平衡的保护利用途经。三是提升古村落保护开发质量。完善村域水、电、网络、交通、食宿等基础设施建设，强化文物建筑的修葺和保护，提升对外来游客的吸引力。进一步拓宽文化产业类别，围绕古村落的独特文化特色，开发旅游以外的文化产业项目，提升古村落产业竞争力。

（巫晓畅）

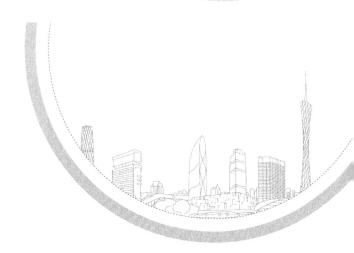

第三部分
现代服务业出新出彩篇

建设中国企业"走出去"综合服务基地
推动南沙建设高水平对外开放门户

【提要】建设中国企业"走出去"综合服务基地，是深入贯彻落实《粤港澳大湾区发展规划纲要》和《南沙方案》，推动南沙建设高水平对外开放门户的关键举措。目前，新一轮国际经贸规则面临重构，国际投资环境日趋复杂，全球供应链分工格局面临重塑，这些新变化对建设中国企业"走出去"服务体系提出新要求。本报告在借鉴香港贸发局经验基础上，针对南沙建设企业"走出去"综合服务基地提出四点建议：一是发挥政府作用，搭建企业"走出去"政府公共服务平台；二是借鉴先进经验，建立企业"走出去"线上线下一体化信息服务平台；三是加强与"一带一路"与自贸区战略对接，提升企业"走出去"综合竞争力；四是深化与港澳全面合作，不断提升企业"走出去"综合服务能力。

建设中国企业"走出去"综合服务基地，是贯彻落实《粤港澳大湾区发展规划纲要》与《南沙方案》、推动南沙建设高水平对外开放门户的关键举措，是打造新时代改革开放新高地的重要支撑。建设中国企业"走出去"综合服务基地要基于国内外环境新变化和广州对外贸易投资整体优势，为全国各类企业"走出去"开展国际化投资经营，提供一站式、全方位、综合性的服务。

一、中国企业"走出去"面临的新问题和新挑战

实施企业"走出去"战略是新形势下我国对外开放推向新阶段的重

大战略举措，是充分利用国际国内两种资源，最大程度参与国际分工和国际市场竞争的必然选择。近年来，我国对外投资成效显著，规模不断扩大，质量不断提升。然而，中国企业在"走出去"过程中仍然面临着信息不对称、资源碎片化、风险防范能力弱等传统问题和挑战。具体表现为：一是目前海外项目并购成功率不足30%，资源能源领域并购成功率更低，企业对外投资成功率有待提高；二是企业盲目投资、恶意竞价、恶性竞争问题仍然比较突出，企业"抱团出海"合力有待提升；三是企业因为信息不对称，对外投资定位不准确，"去哪里，如何去"问题亟须政府提供指导。

随着企业"走出去"步伐加快，我国企业"走出去"公共服务平台也在不断发展完善，在破解上述传统问题和挑战方面发挥了重要作用。目前，随着国际国内环境发生新变化，中国企业"走出去"又面临着新问题和新挑战，对加强企业"走出去"服务体系建设提出了新要求。

一是新一轮国际经贸规则面临重构，如何引导企业对接国际规则成为重点。当前WTO谈判停滞不前，而区域经贸合作机制加快建立，以《全面与进步跨太平洋伙伴关系协定》（CPTPP）、美墨加协定（USMCA）、《欧盟—日本经济伙伴关系协议》（EPA）为代表的高标准自贸规则正在重塑。新一轮经贸规则谈判重心从"边境规则"向"边境内规则"扩展延伸、谈判的焦点聚焦于服务贸易、数字贸易、规则对接等新兴领域。这就要求中国企业"走出去"时要适应全球新一轮国际经贸规则重构大趋势。如何不断完善开放发展的制度环境，推动国内产品、技术、标准和市场规则进一步与国际接轨成为推动企业"走出去"的重点内容。

二是国际投资环境日趋复杂，如何引导企业防范化解境外投资风险成为关键。目前全球经济面临下行压力，投资不确定性增加。全球投资保护主义大幅度增加，许多国家采取多种手段保护本国的优势技术，部分国家开始收紧外资安全审查相关政策，全球跨境投资监管趋严。许多发达国家纷纷加强外商投资审查，将关键基础设施、关键技术、敏感数据等领域的外商投资纳入审查范围，并以保护国家安全为由对外商投资进行限制。我国企业对外投资合作面临的难度和风险加大。世界范围内尤其是发达国家对外资的审查力度加大，企业"走出去"难度加大。如何进一步健全海外投资风险防范机制，完善企业"走出去"风险防范体系，引导企业积极主动防范化解境外投资风险成为关键。

三是全球供应链分工格局面临重塑，如何引导企业参与全球产业链、供应链重塑成为难点。当前，疫情在全球范围蔓延，对全球经济造成了巨大冲击。疫情防控引发了供应链危机，全球制造业供应链面临中断危机。一些和我国产业链联系比较紧密的地区如日本、韩国、欧美等供应链面临生产停滞风险，一些对外依存度比较高的产业链环节比如机电、电子信息、汽车等领域也受到比较大的冲击。部分外贸进出口企业面临着国外物流中断、订单转移等诸多挑战，这对企业后续生产经营和市场开拓带来较大压力。全球化智库CCG研究指出，中国企业"走出去"应重点关注如何参与全球产业链、供应链重塑问题。因此，如何利用重大国家发展战略机遇，通过更好利用国内国际两个市场、两种资源，引导"走出去"企业增强产业链供应链自主可控能力是一个亟待关注的问题。

二、香港贸发局为企业"走出去"提供综合服务的经验值得借鉴

在为企业"走出去"提供综合服务方面，香港贸发局的模式具有代表性。1966年香港贸发局成立后，主要目标在于向世界市场推广香港的产品与服务；为香港企业开拓及扩展市场；巩固香港作为国际商贸中心的地位；加强推广香港市场开放及公平贸易的国际形象；协助香港中小企业提升竞争力；促进香港、内地和海外公司的三方合作。香港贸发局在促进企业"走出去"服务方面积累了丰富的经验借鉴，总体可归纳为以下三个方面：

（一）建设完善的贸易信息服务体系，为企业"走出去"提供一站式信息服务

在信息收集方面，香港贸发局将贸易信息分为五类：宏观经济环境信息、贸易规则方面的信息、行业发展信息、产品信息和公司及企业信息。

各类信息主要通过贸发局研究部和海外办事处进行搜集。

在信息加工方面，贸发局总部设有数据加工处理中心，负责把从各方面搜集到的信息进行筛选、分类等加工，以提高信息的使用价值。信息加工由专门人员根据特定的目标进行，计算机人员则负责提供技术支持。

在信息咨询方面，香港贸发局通过多种途径为企业提供信息咨询服务。一是出版各类商贸刊物，如《国际市场简讯》《中国商情快讯》等反映市场信息的刊物，《商贸指南》《贸易前哨》等研究报告，《中小企业通讯》等为中小企业提供各类信息以及面向世界各地进口商的产品杂志、行业指南和工商名录，等等。二是建立商贸图书馆。商贸图书馆资料非常齐全，世界各地中小企业的资料一应俱全，这些资料被按照装修、玩具、服装、城镇化等分门别类地存放，无论是纸质资料还是电子资料，在这里都能找到。三是提供贸易咨询服务。贸发局建立了全亚洲最具规模的商贸联系资料库，当前信息超过60万条，其中包括10万家香港公司、35万家海外公司及15万家内地企业的资料。贸发局提供24小时电脑化商贸咨询服务。由于贸发局与设在全球34个国家和地区的51个办事处联网，客户可以通过电话、电子邮件或传真，通过任一办事处即可获得其提供的贸易咨询服务。

（二）打造完备的全链条政府公共服务体系，为企业"走出去"提供全方位政务服务

在政策对接方面，香港贸发局已在全球成立了40多个办事处及顾问办事处，遍及日本、韩国、印度、美国、巴西、英国、法国、意大利荷兰、瑞典、俄罗斯、南非及沙特阿拉伯等地。香港贸发局除了在内地开设了13个办事处，也跟广东省推进粤港澳大湾区建设领导小组办公室、深圳市贸促委、福田区人民政府及五个大湾区内地城市及地区签署合作协议，在深圳设立了"香港贸发局大湾区服务中心"，携手南沙开发区管委会设立南沙"港商服务站"，在珠海横琴、东莞、中山开设"GoGBA 港商服务站"，通过组织两地政府、业界高层会面，磋商政策落实执行的细节，通过举办商贸代表团及投资洽谈活动促成商贸合作，探索两地企业共同开发

拓展海外新兴市场新模式。

在商贸配对服务方面，香港贸发局把两地的营商者，包括制造商、分销商、相关专业人士如法律、会计、市场营销的专业人才配合，形成一条强而有效的生产线，协助他们拓展香港、内地以至海外市场。为了帮助广大中小企业拓展海外市场，贸发局每年举办30多场展会，涵盖服装、珠宝、电子、食品、家居、建材、影视、环保等多个领域。通过举办展览会、趋势讲座、专业研讨会、产品推广及发布会、买家论坛等活动，分析市场机遇，加强商贸投资配对环节，帮助企业寻求海外商机，助力企业走向国际市场。

在跟踪服务方面，香港贸发局中小企业服务中心定期开展为中小企业者定制的各类培训、讲座、研讨会、商贸沙龙等活动，就中小企业者遇到的会计、金融、法律等方面的问题以及风险防范，有针对性地给予帮助。香港贸发局每年还会举办民营企业高级培训管理班，解决企业外贸管理人才不足的问题。在企业融资和上市方面，香港金融业界也可以为内地企业提供良好的咨询和代办服务。同时，为帮助更多港资企业在大湾区发展，2021年6月，香港贸发局还推出了湾区经贸通（"GoGBA一站式平台"）微信简易小程序，通过线上提供信息、培训、咨询、活动及支持平台等服务，支持企业把握发展机遇，不断拓展国际市场。

（三）探索针对不同企业的差异化服务模式，为企业"走出去"提供精准的市场化服务

针对不同类型的企业需求，香港贸发局协助内地企业"走出去"也采用不同的服务模式。一是对于具有相当规模、运营情况良好的民营企业，贸发局会邀请部分企业所有人或者经营负责人共赴香港参观考察。在港期间，贸发局会邀请香港知名服务业提供商为考察团介绍香港的优势，安排参观香港的相关机构，并且提供和相关行业港商交流的机会。二是对于个别著名的民营企业，香港贸发局将根据企业与香港公司在资金、技术、管理、市场营销等方面的合作需求，为该企业量身定做参观考察日程。三是对于内地蓬勃发展的中小企业，香港贸发局可以为其提供专门的短期培训，协助企业走向国际市场。

三、南沙建设企业"走出去"综合服务基地的四点建议

（一）发挥政府作用，搭建企业"走出去"政府公共服务平台

一是利用各种平台、渠道为企业走出去创造条件。要充分用好工商联、贸促会、商会和行业协会等平台，通过国外驻华驻穗机构，友好城市商会、华侨团体等，把握好广交会等机遇开展各种形式的投资合作交流，争取广州市企业的产品、品牌、项目和资本走出去。发挥外国驻穗领事馆集聚优势，深入对接"一带一路"沿线国家和地区发展需要，整合珠三角优势产能、国际经贸服务机构等"走出去"资源，加强与香港专业服务机构合作，共同构建线上线下一体化的国际投融资综合服务体系。

二是充分发挥中国贸促会自贸协定服务中心作用，增强企业利用自贸协定意识，利用自贸协定进行供应链布局和投资规划等全局性战略管理，更好开拓多元化市场。

三是充分发挥广州南沙粤港合作咨询委员会和咨委会服务中心作用，推动政府服务前移、项目对接前移和人员交流交往前移，以国际化视野主动引资引智引技，推动与香港在金融合作、科技创新、航运物流、专业服务等优势产业对接，进一步畅通南沙与香港双向联络沟通渠道，积极开展联络沟通、对接服务、宣传推介等工作。

（二）借鉴先进经验，建立企业"走出去"线上线下一体化信息服务平台

一是借鉴香港贸发局经验，可以利用知识服务机构、中国企业海外分支机构等来搜集海外投资项目的最新资讯，加强商贸投资配对环节，提供网站咨询，为更多"走出去"企业找到新客户、新市场。

二是建立全球招商网、建设国别投资环境信息库、境外合作项目信息库、国际承包工程招投标资料库等平台，为企业提供国外环境、市场需求、重大项目等公共基础信息服务，争取比国际同行竞争对手领先一步并规避相关风险。

三是借鉴广东省WTO/TBT通报咨询研究中心模式，打造经贸通一体化

数字化平台，信息内容涵盖国内外经济最新形势、产业发展趋势及企业和产品发展趋势不同层面的资讯和国际经贸规则信息，及时跟踪传递最新动态；建立经贸活动预警体系，常态化开展专题研究，为政府提供专业领域的产业政策研究服务，为企业防范风险提供专业指导。

（三）加强与"一带一路"与自贸区战略对接，提升企业"走出去"综合竞争力

一是积极参与"一带一路"建设，增强产业链供应链自主可控能力。"一带一路"建设是我国扩大对外开放的重大战略举措，也是今后一段时间对外开放的工作重点。广州要紧紧抓住国家落实"一带一路"倡议的机遇，发挥广州作为海上丝绸之路发祥地及我国海陆交汇结合部的优势，依托国际航空枢纽、国际航运枢纽和国际商贸物流枢纽建设，建设海上、陆上和空中丝绸之路及商贸物流大通道，以设施联通、贸易畅通、资金融通、人文交流等为重点加强与"一带一路"沿线及全球城市的合作交流。促进与"一带一路"沿线国家国际产能合作，形成面向全球的贸易、投融资、生产、服务网络，加快培育国际经济合作和竞争新优势。加强对广州市企业海外并购的引导，规范广州市企业海外经营行为，增强企业核心竞争力。通过更好利用国内国际两个市场、两种资源，增强产业链供应链自主可控能力。

二是积极参与中国—东盟自由贸易区升级版建设，开展重点领域开放合作。积极拓展广州商贸、金融、会展、现代物流等服务业辐射半径，加强泰国、越南、马来西亚、印尼等一带一路沿线国家在机械、电子、家电、汽车、纺织、食品、医药、家具等领域的生产、销售合作，加强与印尼、马来西亚、缅甸、老挝、巴基斯坦等资源丰富国家在矿产资源深加工领域合作等。积极促进企业走出去，全面提高企业的国际竞争力。

三是积极对接RCEP 、CPTPP等区域贸易协定，不断提升规则标准等"软联通"水平。《南沙自贸片区对标RCEP CPTPP进一步深化改革扩大开放试点措施》（以下简称"《试点措施》"）已经发布，成为全国首个对标RCEP、CPTPP双协定的自贸区集成性创新举措，《试点措施》从贸易自由便利、投资自由便利、数据人员等要素流动便利、金融服务、强化竞争政策实施和绿色发展等六个方面，精准对标RCEP和CPTPP，提出了兼具国家格局和南沙特色的17条措施。建议以《试点措施》为引领，聚焦对标RCEP和CPTPP的突出难题，积极应对数字经济、贸易知识产权保护等新趋势新热点问题，着力打造贸易便利化和投资便利化营商环境，不断提升企业在国际市场上的竞争力。

（四）深化与港澳全面合作，不断提升企业"走出去"综合服务能力

2003年，内地与香港、澳门特区政府分别签署了内地与香港、澳门《关于建立更紧密经贸关系的安排》（以下简称"CEPA"），2004年、2005年、2006年又分别签署了《补充协议》、《补充协议二》和《补充协议三》。多年来，CEPA内容不断丰富升级，内地与香港之间经贸投资自由化、便利化、经济一体化水平不断提升。要充分利用港澳资源优势，降低企业对接港澳各类资源要素的成本，不断提升综合服务能力。

一是依托港澳资源优势，建立健全国际投融资体系。要落实好《粤港澳大湾区发展规划纲要》战略部署，聚焦粤港澳全面合作示范区，积极建设广深港科技创新走廊，推进粤港产业深度合作园建设。加大穗港金融合作，参与组建粤港澳大湾区建设基金，推动设立粤港澳大湾区商业银行，携手港澳发展离岸金融。依托港澳配套环境、金融服务优势，降低资金成本，提升金融服务品质。积极开辟离岸人民币存贷款、贸易投融资、中长期债券，人民币期货、期权等业务，为"走出去"企业利用离岸中心提供专业化服务。

二是不断扩大开放，促进内地与港澳服务业不断融合发展。2014和2015年，内地与香港分别签署了CEPA《广东协议》和《服务贸易协议》，以负面清单管理模式，大幅扩大了内地对香港服务业开放的深度和广度。多年来，CEPA通过降低香港企业和专业人士进入内地市场的门槛，在金融、法律、建筑、影视、旅游等领域对专业人士放宽资质要求等，促进内地与香港的服务业不断融合发展。建议重点引入港澳会计审计、企业咨询、建筑设计等专业服务机构入驻，鼓励在南沙组建国际性行

业商会或综合性商会，打造服务贸易综合示范区。

三是拓展政策对接领域，探索创新要素跨境合作新模式。因两地市场、环境、法律体系和经济发展水平的差异，CEPA实施在很多领域的合作方面仍存在一些困惑与问题。建议进一步拓展与港澳在教育、医疗、健康养老、法律服务、知识产权、中介等领域政策对接，制定有利于人才、资本、信息、技术等创新要素跨境流动和区域融通的政策措施，探索创新要素跨境合作新模式。

（李世兰）

补齐国有经济金融短板
持续增强广州金融实力

【提要】与京、沪、深相比较，广州金融实力较弱是制约广州国有经济做大做强的一块短板。一是市属国有金融机构实力弱；二是金融对促进广州高质量发展和产业转型升级的带动作用有待提高；三是金融风险防范能力有待加强；四是市属国有金融机构人才流失严重，市场化激励机制缺乏。建议：支持市属金融机构做大做强；市属风险投资、创业投资机构对标学习"深创投"；优化金融风险防控机制，全面排查对房地产企业的贷款，排查网贷、理财机构等类金融机构的风险情况；创新国企管理层和员工的激励机制和考核机制。

市属金融机构是广州国有经济的重要组成部分，也是城市竞争力的重要体现。近年来，广州金融管理部门、金融系统发力追赶，成绩斐然，广州金融业实力持续增强，在全国大城市的排名不断靠前，但还存在一些不足之处。

一、广州国有经济的金融实力较弱

（一）市属国有金融机构实力不强

从注册地在广州的金融机构来分析。截至2020年末，广州全市分别拥有银行业法人金融机构3家、证券业法人金融机构2家和期货业6家，另有公募基金管理人5家和私募基金管理人849家。注册地在广州的非市属金融机构实力较好，但是广州的市属金融机构与同行相比排名靠后，实力较弱。具体行业排名见下表。

表1　广州市主要金融机构行业排名情况

行业名称		公司名称	同业排名	数据来源
银行业		广发银行	16	中国银行业协会发布的2020年中国银行业100强榜单（核心一级资本净额）
		广州农商银行	29	
		广州银行	36	
证券业		广发证券	6	中国证券业协会发布的2020年上半年①证券公司经营业绩排名情况（总资产）
		万联证券	47	
基金业	公募	易方达基金	2	Wind数据库统计公募基金公司管理规模情况（数据截止至2020年12月31日）
		广发基金	6	
		金鹰基金	64	
	私募	广金基金	–	私募基金行业排名暂未公开对外披露
		越秀产投	–	
		广州产投	–	
期货业		广发期货	13	中国期货业协会发布的2020年期货公司分类评价结果
		广金期货	68	
		广州期货	96	

从金融机构排名来看，2020年末，广州银行业中非市属的广发银行在全国银行业排名第16位，而广州农商银行和广州银行分别在全国行业中排

---

① 2020年数据暂未披露。

名仅为第29和第36位；证券业中非市属的广发证券在行业排名第6，而市属的万联证券在券商行业中排名仅47位；基金业中非市属的易方达基金、广发基金分别在全国公募基金行业中排名第2、第6，而市属的金鹰基金排名只有第64位；期货业中的广发期货在全国行业中排名第13，而市属的广州期货和广金期货分别在全国行业中排名第96和68位。总体来看，注册在广州的非市属法人金融机构实力中等偏上，但是广州市属法人金融机构资本实力和业务占比在全国的排名却比较靠后，没有行业头部金融机构，行业核心竞争力较弱。

金融机构实力弱直接影响到广州GDP和税收。金融业是高税收行业，需要的土地、人力、电力等资源少，而且没有工业的污染排放问题。2020年广州市金融业增加值2234亿元，而深圳市金融业增加值近4200亿元，上海金融业增加值7166亿元。广州金融业增加值仅为深圳的一半左右，不到上海的三分之一，差距甚大。广州金融业税收的贡献能力远低于深圳，深圳2020年金融业税收总共1472亿元，而广州市金融业税收仅489亿元，只相当于深圳的零头，与上海更不可比。

（二）金融对促进广州高质量发展和产业转型升级的带动作用有待提高

广州在创业投资和风险投资领域成绩一般。截至2021年12月底，广州累计上市公司数量224家。而深圳市创新投资集团有限公司（以下简称"深创投"）截至2021年5月31日孵化的上市公司数量就达到了188家。一个"深创投"孵化的上市公司数量接近整个广州上市公司数量。"深创投"投资战略新兴产业并扶持做大做强再到上市，有力地推动了深圳的高质量发展和产业转型升级。深创投在投资的项目还有1271个，为深圳后续发展提供了坚实的基础，而广州计划到2022年才培育出240家上市公司。

创业投资、风险投资不仅仅是扶持本地科技型中小企业的有力武器，也是招商引资的重要吸引条件。截至2021年6月底，深圳市在A股的上市公司数量达到355家，而广州仅148家，仅为深圳三分之一多。公司上市不仅仅是融资，更是一次质的飞跃，能为公司未来上下游产业链的兼并重组便利的使用资本市场，更能赢得上下游产业链的信赖从而做大做强。然而，近年来广州发行的大量基金大部分投入到基建等传统领域，对战略性新兴产业的投资不足，也对招商引资和产业结构转型起到的作用没有充分发挥。截至2020年末，11家区级基金管理公司累计投资49个项目，投资金额共计20.03亿元。广州金控下属的国企创新基金2020年投资12个项目，科技引导基金投资项目20个，投资的项目较少金额也较低。广州市属所有金融机构大量的母基金和子基金在孵化、培育、引进上市公司方面，与深创投的差距太大。对广州经济高质量发展和转型升级的带动作用还有很大提升空间。

（三）金融风险防范能力有待提升

近年来广州发生了一些金融风险事件。注册在海珠区的传销组织云联惠，涉案金额3300亿元，涉及200万投资者，给社会稳定和金融稳定带来了巨大风险。在广东火爆的猪坚强网络公司也在2021年8月31日被法院裁定破产，涉及3.34万名驾校学员，其中广州地区就2.1万名在学的驾校学员。广州首宗P2P"爆雷"的礼德财富集资诈骗案于2021年1月宣判获刑，案件涉及13亿元人民币，涉及1.7万投资者，爆发了千人以上的维权活动多次，严重影响了社会稳定和金融稳定。当前受到关注比较多的深圳恒大财富400亿元理财产品的兑付危机也值得广州高度警惕，特别要重点排查对房地产企业的贷款、信托投资和其他机构销售的债券等金融产品，预防房地产和此类财富管理公司风险的放大。此外，需要加强对银行的监管。广州市属某商业银行某支行原副行长陈某10年间集资诈骗6亿余元，埋下了一定程度的金融风险。同时，广州的网络赌博、网络虚假理财、冒充客服诈骗、婚恋诈骗等典型诈骗案件频发高发，是居民的财产安全和社会稳定的风险隐患。

（四）市属国有金融机构市场化激励机制缺乏，人才流失严重

对国有企业限薪是一项长期政策，但是应该考虑金融行业特殊性，设置专门的限薪政策，既符合国家人社部相关文件精神也适应大湾区体制机制创新的需要。广州金融机构高级管理人员薪酬相对偏低，导致了大量人才的流失。仅市属某商业银行就有三位高管离职到其他金融机构任职。基金公司情况也大同小异，广州某基金公司总经理在公司股权变更后离职。

这些银行、券商、基金公司的高中层管理人员离职，已经超出了正常的人员流动范围，需要创新薪酬体制机制才能留住并用好金融人才。

二、提升广州市属国资金融实力的对策建议

（一）支持市属金融机构兼并收购、异地展业做大做强

市属国有银行存在的最大问题是资本金过低，应争取通过上市补充资本金，才可能做大做强。另外积极争取市属银行在省内开设市外的分行，拓展业务范围。对于市属证券公司万联证券而言，最需要的是市场化的激励机制，从传统的经纪业务券商转型为综合金融服务商并加快在A股上市步伐。可以效仿东方财富证券这种互联网券商加财富管理模式，也可以效仿华泰证券通过兼并重组从做大经纪业务扩大市场份额到业务全面开花的快速发展模式。无论是开启互联网转型和异地营业部的拓展，还是发力财富管理业务，当务之急是上市融资。对于市属的广金期货、广金基金，应该通过市场化手段，全球招揽人才，设定市场化的薪酬和相应的考核机制，在新时代财富管理市场需求强大和共同富裕的时代背景下快速做大做强。

（二）市属风险投资、创业投资机构对标学习"深创投"

市属风险投资、创业投资机构应全面对标"深创投"经验，从管理团队、投资决策、激励机制、投后增值服务体制等方面进行改革创新，通过金融手段吸引和培育高科技企业，促进广州的产业结构转型升级和战略性新兴产业做大做强。

深创投的主要管理人员都是具有十多年相关行业经验的资深投资管理人员，每年招收来自全球顶尖名校的博士后人员超过20名，为公司源源不断地补充优秀人才。

投资决策方面以投资决策委员会为核心，由投资经理团队全程负责，包含项目筛选和初审、联合立项会、审慎调查、项目听证会、投资决策委员会、签订投资协议、投后管理、退出等一整套工作。同时，深创投还打造了"阳光下决策"和"全员参与"机制。主要做法就是：公司所有员工

都可以参加项目评审会，员工可以畅所欲言地在会上表达自己对项目的观点和看法。按照阳光决策的原则，投资决策委员会采用投票方式对所评审的项目进行表决，经过参加会议的三分之二以上投资决策委员会成员同意且没有被外部专家委员否决的项目，才可以进行投资。投资决策委员会主任、副主任则有一票否决权。深创投的这种决策机制，较好地保证了投资项目的质量，避免了关系项目和潜在利益输送的可能。

深创投为激发员工干事创业的热情，创新了企业激励约束机制。一是加大收益分享。从成立之初就建立了有别于传统国企的激励机制，将公司净利润的8%奖励给全体员工，将项目净收益的2%奖励给项目团队。通过这种较为领先的激励机制，公司吸引到一大批高素质专业人才。随着行业的发展和社会环境的变化，2016年，深创投进一步优化了这已显落后的机制，将净利润奖励比例提高到10%，项目净收益奖励比例提高到4%。新的激励机制和国际基本接轨，也收到了明显的效果，以往每年都有一定比例的优秀人员流出，新机制实施以来至今，没有一个人主动离职。二是推行超额奖励制度。2003年，深圳市国资委进一步完善了深创投的激励机制，明确在当年净利润高于平均净资产的一定比例时，超额部分提取一定比例给予高管奖励。同时，公司每年对所有员工进行评先评优，对超额完成任务的团队和优秀个人，授予荣誉称号并给予物质奖励，极大地调动了全体员工的积极性。

深创投建立了全面的增值服务体系。"三分投资、七分服务"是深创投的重要投资理念。深创投自成立以来，通过成功运营，积极探索出了一套全面的增值服务体系。主要包括：资本运作、管理提升、资源整合以及监督管理等。除投资团队为投资企业提供贴身服务外，集团层面早在2008年就创建了投资企业联谊俱乐部，每年持续举办论坛、培训等增值服务活动。2017年7月，深创投将原来的俱乐部升级为企业服务中心，并成为独立的部门，旨在促进增值服务的专业化、系统化、规范化、常态化。企业服务中心秉持"融商、融智、融未来"的理念，积极打造企业生态圈，帮助企业获得良好的产业链上下游、政府、金融等资源，通过各类型企业家联系活动，促进投资企业间资源和信息分享，为企业提供资本市场运作、并购等多方面的服务。

（三）优化金融风险防控机制，全面排查房地产企业贷款，加强对网贷、理财机构、融资中介等类金融机构的风险排查

当前广州面临的主要金融风险是房地产企业的债务问题。恒大集团面临近2万亿元的显性债务，可能还有一些没有进入公开财务报表的负债。当前广东高杠杆的房地产企业还有碧桂园、奥园、富力等大公司，在降杠杆和房住不炒的背景下，涉房地产企业融资已经成为金融系统的巨大风险隐患，不仅仅影响金融系统、房地产投资和经济增速，还影响到社会稳定。广州银行业应集中摸排涉房地产的贷款、信托理财产品、债券等的存量资产规模，提前采取措施规避可能发生的流动性和偿付性风险。此外，近年来广州的集资诈骗和电信诈骗也给本地区金融稳定带来隐患，2020年因为电信诈骗广州市居民损失超过60亿元，而且有愈演愈烈之势，因此从严打击电信诈骗非常必要。

（四）创新国企管理层和员工的激励机制和考核机制

根据国有企业的分类完善激励机制和考核机制，特别是激励机制。广州市属金融企业可以参考深圳和香港，对高级管理人员完成业绩目标有一定比例的业绩奖励，对于风险投资和创业投资机构，允许主办的投资经理跟投和进行盈利的分成，具体数量可以参考深创投。在考核和追责机制中应该贯彻落实"三个区分开来"，只要主观上不谋求私利或事实上不违法犯罪，允许一定的工作失误，在合理范围内一定程度上保护能干事会干事的同志。

（吴兆春）

深化粤港澳大湾区绿色金融合作研究

【提要】近年来，广州牢牢把握绿色金融改革创新试验区的使命和粤港澳大湾区（以下简称"大湾区"）合作发展的新平台定位，通过产品创新、规则衔接、试点先行以及机制建立等举措大力推进大湾区绿色金融合作，大湾区绿色金融协同效应显著增强。但也存在诸如规划指引缺失、标准体系不一、互联互通不畅以及交易平台匮乏等问题，一定程度上影响和制约了大湾区绿色金融合作的整体成效。建议：一是着力完善大湾区绿色金融合作的顶层设计；二是全力推动大湾区绿色金融市场体系的融合发展；三是大力强化绿色金融改革创新试验区的示范引领；四是奋力推进大湾区统一碳市场的规划建设；五是强力促进大湾区绿色金融领域人才资源的互联互通；六是倾力做好气候变化相关金融风险的防范应对。

绿色金融在服务经济社会绿色低碳转型、助力实现"双碳"目标过程中扮演着关键角色。大湾区拥有扎实的金融本底，金融资源丰富、金融基础设施完备、金融国际化程度较高，更重要的是，大湾区绿色金融发展多地开花，香港、澳门、广州、深圳四个中心城市绿色金融发展各有特色、各有侧重。"双碳"目标下，大湾区正迎来制造业转型升级、绿色金融赋能实体经济绿色发展的重大机遇期，深化粤港澳大湾区绿色金融合作不仅能为大湾区绿色发展提供有力支撑，也对推动大湾区深度融入国际金融市场、加快构建和引领绿色金融国际标准具有重要意义。

一、广州探索大湾区绿色金融合作创新的做法与成效

自试验区成立以来，广州紧紧围绕粤港澳大湾区合作发展的新平台定位，大力推进绿色金融改革创新，以花都为核心的试验区建设评价总分在全国各试验区中连续三次排名第一，为大湾区乃至全国绿色金融改革发展提供了有力的参考和借鉴。

（一）创新多元化绿色金融产品和服务

围绕绿色减排出行，运用绿色信贷支持广州公交车纯电动化置换，每年可减排二氧化碳超过65万吨，该项目获C40城市气候领导联盟市长峰会"绿色技术"奖。围绕绿色农业增产增收，创新生猪养殖"银行+保险+期货"服务模式和"绿色农保+"、蔬菜降雨气象指数保险等，推广运用林权抵押、环境权益抵押贷款，生猪抵押融资模式作为地区典型案例得到国家发改委认可并在全国复制推广。围绕民生建设，创新试点绿色产品食安心责任保险、农产品质量安心追溯保险、工程质量潜在缺陷保险（IDI）以及全国首创"药品置换责任保险等，新型绿色保险产品风险保障功能效果明显。

（二）建立绿色金融标准规范体系

积极参与国家标准制定工作，广州碳排放权交易中心牵头制定了《碳金融产品》《金融机构环境信息披露指南》《环境权益融资工具》等三项国家绿色金融行业标准，通过全国金融标准化技术委员会审查，并由人民银行、中国证监会正式发布。花都区联合香港品质保证局、澳门银行公会制定粤港澳大湾区碳排放权抵质押贷款业务和林业碳汇业务标准，推进大湾区绿色金融标准对接，试点成果已在全广东省范围推广。制定广东省广州市绿色金融改革创新试验区《绿色企业认证规范》和《绿色项目认证规范》，明确绿色企业和项目认定的内容和指标要求，为广州市绿色企业和项目认证提供技术指引。

（三）碳金融探索创新领先全国各试点

广州碳排放权交易中心碳配额现货交易量累计成交2亿吨，总成交金额达46.10亿元，占全国成交金额1/3以上，排名全国首位。入选广东省首

批碳普惠制试点城市，并上线全国首个城市碳普惠推广平台——广州碳普惠平台，大力倡导绿色低碳的生产生活消费模式。在广东省内首创林业碳汇生态补偿平台，实现生态补偿产品及项目的线上交易和对接，花都区梯面公益林碳普惠项目入选国家自然资源部第二批"生态产品价值实现"十大典型案例并在全国复制推广。

（四）形成大湾区绿色金融交流合作新格局

参与发起成立粤港澳大湾区绿色金融联盟，建立粤港澳绿色金融交流合作新机制，推动大湾区绿色金融标准共同开发、互认互通，深化大湾区绿色金融合作。率先探索开展环境信息披露试点工作，广州银行、广州农商银行等参与大湾区首批13家法人银行机构环境信息披露试点，标志着金融机构环境信息披露试点在大湾区正式启动。与香港品质保证局签订《推动绿色金融发展合作备忘录》，合作推动绿色金融技术和经验分享。制定《粤港澳大湾区绿色供应链金融服务指南——整车制造业》，并将绿色供应链管理指标体系拓展至电子制造业。

二、影响和制约大湾区绿色金融合作的主要问题

（一）绿色金融协同发展缺乏统一规划指引

2019年，《粤港澳大湾区发展规划纲要》确立了绿色发展、保护生态的基本原则，明确提出要在大湾区大力发展绿色金融。2020年，人民银行等四部门联合发布《关于金融支持粤港澳大湾区建设的意见》，进一步强调要推动大湾区绿色金融合作。目前，广州、深圳、香港、澳门四个中心城市和各重要节点城市均已在绿色金融上发力，为推动绿色金融创新营造了良好环境，大力发展绿色金融已成为粤港澳三地的共识。但三地政府层面的绿色金融协调机制尚未建立，缺乏统一规划指引。

（二）绿色金融标准体系一体化水平有待提升

近年来，粤港澳三地绿色金融标准体系加快构建，虽有相互借鉴，但大湾区尚未形成统一的绿色金融标准体系。以金融机构环境信息披露为例，广州、深圳、香港的环境信息披露在标准、主体、内容、规则以及

形式等方面不尽相同，不利于大湾区绿色金融的跨区域合作和协调统筹发展。

（三）绿色金融产品互联互通仍存较多障碍

粤港澳三地绿色金融产品体系各有特色、侧重不同，形成互补格局。但由于监管、标准、程序等方面的差异，三地绿色金融产品难以互认。以绿色债券为例，由于缺乏境内外信息交流机制，境内企业和金融机构对境外发行债券的政策和流程普遍不了解，加之境外发行绿色债券审批流程复杂、手续烦琐、发债周期长，内地企业赴港澳发行绿色债券动力不足，绿色债券市场互联互通尚未实现。

（四）碳市场交易平台功能尚未凸显

碳市场是国际社会广泛认可的市场化减排工具。大湾区拥有广州、深圳两个碳排放权交易所，香港交易所2020年推出了可持续及绿色交易所STAGE，广州期货交易所也于2021年2月注册设立。但由于初始碳配额分配机制不同、碳市场监管体系不同，广深两地碳配额还不能跨市场交易和互认流通，粤港澳之间更是缺少统一互认的碳交易平台。

三、持续深化大湾区绿色金融合作的政策建议

（一）着力完善大湾区绿色金融合作的顶层设计

一是尽快建立并完善大湾区绿色金融发展的区域统筹协调机制。组建由国家金融管理部门会同粤港澳三地政府相关部门参与的大湾区绿色金融专项工作小组，统筹规划大湾区绿色金融工作。二是制订大湾区绿色金融发展规划。根据大湾区内各地区的产业资源禀赋与区位特征，明确大湾区绿色金融合作模式，以香港、澳门、深圳、广州四个城市为主轴，将大湾区的绿色金融总体合作模式定位为"双核驱动，互联互通，优势互补，集聚发展"，以香港的国际绿色金融中心和广州的国家级绿色金融改革创新试验区为双核心，培育整个大湾区的绿色金融合作平台。各城市分工协作、错位发展，以香港、澳门、深圳、广州为主的资本雄厚城市侧重建设绿色融资服务区，以佛山、东莞、江门、中山为主的制造业主导城市侧重

建设绿色产业集聚区，珠海、惠州、肇庆等生态环保和自然资源丰富的城市同时建设绿水青山示范区。三是发挥粤港澳大湾区绿色金融联盟作用，搭建粤港澳三地联系沟通和信息共享平台，促进大湾区绿色金融业界与政府及监管部门间的合作。

（二）全力推动大湾区绿色金融市场体系的融合发展

一是加强大湾区绿色金融标准互认，统一大湾区绿色金融标准体系。组建大湾区绿色金融标准工作组，研究推动三地绿色金融产品标准、绿色企业和项目认定标准、绿色信用评级评估标准、绿色金融统计标准等标准的融合。二是加强大湾区绿色金融信息互通互享，促进金融资源与绿色项目有效对接。搭建大湾区绿色企业和项目融资对接平台，统筹管理粤港澳绿色企业和项目信息及绿色金融产品信息，实现银企融资有效对接。三是加强大湾区市场体系互联互通，充分发挥市场在资源配置中的决定性作用。鼓励内地企业赴港澳发行绿色债券，在深圳试点开展境外发行人民币地方政府债券为境内绿色项目融资，支持广州打造立足粤港澳大湾区、面向全球的跨境理财和资管中心，推动金融产品对接。

（三）大力强化绿色金融改革创新试验区的示范引领

一是加快广州绿色金融改革创新试验区的成功经验在大湾区复制推广，支持试验区升格为示范区，扩大其辐射范围。二是以广州试验区为核心区，推动大湾区率先在绿色金融标准体系建设、金融机构和企业环境信息披露、金融机构绿色金融业绩评价、基础设施互通、产品和市场创新等方面大胆探索，继续保持大湾区在绿色金融发展中的排头兵地位。三是支持广州设立绿色金融产品创新实验室、绿色金融培训中心、绿色金融研究中心等组织机构，加强示范区绿色金融产品研发、政策研究和能力培训。四是加快发展服务绿色金融的绿色认证、评级、碳减排核算、碳中和登记、绿色资产评估等专业中介服务机构，提升服务大湾区绿色金融发展的能力。

（四）奋力推进大湾区统一碳市场的规划建设

一是依托广州碳排放权交易中心，整合广州、深圳、香港等地碳排放权交易资源，搭建粤港澳大湾区碳排放权交易所，服务大湾区全域碳排放权交易。二是依托粤港澳三地良好的自愿减排发展基础，率先从自愿减排机制入手，以广东省碳普惠机制作为政策借鉴，推动三地应对气候变化主管部门出台相关政策，加快三地碳普惠标准互认，推动自愿减排机制融合，以此为切入点推动碳市场融合。三是探索建立碳市场跨境交易机制，打通碳市场境内外交易渠道，吸引更多境外投资者参与广东碳市场，提升中国碳市场定价的国际影响力，促进大湾区碳金融市场发展、人民币国际化和经济绿色低碳发展的良性互动。

（五）强力促进大湾区绿色金融领域人才资源的互联互通

一是加强绿色金融人才培养，充分利用大湾区知名高校、一流研究中心众多等资源优势，加快推动绿色金融领域相关学科设置和三地绿色金融专业人才的联合培养，加强学术交流，增加大湾区绿色金融人才储备的数量和质量。二是促进绿色金融人才交流，积极支持通过岗位特聘、放宽人才签证、加大海外领军人才引进力度、深化外籍人才出入境管理便利化改革试点等措施，多渠道吸引境内外优秀人才加入到大湾区绿色金融合作领域，实现绿色金融增量人才资源向大湾区的聚集，实现大湾区绿色金融人才资源的互联互通。

（六）倾力做好气候变化相关金融风险的防范应对

一是建立健全大湾区碳核算体系，持续强化金融机构与企业环境信息披露要求，通过打造大湾区环境信息数据平台，推动上市公司、金融机构、发债主体、重点排放单位实现环境信息共享，完善气候变化相关风险评估的数据基础。二是推动金融机构开展环境风险压力测试，有效覆盖气候变化金融风险和经济绿色低碳的转型风险。建立起对气候转型风险的前瞻性判断和风险防范机制，不断强化应对气候变化金融风险的相关能力建设。三是鼓励金融机构运用金融科技赋能绿色金融，支持金融科技试点项目运用大数据、云计算以及人工智能等技术，为绿色金融、绿色供应链等业务开展和金融监管提供技术服务，提升绿色金融监测能力。

（徐容雅）

广深携手打造世界一流港口群 增强大湾区航运国际竞争力

【提要】广东省第十三次党代会指出"高标准规划建设世界一流港口群"。但目前以广州深圳为代表的港口群存在"大而不强"、港航区域规划协作不足、现代航运服务业发展较为缓慢、缺乏国家层面的专项政策支持、邮轮市场渗透率偏低、港口产业链面临整体升级等问题。建议：一是建议加快广州深圳港口资源及全省港口的整合；二是建议建设高端航运要素市场、发展增值性现代航运服务业；三是建议加快粤港澳大湾区邮轮产业发展；四是建议进一步提升港口绿色智慧化发展水平。

广东省第十三次党代会指出"高标准规划建设世界一流港口群"。港口是新时代广州深圳全面融入"一带一路"建设、交通强国建设、海洋强国建设、粤港澳大湾区建设等国家战略的重要资源，是准确把握新发展阶段、深入贯彻新发展理念、加快构建新发展格局、推动"十四五"时期高质量发展的重要抓手。《粤港澳大湾区发展规划纲要》提出，要增强广州、深圳国际航运综合服务功能，与香港形成优势互补、互惠共赢的港口、航运、物流和配套服务体系，增强港口群整体国际竞争力。"十四五"是推进粤港澳大湾区建设的关键时期，加快推动大湾区基础设施的互联互通，实现广州、深圳港口的协同联动、错位发展，携手打造国际一流航运枢纽，对于全面提升港口群整体国际竞争力，增强全球高端资源要素集聚辐射能力，具有十分重要的现实意义。

一、当前以深圳和广州为代表的大湾区港口群存在的差距和不足

在百年未有之大变局下，全球港口发展面临诸多挑战，全球产业分工体系不断调整，发达国家与发展中国家贸易摩擦加剧，贸易保护和单边贸易主义盛行，"逆全球化"导致全球产业链供应链面临断链、改链等多重风险，特别是新冠疫情还造成全球性港口拥堵，班轮公司频繁改港、甩港、调整航线业务，港口与航运产业面临集装箱价格剧烈波动、集装箱周转受阻等现实挑战，对广州港、深圳港代表国家参与全球港口竞争提出更高要求。当前，广深两港发展主要存在以下几个方面差距和不足：

（一）港口"大而不强"

根据挪威海事展、奥斯陆海运等知名国际机构联合发布的《全球海洋中心城市报告》（主要评分指标为航运、港口与物流、海事金融与法律、海事技术、吸引力与竞争力等五大指标），广州、深圳没有排进全球前50名。根据新华社联合波罗的海交易所编制的"2021国际航运中心发展指数"，广州和深圳均没有进入前10，其中广州排名第13、深圳排名第18（排名前10的分别是新加坡、伦敦、上海、香港、迪拜、鹿特丹、汉堡、雅典、纽约、宁波）。该指数包含3个一级指标，16个二级指标，从港口条件、航运服务和综合环境三个维度对全球43个样本城市的阶段性综合实力予以评估，从前10强看，5个位于亚洲、4个位于欧洲、1个位于美洲；新加坡保持领先态势，连续7年夺冠；伦敦凭借高端航运服务的优势积累，重回次席；上海首次位列三甲，依托上海国际航运中心的枢纽功能，在航运硬件和软件建设上持续发力，发挥全球资源配置作用"千里运空箱"，以"输血"方式为外贸企业补充集装箱供给，还与马士基、达飞等国际航运企业一起打造上海港东北亚空箱调运中心，成为集装箱周转"蓄水池"实现了从大到强、建设上海国际航运中心建设的重大目标；香港多项指标有所下降，排名下滑至第4；雅典受益于"一带一路"倡议的带动作用，排名升至第8位。虽然广州、深圳的集装箱吞吐量均位居全球前五，但港口综合通过能力与世界一流港口存在差距，集疏运体系能力有待

提升，港口资源特别是珠江东西岸货源利用不充分，港口存在同质化竞争现象。

（二）广深港航区域规划协作不足

2019年广东省委省政府《关于构建"一核一带一区"区域发展新格局促进全省区域协调发展的意见》中明确，要以广州港、深圳港为龙头打造两大世界级枢纽港区；要优化整合全省港口资源，形成以珠三角港口群为主体、粤东和粤西港口群为两翼的港口发展格局。但目前广深双方港航协作机制不够健全，均未出台立足于区域联动发展的港航发展规划，具体规划的对接和定位不清晰，港口发展战略、业务承接、补贴政策等还存在同质化竞争现象。特别是，广州、深圳均坚持以市场主导与政府引导相结合的方式发展港航业，但因几个港口之间的经营主体和投资主体多元化、市场化国际化程度高，货源腹地（主要在珠三角以及华南地区）高度重叠，很多合作难以有效落实，也导致了港口资源利用不充分、信息共享不及时。

（三）现代港口物流、现代航运服务业发展较为缓慢

与新加坡、上海、香港等国家和地区的一流港口城市相比，广州深圳航运服务业发展呈现重港口业务、轻航运业务的发展特征，航运辅助业务及衍生业务发展层级相对较低，航运服务业发展相对滞后，高端业态仍有较大提升空间，金融、保险、法律、船舶交易等目前处于起步阶段，国际贸易和现代航运服务业人才相对缺乏。

我们看到，要发展现代航运服务业特别是成为国际航运中心，至少要满足两个条件：一是有国际领先、物流高效、贸易便利化程度极高的航运枢纽，是国际航运运营中心；二是能为全球提供海事仲裁、航运融资和保险、航运金融衍生品、船舶经济、中介咨询等服务，成为国际航运服务中心。以伦敦为例，伦敦之所以发展成为当前最主要的国际航运中心，不仅仅靠伦敦港的集装箱吞吐量，而是因为伦敦集聚了全球20%的船级管理机构、50%的油轮租船业务、40%的散货船业务、18%的船舶融资规模、20%的航运保险总额，伦敦波罗的海航运交易所发布的"波罗的海干散货指数"是全球航运业乃至世界经济的"晴雨表"，超过90%的国际海事纠

纷选择在伦敦进行仲裁，仅仲裁业务每年就带来300亿英镑的收入。以上海为例，上海把建设国际航运中心和国际金融中心提到了极端重要的位置，2013年发布的《中国（上海）自由贸易试验区总体方案》就已提出要提升国际航运服务能级，到2019年提出要建设高能级全球航运枢纽，先后制定了《上海口岸服务条例》《上海市推进国际航运中心建设条例》等地方性法规，航运高端服务业依托航运物流体系化建设加快发展，并得到了国家层面的全力支持，目前上海船舶险和货运险业务总量全国占比近1/4，国际市场份额仅次于伦敦和新加坡，2021年上海国际航运中心位列全球第三，全球排名前列的班轮公司、船级社、邮轮企业、船舶管理机构以及波罗的海国际航运公会等知名国际航运组织纷纷在沪设立总部、分支机构或项目实体。

粤港澳大湾区是全球港口最密集、航运最繁忙、经济活动最活跃的区域之一，同时高端航运服务产业链还不够成熟、市场空间非常大，是打造国际一流航运中心最有基础、最有优势、最有潜力的区域。

（四）缺乏国家政策的强力支持

近年来，上海港、宁波舟山港等长三角港口纷纷实现发展大提速、大跨越，全面推进海南自贸港建设，很大程度上得益于国家给予的高规格自贸区、自贸港政策，包括上海自贸区临港新片区、江苏自贸区相继设立，长三角地区三大自贸区已经组成自贸区"金三角"集群。比如，上海把建设国际航运中心和国际金融中心提到了极端重要的位置，并得到了国家层面的全力支持。洋山港是上海国际航运中心的深水港区，上海自贸区进入"3.0"版，除了满足上海自身的需要外，还辐射周边，并与宁波、舟山等形成港口群，成为全球制造业中心、服务业中心，并惠及周边长三角地区。上海自贸区临港新片区积极向上争取政策支持，率先允许沿海捎带等业务，在四个方面实现突破：一是不报关，处于海关监管区域以外；二是不统计，企业无需上报财务数据；三是不办证，物资进出境不需要办理许可证；四是不征税，基本上实行零税率。

再如，2020年6月1日《海南自由贸易港建设总体方案》正式发布，对标国际高水平经贸规则，聚焦贸易投资自由化便利化，建立与高水平自由贸易港相适应的政策制度体系，建设具有国际竞争力和影响力的海关监管特殊区域，极大促进促进了海南港航业发展，正在努力将海南自由贸易港打造成为引领我国新时代对外开放的鲜明旗帜和重要开放门户；截至今年4月底海南实际使用外资10.4亿美元、同比增长54.8%；货物贸易进出口总值598.4亿元、同比增长68.8%，增速居全国首位；对"一带一路"沿线国家进出口翻番，外商投资企业进出口同比增长近八成。反观广深港口，仅有南沙自贸区、前海蛇口自贸片区，并未形成集中连片政策叠加联动优势，并未覆盖到广深所有港口；在国际船舶登记制度方面，广州港、深圳港在简政放权、优化登记流程、实施预审机制、逐步放开外国船检机构法定检验、实施增值税减免政策等有进一步提升的空间。

（五）邮轮市场渗透率偏低，产业链面临整体升级

经过多年发展，中国已成长为全球第二大邮轮客源市场。广深邮轮产业发展具有良好的区位条件和资源禀赋，但与新加坡、香港、迈阿密、上海等国内外城市相比，邮轮母港建设与城市旅游资源的联动不够紧密，邮轮经济尚有较大发展空间。以海南邮轮游艇业快速发展为例，海南是全国最早引进邮轮旅游的省份之一，邮轮产业正逐步发展成为海南特色新兴产业之一，目前正在全力打造国际邮轮游艇旅游消费中心。截至2021年底，海南省已建成运营游艇码头14个、泊位2312个、游艇产业链相关企业150余家、已登记游艇945艘；三亚国际邮轮母港二期建设稳步推进，"长乐公主"号投入西沙航线运营，以邮轮游艇为主导产业的自贸港重点园区——三亚中央商务区吸引了大批龙头企业抢驻。为推动邮轮产业发展，2021年海南创新多项制度，如允许中资方便旗邮轮在海南开展邮轮海上游航线试点业务，允许符合条件的外籍邮轮在海南自贸港开展多点挂靠业务，鼓励金融机构支持邮轮游艇产业集聚园区和相关公共服务配套设施建设，创新邮轮游艇相关金融产品。

二、广深携手打造世界一流港口群的四点建议

习总书记明确提出，中国港口要做到以一流的设施、一流的技术、一

流的管理、一流的服务，即"四个一流"，为"一带一路"建设服务好。广东省第十三次党代会报告指出，要突出陆海统筹、港产联动，把沿海经济带打造成更具承载力的产业发展主战场；要强化港产城整体布局，坚持以港兴城、以港强产、以港促联，高标准规划建设世界一流港口群。

"十四五"时期，是广州港、深圳港持续向世界一流港口迈进的关键时期。粤港澳大湾区要打造国际一流湾区和世界级城市群，广州、深圳就必须协同发展、差异竞争，成为对内集聚能力强、对外辐射功能完善、具有全球资源配置能力的国际一流航运枢纽，进一步巩固提升世界级集装箱枢纽港地位，在对外联通、营商环境优化、打造枢纽港等方面作出更大贡献。

（一）建议加快广州深圳港口资源整合

港口资源整合主要为实现资源优化配置，一方面通过加强相邻港口的资源统筹、实现港口间的优势互补，另一方面是加强顶层设计，确保港口总体布局规划的顺利实施，避免港口间的过度竞争和因重复建设导致深水岸线资源的浪费，实现港口集约化与可持续发展。

从国际典型模式看，主要包括美国纽约新泽西、欧洲海港组织与日本东京湾港口群三大类。以日本东京湾港口群为例，日本东京湾内7大港口的整合，主要以产业和港口错位发展为主，以政府干预的方式调整湾内港口分工，组建东京湾联合港务局，东京湾各港在保持内部独立经营权的前提下，对外竞争中作为一个整体，打造了一个分工明确、港产联动、一致对外的超级港口群，促进临港产业和腹地产业发展。从国内港口整合的进程来看，长三角首先致力于省市内部的港口资源整合：上海港较早完成港口资源整合；2015年，浙江省五大港口宁波港、舟山港、嘉兴港、台州港、温州港通过资源整合组建浙江海港集团，形成了以宁波—舟山港为枢纽港，以嘉兴港、台州港等为喂给港的区域港口格局，提升了水水中转吞吐量，推动了整个港口吞吐量的快速增长，特别是海铁联运已成为集装箱吞吐量新的增长点，2021年宁波—舟山港完成海铁联运120.44万标箱，在全国排名第二，同比增长19.8%，占宁波—舟山港2021年集装箱吞吐量的3.88%；江苏省港口集团成立不久，在充分借鉴以往经验的同时因地制

第二部分 现代服务业出新出彩篇

195

宜，有序推进省内港口资源整合；安徽省港口资源整合初具基础。但当前成立的省级港口集团均面临着"整而不合"的难题，港口资源优化程度不高；港口资源整合范围仅停留在行政区划内，省市间港口资源的实质性整合还未起步等。从港口集群出发，港口资源整合的成本包括：政策制定成本、整合交易费用、失败风险成本与政府机会成本；从效益方面看，港口群的整合可以极大地降低生产和交易成本，产生规模效益、近邻效益、分工效益和关联效益等。

建议进一步健全广深港口合作长效机制，坚持规划引领、资源共享、错位发展，突出照规模化、集约化、现代化，优化广州港深圳港总体布局规划，加强港口基础设施建设，深化港口定位与港区功能优化调整研究，科学统筹港口资源和区域一体化建设，努力将广州港、深圳港打造成为引领粤港澳、布局全球、服务"一带一路"的国际航运枢纽，推动粤港澳大湾区建设和"一带一路"互联互通。一是完善多式联运主通道布局，建立港口间互联互通运输网络，结合自身优势精准定位、分工明确，支持发展大湾区航运联盟，推动整合珠江口水域航道锚地资源，完善航道、锚地、引航、调度"四统一"管理体系，改善港口水运、铁路、公路、管道集疏运效能、增强腹地网络通达性，优化港口集疏运及后方陆域物流体系，形成有梯度的港口体系、避免无序竞争、重复建设、资源浪费，实现大湾区整体港口效率和竞争力的提升；二是形成以广州港、深圳港为枢纽的组合港网络体系，引导和支持港航企业投资建设汕头、湛江、中山、顺德等珠三角喂给港，增加组合港数量和驳船航线，加强水水中转合作、提升运输比重，通过便捷优惠的驳船运输服务，增强珠三角港口的喂给能力；三是研究运用区块链、大数据等技术，探索搭建港口物流及贸易便利化服务平台，实现港口间资源共享、信息联通，提升组合港一体化发展水平；四是加快推动海铁联运体系建设，共同拓展货源腹地至中西部内陆地区，共同应对疫情爆发、物流运输受限等突发事件影响。

（二）建议建设高端航运要素市场、发展增值性现代航运服务业

大力促进现代航运及服务业集聚发展，努力成为国际航运中心，就意味着要掌握世界海洋运输的规则话语权、资源配置权和航运定价权；其中，航运交易所是航运资源配置的关键，伦敦、新加坡、东京、纽约等公认的国际航运中心都有自己的航运交易所，并将服务延伸至大宗商品交易和船舶交易市场。一是建议由深圳、广州共同出资共同组建航运交易所，引入香港国际化管理团队，充分对接国际商事海事规则，提供实时、在线、大范围、标准化的电子交易服务，推出远期运费协议、运价指数衍生品等金融创新产品，全面开展航运交易、航运金融、临港大宗商品交易、支付与结算、航运经纪、航运信息等业务，着力打造立足中国、服务亚洲、辐射全球的航运交易平台、航运信息备案中心和大数据中心。二是建议吸引大型航运企业总部、运营中心落户广州深圳，鼓励航运经纪、航运代理、船舶管理、船员劳务等航运服务企业实现规模化、高端化发展，积极培育航运保险、融资、经纪、公估、理算、资讯等现代航运服务业，提升国际化航运服务保障水平。三是建议设立粤港澳大湾区航运保险机构，充分依托香港，积极支持国际有实力的金融机构、航运企业等在深圳组建大型航运保险机构，吸引船运保险营运、经纪、公估、海损理算等机构入驻，为大湾区的国际航运保险中心和再保险中心建设提供重要支撑。四是建议实施与国际接轨的船舶登记管理制度，完善国际船舶登记相关营运、税收、金融、航运服务等配套制度，鼓励船舶在广州深圳注册及挂旗，逐步放开船舶法定检验、入级检验业务，吸引国际知名船级社在深圳开展业务。

（三）建议加快粤港澳大湾区邮轮产业发展

邮轮产业是国际港口和国际旅游城市的重要组成部分，据测算，邮轮产业可以对港口所在区域的相关产业产生1∶10的带动效应。建议以中国邮轮旅游发展实验区建设为契机，加强广深游艇产业布局顶层设计，全力支持加快南沙国际邮轮母港、深圳太子湾邮轮母港发展，完善游艇基础设施统筹布局，加强与公路、铁路、空港、海港等交通网络设施的有机衔接，积极争取国际邮轮公司在广州、深圳注册设立经营性机构，在国际游艇旅游自由港、粤港澳游艇自由行、邮轮船票制度、无目的地邮轮航线等方面开展先行先试，全力打造粤港澳大湾区邮轮总部基地。

（四）建议进一步提升港口绿色智慧化发展水平

一是加快推动绿色港口建设及清洁能源应用，进一步提升船舶岸电使用率，加大清洁能源在港区内的使用，推广使用电动拖车和堆高机，鼓励游船和港作船舶使用电能或者LNG动力，加大港口船舶水污染物监测防治工作，完善港城融合的绿色发展格局。二是积极推进自动化码头建设，推广5G和区块链技术、卫星通信技术应用，推动港区作业区龙门吊远程操控、岸桥远程操控、拖车无人驾驶等自动化技术应用，进一步提升港口智慧化水平。三是依托城市大数据中心建设广州港深圳港统一数据库，加快推动港口公共数据平台建设，实现港口公共信息互联共享，提升智慧港口运营水平。

（方　道）

促进广州南站商务区与深圳北站商务区联动发展 打造"粤港澳大湾区超级会客厅"

【提要】深圳北站商务区与广州南站商务区一轨相连，交通便捷，两地都有可开发和提升的空间载体，共同打造成为粤港澳大湾区的超级会客厅能提升广东的对外开放水平，更好地发挥大湾区"两个重要窗口"作用。建议：以"高端会务+数字科技展示"为抓手，打造世界级国际会客厅；引培知名企业品牌，打造高品质国际消费地标；深化数字技术赋能，打造现代产业体系；加快土地供给与存量盘活综合开发，保障产业空间供应；共建宜居宜业宜游生活圈。

广东省十三次党代会重申举全省之力推进粤港澳大湾区建设。深圳北站和广州南站作为全国重要交通枢纽，地理位置一轨相连，政策资源协同推进，深圳北站和广州南站商务区具备联动发展的良好基础。2021年11月《深圳北站国际商务区城市空间品质提升专项规划》提出深圳北站国际商务区重点发展总部经济、国际商务、金融服务、文化创意、数字经济等现代产业为主导的"国际会客厅"。2021年8月广州市规划和自然资源局公布了《广州南站核心区城市设计》，广州南站拥有了新定位：粤港澳大湾区的客厅与门户枢纽经济区、广佛高质量发展融合的新极核、广州市南部中心区。广深两地以交通枢纽为依托共建"粤港澳大湾区超级会客厅"具有科学性和必要性。

一、两大商务区基本情况

（一）深圳北站商务区情况

一是地理区位。深圳北站于2011年12月正式运营，占地240万平方米，设11个站台20条股道，所有的交通换乘都在站内完成，年发送旅客5200万人次，是深圳市规模最大、接驳功能最齐全、客流量最大的特大型综合铁路枢纽。深圳北站国际商务区规划范围西至福龙路，北至布龙路，东至五和南路，南至梅林关南坪大道，面积为17.4平方公里，其中核心区用地面积6.1平方公里。北站国际商务区建设有国家级综合交通枢纽，深圳北站为华南地区面积最大且具有口岸功能的国家级综合交通枢纽，深港高铁直达香港西九龙，交通网络完善，对外交通便利。

二是发展定位。深圳北站片区位于深圳地理中心和城市发展中轴，地理位置优越，是龙华区重要商圈，先外围开发再内部建设，逐步将深圳北站周围打造联通整个商业区域的空中连廊，地下进行道路建设以及满足大量停车需求的地下停车场，具有现代化和前瞻性。深圳北站商务区定位"构建北站枢纽集聚型消费高地"，推进北站综合交通枢纽与周边商贸综合体、办公楼及休闲场所连接，提升与周边商业消费的联动性，未来将重点发展总部经济、国际商务、金融服务等功能，聚焦产业与金融的融合发展，加强与深圳市现有金融功能区的协同发展，打造成为深圳标志性的中央活力区和具有全球影响力的"国际会客厅"。2022年3月龙华区出台《龙华区商贸商务金融业发展"十四五"规划》，正以地铁4号线为轴线，串联北站商圈等特色商圈和重大商业节点，构建"一带三圈多节点"的商业发展格局，加速建成区域消费中心，2025年社会消费品零售总额将达1600亿元。

三是用地情况。深圳北站商务区住宅用地和交通运输用地占比高，商办用地占比少，住宅用地5.33平方公里、交通运输用地4.3平方公里、商业办公用地1.24平方公里，分别占比30.77%、21.68%、7.17%。建筑用途主要以居住为主、商办用房占比少，北站片区现状建筑总量为2045.85万平方米，其中居住用途1365.74万平方米、办公用房231.24万平方米、商业用房274.68万平方米，分别占比66.76%、11.30%、13.42%。

四是城区基础较好。片区小区品质高，住房类型主要包括高品质公寓、高品质花园小区、保障房、人才房等，居住品质较高。基础配套齐全，片区拥有市级两馆、市级医院、4所学校、3大购物中心等配套设施。

（二）广州南站商务区情况

一是地理因素。广州火车南站（以下简称"广州南站"）位于广州西南部、广佛交界处，与广州市政府、珠江新城直线距离约15公里，与佛山新城直线距离约15公里，于2010年1月正式投入运营，主要承担武广高铁、广深港高铁等铁路始发终到旅客列车作业，定位为与北京、上海、武汉并列的全国四大高速铁路客运中心，是粤港澳大湾区核心高铁站和重要门户枢纽。

二是周边商区。广州南站商务区毗邻珠江新城、广州人工智能与数字经济试验区、万博商务区、广州国际科技创新城、广州大学城，周边商业氛围浓厚、产业资源丰富，广州南站作为联结广州中心城区和南沙副中心的关键节点，广州南站商务区将成为引领广州市南部地区高质量发展的重要平台。

三是产业规划。广州南站商务区正着力打造粤港澳大湾区的客厅与门户枢纽经济区，实现南站地区从交通场站向"站城一体、业态融合的大湾区门户枢纽"转型，形成特色文商旅及科技展示活力核、泛珠枢纽总部经济区、港澳青创文化区、高端服务业集聚区、科创服务区、商贸总部会展功能区的"一核五区"产业布局。广州南站核心区着力打造高质量发展的世界级目的地与都会区，构建枢纽服务、国际消费、商贸会展为引擎和总部经济、文旅消费、港澳专业服务、核心商圈等创新服务型业态的"3+N"产业体系。

四是发展辐射。以广州南站为核心枢纽，依托4条高铁线路、3条城际轨道，4条城市轨道，实现30分钟内可达深圳、46分钟可达香港，58分钟可达珠海澳门，1小时覆盖大湾区所有城市，8小时联通全国，2021年单日到发客流最高峰达82.75万人次，具备实现国内区域经济版图大融合、打造粤港澳大湾区的都市会客厅和门户枢纽经济区的实力和条件。近年来通过"政府+企业""政府+商会""村+企业"以及专场招商会等创新模式，引进新鸿基广州环球贸易广场（广州南站TOD项目）、高铁新城万科中心、花城汇·南站等多个重点项目，已进驻中建四局、佳宁娜、李锦记等一批知名企业。目前，商务区土地和楼宇资源充足，核心区近期可出让商业办公地块25宗，占地29公顷，整备中商业办公地块14宗，占地13公顷。

二、深圳北站国际商务区与广州南沙商务区联动发展可行性

深圳北站、广州南站具有"一轨相连"的优势，综合分析其产业规划、功能定位、区位优势等因素，广州南站商务区、深圳北站商务区具备联动发展的可能性。

（一）发展模式互补

一是同为交通枢纽经济。广州南站、深圳北站地处广州、深圳两个核心枢纽，区位优势明显，一条铁轨相连，30分钟内可实现互通，不存在同性相斥，在建设发展上优势互补。二是规划定位相近。两个商务区均背靠广东、毗邻港澳，广州南站商务区着力打造粤港澳大湾区的客厅与门户枢纽经济区、高质量发展的世界级目的地与都会区，深圳北站商务区着力打造集高端商务、现代商贸、金融服务于一体的"国际会客厅"，二者基本定位相似，可以相向而行、联动发展。三是融合联动发展。广州南站商务区以粤港澳大湾区和广佛高质量发展融合试验区建设为契机，先中心再周边，从核心区向周边突破，即以枢纽服务、国际消费、商贸会展三大开放型综合产业为引擎，衍生总部经济、文旅消费、核心商圈、商旅配套、科技服务和珠宝贸易等N个创新服务型业态。深圳北站商务区采取从周边包围中心的发展模式，先周边后中心，即大力推进北站综合交通枢纽与周边商贸综合体、办公楼及休闲场所连接，提升与周边商业消费的联动性，打造成集商业零售、住宿餐饮、休闲娱乐于一体的功能聚合性品质消费中心。在粤港澳大湾区发展规划背景下，两个商务区的发展模式是融合联动的。

（二）发展理念相似

一是建设模式互鉴广州南站商务区规划定位高，谋篇布局大，在发展建设上可以参考深圳北站商务区的做法，引进先周边后中心的发展模式，加快周边旧村改造力度和质效。二是人才资源共享。深圳北站商务圈具备周边商圈相对成熟、距离深圳更近的巨大优势，对港澳人才的吸引力更大，招商引资的魅力更足。广州南站商务区建设发展相对滞后，但作为全国客流量最大的高铁站，人流优势大，周边发展空间、发展潜力较大，两个商务区均毗邻港澳，可以根据优势特点，找到人流、人才、资源引进利用的最大公约数。三是市场需求广阔。广州南站商务区经济体量、发展空间足，侧重构建以现代服务业为主导，IAB产业为支撑，文体旅游为特色的现代产业体系，主要满足文旅消费、商贸会展、专业服务、商旅配套、科技服务和珠宝贸易等需求；深圳北站商务圈周边商圈基本成熟，可腾挪调整的空间不足，侧重以点发力，打造成集商业零售、住宿餐饮、休闲娱乐于一体的功能聚合性品质消费中心，综上，两大商务区联动发展可以更好满足市场需求、谋求广阔发展空间。

三、工作建议

站在改革开放全局和大湾区发展，发挥深圳北站及广州南站区位优势，利用"一轨相连"的优势联动发展，加强相互支持和合作，推动两大商务区联动发展，助力深圳创建社会主义现代化强国的城市范例，助力广州焕发老城市新活力。

（一）以"高端会务+数字科技展示"为抓手，打造世界级国际会客厅

一是加强北站周边商业或公共空间多维复合利用。围绕市美术馆新馆、市第二图书馆，开拓更多国际会议、国际展览、全球青年创新集训营等国际性活动举办空间，对接国际服务标准打造城市候机楼，提升北站国际商务区的内外联通能力。二是推动高端会务与交通功能深度融合。依托北站交通枢纽，打造一批国际化、市场化、专业化高端会务品

牌，鼓励市场主体在北站国际商务区举办国际性的行业会议、高峰论坛、研究发布活动。探索举办全球数字经济产业峰会，扩大龙华数字经济国际影响力。大力引进国际知名专业服务机构、重要会务及其上下游配套企业。三是打造面向国际的数字科技展示和交流平台。协同美团等头部企业，在北站国际商务区搭建数字科技展示、体验及新品发布中心，促进数字经济新场景在北站国际商务区推出和应用，高效助力打造数字经济先行区。

（二）引培知名企业品牌，打造高品质消费地标

一是积极发展首店经济。发挥交通枢纽汇集引流作用，吸引国际知名商超、餐饮、汽车品牌旗舰店等入驻北站国际商务区，丰富高端商贸业态、集聚城市人气。支持龙华本土鞋服、餐饮、电子品牌量身定制开设城市版首店。二是提升龙华餐饮消费档次。以美团龙华品牌馆为抓手，塑造万商云集、多元融合的龙华餐饮消费城市名片。三是打造高端品牌免税店。联合龙华区跨境电商产业园，采用"跨境电商线上销售+北站免税店线下展示"的一体化经营模式，形成适合多层次消费群体的国际知名综合消费圈。

（三）深化数字技术赋能，打造现代产业体系

一是推动新城建对接新基建。依托存量项目建设，加快道路、园区、停车场、公园等基础设施"智慧+"升级改造；推广应用建筑信息模型（BIM）、城市信息模型（CIM）等数字手段，持续推进绿色建筑、装配式建筑发展。二是加快北站数字孪生场景应用。依托北站数字孪生试点，加快城区规建管一体化、北站室内外交通疏散、地下管网监测等数字孪生场景建设，率先探索建立一批未来城市场景，为北站国际商务区擦亮数字化名片，实现片区跨越式、引领式、差异化、特色化发展，打造深圳最强智慧枢纽。三是加强先进制造业合作，推动互联网、大数据、人工智能和先进制造业深度融合，共建世界先进制造业基地。依托深圳、广州在汽车、互联网、新一代信息技术、智能装备、超高清等领域龙头企业的技术优势和产业基础，加强两市上下游产业链合作，联合打造世界级产业集群。

（四）加快土地供给与存量盘活综合开发，保障产业空间供应

一是支持"带产业项目"精准供应土地。鼓励将产业导向、产值、税收等相关指标列为用地供应准入标准，优先保障科技研发、信息服务、专业服务等重点发展产业的用地需求。探索遴选城市综合开发运营商，"带项目"供应重点产业项目用地或总部项目用地，并按"统一设计+空间共享+准成本租售"的方式为大型企业及创新型中小企业提供集聚、开放的优质空间。二是鼓励市场主体存量盘活一批产业用地。充分运用"案例+政策工具箱"的工作机制，加强城市更新、土地整备、产业用地提容等政策联动，支持盘活存量产业用地。对于存量高效利用的产业用房，鼓励发展共享经济、商务办公融合的联合办公模式，促进二三产业混合配置，为成长型企业入驻及创新项目孵化提供共享空间。三是加强区属产业用房统筹。鼓励区属国企通过新建、租赁、购买等方式掌握一批优质产业用房，为科研机构与创新载体的引入提供低成本高品质产业空间。

（五）共建宜居宜业宜游生活圈

一是打造国际性综合交通枢纽。联合广州共同打造"半小时交通圈"，做好两市综合交通基础设施规划衔接，实现高速铁路、城际轨道和高等级公路等多种交通方式直达互通。二是共建国际旅游高地。深化广深旅游合作，共同推动粤港澳大湾区旅游协同发展，统一打造品牌形象，加强旅游人才交流，整合旅游资源，联合旅游市场营销，打造粤港澳大湾区国际旅游目的地。三是推动文化交流。依托广州兼收并蓄的岭南文化中心优势和深圳开放多元、兼容并蓄的城市文化，促进两地文化交融，共建人文湾区。加大创意设计、动漫游戏、影视传媒等文化创意产业合作力度。

（六）持续优化营商环境

一是创新知识产权保护机制。加快在北站国际商务区开展新型知识产权法律保护试点，引进国外一流的知识产权估值机构及国际化涉外专利律所，与商业机构合作推出知识产权保险等产品，提升企业对营商环境的感知度、美誉度，为吸引国际科创企业、跨国公司总部、国际组织机构落户北站国际商务区创造良好条件。二是加强两市在深化"放管服"改革、"互联网+政务服务"、城市规划管理、智慧城市建设等方面合作交流，共享先进管理经验，提高行政服务效率，持续优化营商环境，打造具有全球竞争力的营商环境。三是推进深港青年创新创业基地、广州科学城粤港澳青年创新创业基地等青年创业基地建设及交流合作，完善创新创业环境，服务港澳青年创新创业，为港澳青年来广深创新创业提供更多机遇和更好条件。

（张　智，吴兆春，岳芳敏）

全面推进广深共建大湾区综合性国家科学中心

【提要】加强粤港澳协同创新，努力打造全球科技创新高地是粤港澳大湾区肩负的国家战略使命。广州、深圳同为粤港澳大湾区核心引擎城市，推动大湾区国际科技创新中心建设必须更有效地增强双城联动。目前，双城联动存在协调合作机制不畅、原始创新能力不强、创新资源集聚不够、科研合作水平较低、交通不够便利等突出短板。本报告在广深调研基础上提出以联动健全顶层设计、联动打造基础研究高地等"五联动"全面推进广深联动共建大湾区综合性国家科学中心的建议。

综合性国家科学中心作为国家创新体系的金字塔顶尖平台，是代表国家参与全球科技竞争与合作的核心力量。国家"十四五"规划提出支持北京、上海、粤港澳大湾区形成国际科技创新中心，建设上海张江、安徽合肥、北京怀柔、大湾区综合性国家科学中心，支持有条件的地方建设区域科技创新中心。广州、深圳双城联动推进粤港澳大湾区综合性科学中心建设，是深入贯彻省第十三次党代会提出的打造引领高质量发展的重要动力源、携手打造世界级创新平台的重要举措，有助于汇聚世界一流科学家，突破一批重大科学难题和前沿科技瓶颈，显著提升我国基础研究水平，强化原始创新能力。

一、大湾区综合性国家科学中心广深两地建设现状

2020年7月，国家批复深圳光明科学城和东莞松山湖科学城为大湾区综合性国家科学中心先行启动区，广州南沙科学城为先行启动区的联动协

同发展区域。2021年10月，省政府会同中科院印发大湾区综合性国家科学中心有关实施方案，提出南沙科学城要建设成为科学中心主要承载区。

（一）深圳先行启动区建设情况

一是统筹协调机制全面建立。深圳市委市政府成立科学中心领导小组，强有力统筹推进科学中心各项工作有力有序推进开展。二是科学中心"1+2+2+N"规划政策体系基本确立。"1"是编制建设科学中心实施方案，构建科学中心"施工图""项目表"，已于2022年3月印发实施。"2+2"是围绕科学中心赋予合作区和科学城战略定位，量身制定2个支持意见和2个发展规划。"N"是编制一批专项规划、配套政策，科学城空间规划纲要、重大科研平台攻关扶持政策已相继出台。三是重大科技基础设施集群加快布局。综合粒子设施建设加快，首批2个预研项目已启动。信息领域设施加快推进。未来网络试验设施（深圳分中心）已完成概算批复，试验基础网络系统上线试运行。生命领域设施率先取得实质性突破。合成生物、脑解析与脑模拟设施土建工程已全面封顶，设施部分正抓紧开展设备采购工作。合成设施团队已打破发达国家对合成生物仪器、集成技术垄断。四是"沿途下蛋"初现成效。在合成生物、脑解析设施一体化布局工程生物和脑科学产业创新中心，已遴选出30家企业入驻，探索搭建"楼上楼下"创新创业综合体，打通从原创发现到技术开发到中试转化再到产业化的通道。五是一流科研机构、研究平台、高等院校加速汇聚。国家级层面，完成金砖国家未来网络研究院中国分院组建，国家药品和医疗器械技术审评检查大湾区分中心、中国计量科学研究院技术创新研究院落户。省级层面，深圳湾实验室过渡场地一期建成投入使用，二期改造项目已完成可行性研究报告批复。人工智能与数字经济广东省实验室正完善建设方案。市级层面，清洁能源研究院、深圳市神经科学研究院等一批科研机构相继入驻合作区及科学城。六是科技体制机制改革深入开展。接轨香港及国际科研管理的制度相继出台，推行选题征集制、团队揭榜制、项目经理制、定期评估制、同行评议制、政企联投制六大机制。

（二）广州联动协调发展区建设现状

一是汇聚国家战略科技力量。广州实验室、粤港澳大湾区国家技术创新中心2大国家级平台挂牌运行；人类细胞谱系、冷泉生态系统2个国家级重大科技基础设施列入国家"十四五"专项规划，实现零的突破；建设国家新型显示技术创新中心、南方海洋科学与工程等4家省实验室、粤港澳大湾区协同创新研究院等10余家高水平创新研究院。二是加强区域战略规划布局。广州人工智能与数字经济试验区全面启动建设，南沙科学城被纳入大湾区综合性国家科学中心主要承载区，《广州市南沙科学城总体发展规划（2022—2035年）》已经市政府常务会议审议。三是加快关键核心技术突破。实施重点领域研发计划，布局实施9大专项。OLED显示、5G滤波器等关键核心技术取得重要进展，可燃冰试采、天河二号超算应用等成果入选中国十大科技进展；获2020年度国家科学技术奖22项，钟南山呼吸疾病防控创新团队荣获全国唯一创新团队奖。四是营造优质人才集聚环境。引进徐涛、赵宇亮院士等顶尖科学家，在穗工作的两院院士超过120人，钟南山院士荣获"共和国勋章"。推进中新广州知识城国际人才自由港和南沙国际化人才特区建设，将"外国人工作许可事项"办结时限压缩到5个工作日，在全国主要城市中审批时间最短。五是南沙科学城建设进入快车道。目前南沙科学城核心区明珠科学园各个组团均已具备施工条件，人、财、物等均已就绪，累计完成投资超58亿元。土地收储方面，一期选址范围内1802亩土地的征收及场地平整、房屋拆迁及安置等工作已全面完成。规划编制方面，控制性详细规划经充分采纳中科院意见后，院市双方正式批复。建筑设计方面，园区一期建筑设计方案已经院、市推进会议审定。工程建设方面，园区一期项目场地全面完成软基处理，新建科研院所加快建设，其中力学所南方中心总装总测实验室主体结构已封顶，沈阳自动化所智能院项目正在进行桩基施工。

二、广深联动共建综合性国家科学中心存在的短板

（一）协调合作机制不畅

北京、上海、合肥推进科学城建设，均建有专门管理机构和建设运营载体。不同于北京、上海、合肥等单一城市建设主体，在粤港澳大湾区

布局建设科学中心存在多主体同步建设推进、多区域相对集中集聚模式的探索，目前尚未建立一个综合的统筹机制，精准规划各个科学城的功能业态、创新链条、要素配置及空间格局。此外，广深双城政府科技部门的协调机制有待提高，涉及两市共建合作的顶层规划及政策文件尚未形成，相关合作磋商机制有待健全。

（二）原始创新能力不强

粤港澳大湾区虽已跻身全球科技创新集群前10位，但仍存在不少短板弱项。主要是原始创新能力不强，关键核心技术受制于人的局面尚未根本改变，产业链供应链韧性和竞争力还需加强。与国际比较，从世界知识产权组织发布的2019年全球创新指数报告可以发现，大湾区的出版物总量等指标与国际其他知名湾区还有较大差距；与国内比较，大湾区在国家战略科技力量布局、顶尖大学数量、高端人才数量上也落后于北京和上海。

（三）创新资源集聚不够

广深双城的中心区间的通勤时间依然较长，人才、资金、数据等创新要素跨区域流动成本仍然偏高，以至于科研设施共建共享程度不高，制约多元创新主体间的合作，也出现各类创新资源的布局配置出现交叉重复、资源错配、低效利用等情况，限制了广佛、深莞两大城市圈的产业联动。

（四）科研合作水平较低

广州科教资源潜力与深圳科技成果转化能力还需进一步结合，联合开展科研合作和技术攻关的项目数量仍然较少。在创新上的"化学反应""乘数效应"还不够明显，尚未能通过产学研联合培育出一批高科技企业。广深双城的科研要素还未与产业基础形成高水平的结合，科技投入与创新驱动效果存在"剪刀差"，优势科创资源仍有待进一步整合。

（五）交通不够便利

根据国内外经验，主要科学城的交通通达时间应在20分钟以内。从地理上看，广州南沙科学城距深圳光明科学城直线距离仅27公里。但由于两个科学城之间没有直达通道，实际通勤时间在1小时以上，客观物理空间的距离限制了大湾区综合性科学中心几大片区的集群一体化。

三、广深联动共建综合性国家科学中心的对策建议

广州、深圳要对标对表国家赋予的战略定位和城市功能，充分把握国家支持粤港澳大湾区建设综合性国家科学中心的重大机遇，双城联动、优势互补，努力共建大湾区综合性国家科学中心打造科技创新策源地，全面支撑粤港澳大湾区国际科技创新中心建设。

（一）联动健全顶层设计

一是强化广深两地组织领导，在更高层面进行跨界区域顶层设计，进一步完善大湾区综合性国家科学中心建设框架体系，系统部署推进管理体制与运行机制创新。如两地共同成立广深综合性国家科学中心理事会，作为推进国家科学中心建设的议事决策机构；成立由国内外院士、专家组成的国家科学中心专家咨询委员会；成立广深科学中心办公室，作为协调办事机构，形成决策层、协调层、执行层"三位一体"的组织管理架构（具体共建运作架构建议详见图1）。二是坚持大格局定位、广视野发展，共同谋划发展战略和总体布局。要以国家重大需求为导向，把综合性国家科学中心打造成为代表国家参与全球科技竞争与合作的重要力量。紧紧结合大湾区实际情况，充分发挥本土优势，以综合性国家科学中心建设提升地方科学技术创新能力，带动区域经济社会发展。三是进一步提升大湾区综合性国家科学中心集中度。各个科学城可以联手组建"湾区科学城"，赋予高一层级的管理机制和统筹规划，增强重大科学设施的协同效应，促进优势互补和互利共赢，探索牵头组建国家科学城联盟、国际科学城联盟。如要加大中新广州知识城、广州科学城、广州大学城、广州南沙科学城、深圳光明科学城、深港科技创新合作区、西丽湖国际科教城等重大创新载体之间的衔接力度，以实现各科学城之间的资源共享发展。

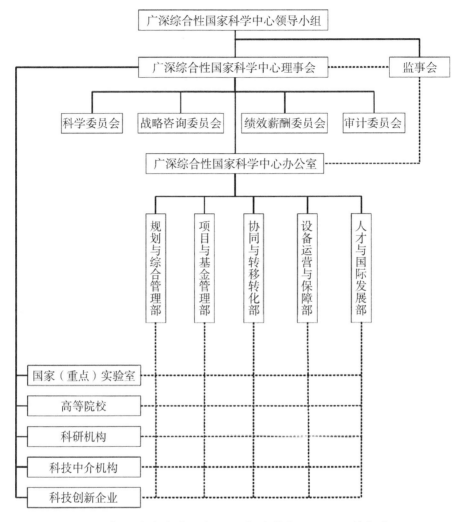

图1　广深联动共建综合性国家科学中心协同运作架构

（二）联动打造基础研究高地

一是以面向国家重大需求的战略引领原则，统筹布局广深在量子信息、生命科学、人工智能、集成电路等关键领域的重大科学装置，进一步推进两地关键领域大科学装置集群发展，推动基础领域的原始创新，共同打造引领性原创成果持续涌现的创新策源地。二是以国家前瞻性关键技术需求为导向，推进广深协同布局基础技术、通用技术、前沿技术、非对称技术、颠覆性技术领域的科技创新基础设施，共同打造原始突破性成果集聚地。三是以面向全球和区域的开放协同原则，促进广深两地形成大科学装置共建共享机制，建立大科学装置全球用户管理制度，吸引国际顶尖科学家和科研团队开展重大前沿科学研究项目，构建连接全球的开放协同创新网络，共同打造开放式协同创新平台。四是建立广州实验室和鹏程实验室全面合作机制，推动两个实验室充分利用新型举国体制的优势，围绕生命健康、人工智能、网络科技等领域，强化两地科技创新政策协调，加强科技联合攻关，促进创新要素自由流动，对接和集聚全球创新资源，合力构筑高精尖自主创新高地。

（三）联动做做优做强科创产业

相比北京怀柔科学城、上海张江科学城、安徽合肥科学城3个综合性国家科学中心，背靠雄厚的产业，是粤港澳大湾区综合性国家科学中心独特的优势。一是应围绕重点研究领域，结合国家战略性新兴产业集聚发展、湾区特色产业发展、高科技中小企业技术创新需求，探索长效运行机制和市场化运作方式，建设一批投资多元化、运营市场化、管理信息化、集创新创业、孵化育成于一体，多学科交叉、多功能集成的科技转化功能型平台。二是要积极培育引进世界级科技创新领军企业、深化科创产业合作，开展差异化竞争，不断强化两大城市的湾区核心引擎功能，把科研制高点转化为经济动力源，让最尖端的科技成果、最有发展前景的产业，在大湾区发生奇特的"化学反应"，打造具有全球影响力的新兴产业发源地。以生物医药为例，广州构建了上游技术研发、临床试验、中游转化中试、生产制造、流通销售的完整产业链，而深圳在医疗器械制造等领域发展成熟，科技创新投融资体系成熟，广深合作将为生物医药领域基础研究实现重要突破提供重要支持。

（四）纵深推进交通高效联动

广深两地在交通规划上要站在更高的视野思考，创造条件共建共享，打造连接各重点片区的快速直达通道。交通方式的规划应该多层次立体化，以满足不同需求。一是推动建设时速超过600公里的广深港磁悬浮、城际超高速铁路并实现公交化运营；加快建设广深第二高速、南中高速，推动广州地铁22号线联通穗莞深；探索无人驾驶汽车、无人驾驶航空器等在两市先行商用。二是通过高效互联交通网络，将中新广州知识城、广州科学城、广州大学城、广州南沙科学城、深圳光明科学城、深港科技创新合作区、西丽湖国际科教城等重大创新载体串珠成链，真正打造成为全球最具代表性及影响力的国家级科学城。

（五）联动优化共建生态

一是联动引入国际科创主体，促进全球顶尖科研机构在两地设立实验室，吸收全球高水平科技创新成果，探索组建全球科技成果交易联盟，共建区域协同创新生态系统。二是联动筹划报建国家级科技成果转移转化示范区，充分发挥引领辐射与源头供给作用，推动一批重大科技成果在粤港澳大湾区转移扩散，探索形成一批可复制、可推广的管理运行经验。三是联动探索建立首席科学家制度，大力吸引领军人才，充分赋予首席科学家开展工作所需的人权、事权、财权，支持其自主组建团队、自主制定发展规划、自主设计具体科研计划、自主分配科研经费，集聚一批具有前瞻性和国际眼光的战略科学家群体。四是加大教育、医疗、住房的国际化供给，将外籍科技创新人才纳入人才安居工程，兴建外国专家宜居社区。通过宜居宜业等软环境的塑造，以更好环境、更开放的生态集聚全球高端创新人才，深入融入全球创新网络。

（刘　翔，林柳琳）

广深联动构建全过程创新生态链

【提要】广东省第十三次党代会提出加快构建"基础研究+技术攻关+成果转化+科技金融+人才支撑"全过程创新生态链，推动广东科技和产业创新优势在新的高度立起来强起来。广深在全省构建全过程创新生态链中发挥着关键支撑作用，建议广州、深圳率先联动构建全过程创新生态链，推动广深科技创新走廊向深莞穗制造业走廊升级，实现创新链产业链双城联动；推动三大科学城从单兵突进向协同大兵团作战升级，实现综合性国家科学中心双城联动；推动战略科技力量和人才从分布实施向同向发力升级，实现创新资源双城联动；推动重点区域散点布阵向串珠成链升级，实现创新主引擎双城联动。"四大升级、四大联动"，携手打造具有全球影响力的科技和产业创新高地。

粤港澳大湾区身处世界科技革命和产业变革的最前线，广州、深圳率先构建全过程创新生态链，是践行自主创新、实现高水平科技自立自强、抢占科技和产业发展制高点的根本之策，也是推动产业链和创新链深度融合的具体实践，将有力支撑全省构建"两廊三极多节点"创新格局和经济社会高质量发展。

一、广深全过程创新生态链情况

（一）广州大院大所+深圳异军突起，基础研究成为全国重要一极

广州拥有中山大学、华南理工大学2所世界一流大学建设高校和18个"双一流"建设学科，打造以广州人工智能与数字经济试验区、南沙科学

城、中新广州知识城、广州科学城"一区三城"为核心的"科技创新轴"空间布局，构建以广州实验室和粤港澳大湾区国家技术创新中心为引领，以人类细胞谱系大科学研究设施和冷泉生态系统研究装置2个重大科技基础设施为骨干，以国家新型显示技术创新中心、4家省实验室、十余家高水平创新研究院等重大创新平台为基础的"2+2+N"科技创新平台体系，国家、省、市重点实验室数量分别达21家（占全省70%）、241家（占全省61%）、195家，建设10家粤港澳联合实验室（占全省50%）。省级新型研发机构数量63家，连续5年居全省首位。

深圳在全国率先以立法形式确立每年不低于30%的市科技研发资金投向基础研究和应用基础研究，支持腾讯率先发起设立"科学探索奖"，实施高等院校稳定支持计划，南方科技大学及数学学科入选"双一流"建设高校及建设学科名单。高质量建设鹏城实验室、深圳湾实验室，6家国家重点实验室、4家广东省实验室和314家深圳市重点实验室；河套深港科技创新合作区、光明科学城、西丽湖国际科教城稳步推进；加快建设国家第三代半导体技术创新中心、国家高性能医疗器械创新中心、国家5G中高频器件创新中心、国家感染性疾病（结核病）临床医学研究中心，前瞻布局一批基础研究机构和11家诺贝尔奖科学家实验室。聚焦综合性国家科学中心主攻学科方向，布局建设未来网络试验设施（深圳分中心）、国家超级计算中心深圳中心二期、鹏城云脑II、鹏城云脑III等项目、合成生物设施、脑解析与脑模拟设施、精准医学影像设施等重大科技基础设施集群。

表1　2020年基础研究主要指标对比表

指标　　　　　城市	广州	深圳	广州+深圳	北京	上海
全社会研发投入经费（亿元）	774.84	1510.81	2285.65	2326.6	1615.7
全社会研发投入占地区生产总值比重（%）	3.10	5.46	4.34	6.44	4.17

（续上表）

指标＼城市	广州	深圳	广州+深圳	北京	上海
全社会基础研究经费（亿元）	110.03	72.82	182.85	373.1	128.13
全社会基础研究经费占研发经费比重（％）	14.2	4.82	8.00	16.04	7.93
国家实验室（个）	1	1	2	3	3

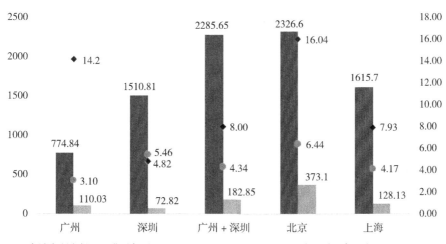

图1　2020年基础研究主要指标对比

（二）广州聚力攻关+深圳梯度攻关，探索关键核心技术攻关新型路径

广州实施重点领域研发计划，围绕重点产业领域"卡脖子"问题，对标国际领先水平布局新一代信息技术、人工智能等重大专项，高水平科技供给不断增强。高云半导体成功量产国内首款通过车规认证的国产FPGA芯片，在国内外数十款车型中大批量出货，逐步实现国产芯片替代；大湾

第二部分　现代服务业出新出彩篇

区直流背靠背广州工程正式投运，在异同步背靠背工程领域实现世界首创；成功研发国内首套太赫兹扫描隧道显微镜系统。

深圳按照"需求出发、目标导向，精准发力、主动布局"的总体思路，聚焦集成电路、5G通信、高端装备、医疗器械等重点领域，组织开展技术攻关项目。项目评审实行"主审制"，择优确定承担单位开展项目攻关。组建"创新联合体"，实施产学研用一体化、产业链上下游联合攻关，有效缩短成果产业化进程。166个技术攻关重点项目中，采取产学研联合攻关的占66.9%；采取上下游联合攻关的占60.8%，既增厚了高新技术龙头骨干企业发展"安全垫"，也培育扶持中小高新技术企业做大做强。

（三）广州产业导向+深圳企业主体，推动成果加速转化为现实生产力

广州实施促进科技成果转移转化行动，打通科技成果转化"中梗阻"，出台《广州市促进科技成果转化实施办法》，完善科技成果转移转化体系，推动科技成果与产业需求紧密对接。成立南沙科技成果转化联盟，环大学城、环中大、南沙区科技成果转化基地加快建设，全市技术合同成交额达2413亿元，居全国第三。依托中国创新创业大赛探索实施"以赛代评""以投代评"机制，50亿元规模的市科技成果产业化引导基金投入运营，市科技型中小企业信贷风险损失补偿资金池撬动23家合作银行为4000多家企业发放贷款超过300亿元，"创、投、贷、融"科技金融生态圈日趋形成。

深圳健全企业为主体的成果产业化体系，构建"楼上楼下"创新创业综合体，依托合成生物研究设施搭建的深圳工程生物产业创新中心，已遴选引进臻合智造、厚存纳米、中科碳元等38家优质初创企业。实施承接国家重大科技项目，支持国家项目在深圳开展后续研究或成果产业化。建设概念验证中心、中小试基地和验证平台，打造"中试+服务+产业+资本"垂直创新生态体系。深圳清华大学研究院建立"实验室（研发中心）+产业化公司""发明人带头投入+投融资专家参与""研发团队+管理团队分享股权"机制，累计孵化企业3100多家，培育上市公司30家。

（四）广州基金信贷+深圳天使投资，精准滴灌助力科创企业发展

广州促进科技金融融合发展，坚持"投早""投小"，财政投入50亿元规模的广州科技创新母基金已落地运营21只子基金。设立总规模千亿元的大湾区科技创新产业投资基金，落地运营200亿元规模的大湾区科技成果转化基金。科技信贷风险补偿资金池推动合作银行累计为6900家企业放款超530亿元。

深圳大力发展科技金融，市政府全资设立全国规模最大、出资比例最高、让利幅度最大的政府引导类天使母基金，向早期科技创新领域投放累计100亿元政策性基金。建立科技金融财政支持体系，市引导基金与81家国内知名投资机构合作投资，有效在管子基金143支，决策总规模4761.69亿元，市引导基金决策承诺出资总额1043.08亿元，聚焦投资战略性新兴产业。推动创业板改革并试点注册制成功落地，截至2021年底，深圳境内外上市企业495家，其中境内A股上市372家，境外上市123家。

（五）广州第一资源+深圳战略人才，打造高水平人才高地

广州实施"广聚英才计划"，建设全国首个国际化人才特区和中新广州知识城国际人才自由港，吸引赵宇亮、张伯礼院士等顶尖科学家团队来穗创新。全市有效申报国家引才计划人数大幅增加，国家和省人才工程入选者达2223人。充分发挥重大创新平台引才聚才作用，新建院士专家工作站11个，获批2个国家海外人才离岸创新创业基地。海交会线上线下同步开展人才、项目对接，发布优质岗位超1.3万个。创新基础研究项目形式，支持1349名青年博士人才在穗发展。坚持用服务留住人才。印发《关于进一步优化外国人来华工作许可办理的若干措施》，为外国人来穗创新创业提供更多便利，获中央广播电视总台（CGTN）采访。落实大湾区境外高端人才个税补贴政策，支持外籍人才创办科技型企业享受国民待遇，"魅力中国——外籍人才眼中最具吸引力的中国城市"广州排名第四。

深圳汇聚国家战略科技人才力量，量身打造创新平台、精准引进一批战略科学家，带动网络通信、数字经济、量子科技等前沿领域发展。组建11家诺贝尔奖科学家实验室，依托图灵奖获得者大卫·帕特森创办的RISC-V国际开源架构实验室，助力突破CPU领域"卡脖子"难题；依托

诺奖得主厄温·内尔建立内尔神经可塑性实验室，持续"以才引才"，两年吸引40余名外籍科学家全职加盟。通过引进高层次人才团队，培育出光峰科技、普门科技、易瑞生物、英诺激光等上市公司和奥比中光、云天励飞、华大智造等独角兽企业，相关企业累计营收超200亿元、贡献税收近10亿元，未上市企业累计融资超200亿元。构建从博士、博士后到优秀青年、杰出青年的全谱系培养体系。支持企业联合高校、科研机构开展技术攻关，打造面向产业前沿的卓越工程师队伍。

二、存在问题

（一）广深两城创新链产业链融合有待深化，科技支撑产业作用不强

一是科技创新对产业高质量发展支撑作用不足，科技创新与经济发展结合不够紧密，战略科技力量引领作用不足，创新载体效能未能充分释放，科技创新成果与制造业亟须"拧成一股绳"。二是产业链和创新链深度融合不够，重大科技基础设施建设运营机制有待明确、实现跨城共建共治共享有一定难度，两地"研发—检测—中试—验证"创新闭环平台建设相对滞后、难以共享共赢。三是重点产业领域共促共进不多，广州、深圳重点行业领域布局存在一定相似性，具备良好产业协同基础，但在以数字经济等为代表的重点产业领域协作效应不强。

（二）关键核心技术"卡脖子"问题依然突出，技术攻关协同作战不够

广州、深圳在基础研究、关键核心技术攻关等领域"单兵"模式为主、协同作战不够，联合创新有待进一步深化。一是基础研究投入仍然偏少，"卡脖子"技术问题重要根源在于基础研究实力不足，2020年深圳基础研究投入为72.82亿元，广州为110.03亿元，两地之和为182.85亿元，仍远低于北京（373.10亿元）、稍高于上海（128.13亿元）。二是关键核心技术"卡脖子"问题突出，以深圳为例，深圳全市五大行业的重要设备和关键零部件自给率不足50%，逻辑和存储芯片、激光雷达

芯片等高端芯片基本依赖进口。三是三大科学城建设呈现"单兵突进"模式,光明科学城、松山湖科学城、南沙科学城等作为大湾区综合性国家科学中心主要承载区,分别布局在深圳、东莞、广州三地,三地推进仍以"单兵突进"为主,联合承担重大项目、重大科技任务开展"大兵团"攻关不够。

(三)战略科技力量和科技人才储备相对薄弱,科技资源有效联动不足

战略科技力量和战略科技人才是推动科技创新的两大关键因素,广深总体布局相对北上仍有较大差距,创新资源尚未形成强大合力。一是战略科技力量不够雄厚,广深合计拥有国家实验室2家,不及北京、上海各自拥有量(均为3家);国家重点实验室广深共26家,与北京(136家)、上海(45家)存在较大差距;广深入选"双一流"大学名单及学科建设名单的高校合计8所,不到北京的1/4、上海的1/2。二是战略人才总量相对不足,广深共37人入选第四批国家"万人计划"科技创新领军人才,远低于北京(191人)、上海(70人);高层次人才较匮乏,广深共有全职院士138人,不到北京的1/6。三是创新资源难以联动发力,广深两地战略科技力量布局较零散,平台载体、高端人才等创新资源难以互通互用,尚未合力推进创新资源集聚和优化配置。

(四)重点区域呈现散点分布散点发展态势,创新引擎合力支撑不强

广深科技创新走廊缺乏统筹协调机制,科技创新重点区域呈现散点分布、独立发展的模式。一是协同创新体制机制不健全,目前合作机制以规划主导的对话式协调为主,缺乏跨行政区划并能够统一协调规划的顶层设计支撑,尚未形成成熟的制度化保障机制。二是创新资源配置不够协同,区域内重点平台建设及创新资源配置方式以地市为主,存在竞争大于合作的局面,缺乏推进创新资源集聚和优化配置的系统化布局。三是资源要素流通不顺畅,广深两地城市科技政策不完全同步,资源要素流动仍然无法摆脱单体城市发展的旧模式,资源区域化共享难度较大。

三、建议意见

（一）推动广深科技创新走廊向深莞穗制造业走廊升级，实现创新链产业链双城联动

广州、深圳推动共建具有国际竞争力的现代产业体系，要充分发挥科技创新对产业发展的支撑引领作用，推动广深科技创新走廊向深莞穗制造业走廊升级。

一是打造战略性新兴产业和未来产业集群。聚焦广东"双十"产业集群和深圳"20+8"产业、广州"3+5+X"战略性新兴产业体系高质量发展，推动两地科技资源与产业需求结合，依托广深科技创新走廊统筹规划创新链、产业链、人才链、教育链，沿穗莞深轴线打造产业创新经济带，发展壮大一批世界级高科技企业和加快催生一批高成长性科技企业，打造媲美美国波士顿128公路和硅谷101公路的科技产业走廊。

二是推动产业链创新链供应链深度融合。广深在半导体与集成电路、超高清视频显示、智能机器人、新能源、深地深海、空天技术等多个产业领域可形成互为产业链、创新链、供应链的产业体系，"产业联动"推动共建现代产业体系。

三是构建数字经济共同体。充分发挥大湾区产业门类齐全、应用场景丰富、市场容量巨大等优势，深圳强化通用芯片设计、核心电子元器件等基础研发，广州强化数字技术应用和应用场景建设，合力抢占数字经济发展先机。

（二）推动三大科学城从单兵突进向协同大兵团作战升级，实现综合性国家科学中心双城联动

广州、深圳要强化基础研究与技术攻关合作，推动三大科学城协同大兵团作战，共同支撑建设大湾区综合性国家科学中心。

一是加强基础研究与应用基础研究合作。以南沙科学城、光明科学城、松山湖科学城等三大科学城为依托，聚焦关键共性技术、前沿引领技术、现代工程技术、颠覆性技术，联合落实省基础研究与应用基础研究十年"卓粤"计划，深化基础研究合作，催生更多原创成果。

二是强化关键核心技术联合攻关。支持三大科学城创新主体联合承担科技创新2030重大项目、国家重点研发计划等国家重大项目，联合推进"广东强芯"工程、核心软件攻关工程等广东省重大工程建设，以"大兵团"模式联合承担国家和省重大战略科技任务和重大技术攻关，将断供目录变成自主创新清单。

三是加强重大创新载体对接。依托两地差异化布局，统筹两地科技资源，联合推进大科学装置等重大基础设施建设，推动三大科学城各类创新主体的科技成果优先在广深两城"沿途下蛋、就地转化"。

（三）推动战略科技力量和人才从分布实施向同向发力升级，实现创新资源双城联动

以战略性创新平台、科技项目和科技人才为抓手，统筹两地创新资源，推动双城战略科技力量和战略科技人才形成强大合力，实现广深创新资源联动发展。

一是统筹推进战略性创新平台建设。以"前海+南沙+河套"三大国家级战略平台为主要承载区，联合争取国家战略科技力量的布局建设，汇聚一批战略科学家、科技领军人才和创新团队、青年科技人才和卓越工程师，形成面向世界的科技创新"三舰队"。

二是合力开展战略性科技项目。联合建立基础研究需求凝练调研机制，探索基础研究板块、应用基础研究板块的委托制，支持以"一城主动发起、双城联合承担"的模式实施战略性重大项目，充分发挥深圳企业和广州科研优势。

三是联合构建战略性人才体系。探索联合制定广深战略科学家、战略智库清单，建立双城科技创新专家咨询制度，充分挖掘双城高校、科研机构的学科优势和科研力量，联合组建交叉学科大平台、大团队。

（四）推动重点区域散点布阵向串珠成链升级，实现创新主引擎双城联动

加强区域顶层设计，聚焦创新节点优势，推进重点区域协同创新，加强区域科技创新合作，打造广深双引擎。

一是建立广深全方位协协同推进机制。研判各创新节点的科技创新与

产业优势，以"错位发展、平衡发展"为导向加强总体规划和顶层设计，强化双城联动、各区结对、部门协商的统筹协调机制，探索以绩效评价为导向的利益分配协调机制。

二是畅通广深创新资源流动机制。完善广深科技创新走廊内专业技术人才的职称、资格互认机制，建立广深创新走廊综合服务平台。

三是打造广深科技创新共同体。探索建立"创新资源共享+技术联合攻关"的创新合作模式，建立双城科技资源共享机制，探索广深联合资助科研项目，打造双城引领的创新共同体。

（陈望远）

以"点将配兵"模式全力推进大湾区战略科技领域实现重大突破的建议

【提要】重大科技问题和"卡脖子"技术难题的"点将配兵"模式可以实现人才、基地、资源、平台一体化配置，有助于克服人才队伍的无序竞争、项目设置的利己主义倾向和资源配置的"撒胡椒面"现象。本报告建议，在"揭榜挂帅""赛马"等模式之外，新时代粤港澳大湾区面向国家重大战略的科技创新项目应重点引入"点将配兵"模式，一是不断优化战略科学家、领军科学家发现与"引"入机制；二是全面优化"培"育战略人才力量机制；三是持续优化"点将配兵"保障机制，着眼才尽其"用"和栓心"留"人。

当今世界正经历百年未有之大变局，大国博弈愈演愈烈。建设创新型国家和世界科技强国、实现高水平科技自立自强，是我国当前科技发展的重要目标。粤港澳大湾区产业体系正处于优化转型关键阶段，又逢中美贸易摩擦中遭遇"卡脖子"等问题，制造业因创新能力不足陷入"低端困局"，特别是集成电路、新一代信息技术产业"缺芯少核"，存在湾区制造"全而不强"和供应链"断链"风险。如何理顺科技创新治理机制，发挥中国特色社会主义制度优势，在重大战略科技领域实现重大突破，促进大湾区整体科技实力的提升，成为大湾区建设一个重要而紧迫的任务。

2021年9月，习近平总书记在召开的中央人才工作会议上指出，要优化领军人才发现机制和项目团队遴选机制，对领军人才实行人才梯队配套、科研条件配套、管理机制配套的特殊政策。大湾区如何围绕关键核心技术等重大科技创新目标具体实现项目、基地、人才、资金的"一体化配置"、对领军人才实行"三个配套"，打造战略科学家成长梯队，提升科技创新的整体效能，值得探索研究。

一、"点将配兵"是充分发挥关键核心技术攻关新型举国体制的重要实践

重大战略科技领域是国家重大战略需求和"卡脖子"技术突破的关键领域，其决策机制实行"自下而上"和"自上而下"结合，根据人才和资源的知悉情况，可以将科技攻关型创新的资源配置方式分为"揭榜挂帅""赛马""点将配兵"等3种不同模式（见表1）。

表1　科技创新人才、项目、资源配置组合

资源配置方式／要素类型	科技攻关型创新			科学探索型创新
	"揭榜挂帅"	"赛马"	"点将配兵"	
人才	未知	已知	未知	未知
项目	已知	已知	已知	未知
资源	未知	未知	已知	未知

一是"揭榜挂帅"模式。其特点是人才未知、资源未知，多是基于市场化机制，鼓励能者上、勇者胜。是由政府组织和设立的面向全社会的科技奖励安排，并将其运行流程归纳为前期、中期和后期三阶段。"揭榜挂帅"模式适用于目标明确、任务清晰、结果可测的具体科技攻关任务，特别是中小规模的应用型科技攻关项目。这种模式扩大了科研参与群体，强化了成果竞争，激发全社会创新热情，是对现行科研资助体制的一种必要补充。

二是"赛马"模式。"赛马"模式是指在科技研发过程中，先进行多个单位的平行立项，而后逐步重点聚焦、优中选优的一种项目组织管理模式。相比于"揭榜挂帅"模式，其特点是在"马"明确的条件下，在比赛

中竞争优劣，选取更优、更快的"骏马"。"赛马"模式充分发挥了竞争机制在项目研发中的重要作用，调动了研究主体的积极性，保证了招标和委托单位的决策权，是适应市场经济特点的科技资源配置方式；但在该模式中，前期的巨大资源投入和中期存在的项目能否持续进行的潜在风险，往往会使一些科研团队望而却步。

三是"点将配兵"模式。其特点是在项目、资源均相对明确的条件下，由知人善任的高层科技领导人在众多科技人才中，选择"将才"来发挥领军作用，并为"将才"配备或由其自主遴选一定数量的科技队伍和科技资源开展重大任务攻关，努力在涉及国家安全、国家战略、国计民生的重大领域实现重大突破。"点将配兵"模式的主要优势在于打破既有的人才和资源的条块约束，在对科学家一贯的创新表现进行综合性评价的基础上，以最精准、最快速的选拔机制确定科技领军人才，减少无序竞争带来的人才消耗和资源浪费。

"揭榜挂帅""赛马"等都是开放创新条件下竞争择优的科技资源配置模式，具有周期短、效率高、成本低等优势；在中小规模的应用型科技攻关项目中，这些模式对发现优秀人才、激发创新活力、促进成果产出都具有积极意义。但对影响国家发展战略的重大项目和"卡脖子"关键核心技术突破来说，竞争性和普惠性的政策效用有所不足，急需更多功能性和针对性政策。重大战略科技领域政策的核心是实现特定功能发现与遴选科技领军人才、整合与提升科技供给水平、实现重大科技突破、满足特定领域国家战略需求。"点将配兵"作为新型举国体制的一种探索，可将战略科学家与科技工作者及众多必要资源统筹配置，集中到项目研发最核心、最关键之处，充分发挥国家集中力量办大事的优势，在较短时间内打破条块束缚、避免无序竞争、促进优势积累、提升创新效率，集中攻关直至获得突破。

二、粤港澳大湾区重大战略科技领域与人才匹配问题

目前，粤港澳大湾区正以推动科技创新作为着力点，以重大科技基础

设施为抓手建设综合性国家科学中心，瞄准人工智能、量子信息、集成电路、生命健康、脑科学、生物育种、空天科技、深地深海等前沿领域，实施一批具有前瞻性、战略性的国家重大科技项目，旨在增强国家战略科技力量，突破核心技术瓶颈，加快解决一批"卡脖子"的重大科学难题，以提升创新策源能力和全球资源配置能力。

增强粤港澳大湾区战略科技力量离不开科技人才的强力支撑。党的十九大报告指出，要"培养造就一批具有国际水平的战略科技人才、科技领军人才、青年科技人才和高水平创新团队"。粤港澳大湾区科技队伍规模大，但创新型科技人才结构性不足矛盾突出，关键核心技术领域与高水平人才队伍不匹配，世界级科技大师缺乏，领军人才、尖子人才不足，工程技术人才培养同生产和创新实践脱节。具体而言：

一是人才政策精准度有待提高。培养战略科学家、领军人才等立体式的技术人才的规划和布局缺乏前瞻性，相关人才政策资源投入较为分散、不够聚焦。如目前广州还没有推出专门针对重点产业领域引培战略科学家、领军人才的系统性政策文件。对战略科学家、领军人才的资助缺乏长期稳定的平台和资金支持，已经出台的相关政策中存在衔接不紧、政策雷同等问题。

二是产学研融合发展能力不够突出。战略科学家和领军人才不同于普通科学家最重要的特点之一就是能引领科技创新，助力产业发展，成为担纲"国之重器"、突破"卡脖子"技术难题的领军人物。而目前部分科学家更多的是从事学术研究，把科研成果从实验室应用到的产业发展中的较少，学术界及产业界之间的沟通机制还没有有效建立，科研成果转化为技术突破，进而引领产业发展的能力还不够强。

三是人才评价和激励机制不够完善。破除"四唯"力度不够，以业绩、能力、贡献等为标准的市场化、社会化人才评价体系还不成熟，充分考虑学科特殊性、有效性的评价方法还有待进一步完善。特别是在一些基础性学科领域，如何包容失败，鼓励创新，支持"从零到一"重大突破的办法还不多。现有的薪酬激励制度和人才综合保障一定程度上影响战略科学家的培养和集聚。

三、对策建议

"点将配兵"是战略科技领域资源配置的战略安排，能进一步集聚资源、配备人才，进行目标导向、结果导向的研发攻关，具有周期短、效率高、成本低等优势。2021年，习近平总书记在中央人才工作会上指出，要大力培养使用战略科学家，坚持实践标准，在国家重大科技任务担纲领衔者中发现具有深厚科学素养、长期奋战在科研第一线，视野开阔，前瞻性判断力、跨学科理解能力、大兵团作战组织领导能力强的科学家。这是新时代实施重大科技攻关和突破对"将"的要求。现就推进粤港澳大湾区重大战略科技领域实施"点将配兵"提出三点建议。

（一）点将：优化战略科学家、领军科学家发现与"引"入机制，充分发挥其"帅才"的作用

一是提高"点将"过程双向互动性，提高国家战略性重大项目立项、运行和成果产出的科学性有效性。重大战略性科技项目的"点将"过程，一方面是政治家和科技领导人主动提名、发现和推荐有潜质的战略科学家、领军科学家的过程；另一方面也是广大科技工作者主动适应、引领和满足国家战略性科技需求的过程。二是成立面向最高决策层的粤港澳大湾区科学顾问委员会，为粤港澳大湾区科技发展决策提供高端智库支持，协助国家制定科技战略，引导国家的科学发展和创新研究，推进交叉领域创新，提高创新效率。三是锚定全球顶尖科学家、高被引科学家榜单，绘制"高精尖缺"靶向引才地图，完善"一事一议"引才机制，在国际人才竞争中吸引和凝聚战略科学家。四是坚持扩大科技开放合作，扩展战略科学家的发现、识别渠道，在国际重大科技奖项获得者、国际科技组织关键岗位任职的科学家中发现有潜力的战略科学家后备人才。五是打造科技创新平台体系引培战略科学家团队，实现平台揽人和以才引才。依托中新广州知识城、广州科学城、广州南沙科学城、深圳光明科学城、深港科技创新合作区、西丽湖国际科教城和鹏城实验室、广州实验室等重大创新载体，试点各类科研管理体制改革，创造宽松的创新氛围，吸引全球顶尖战略科学家及其创新团队入驻。六是通过建设多元高水平研发平台，让战略科学

家在国家重大科技任务中担纲领衔，有意识地发现和培养更多具有战略科学家潜质的高层次复合型人才，围绕国家重点领域、重点产业，组织产学研协同攻关，探索构建战略性科技人才的发现与有效识别机制。充分发挥团队专家在国内外的学术影响力，引荐和吸引优秀人才，这些引进的优秀人才又通过自身的影响力举荐和吸引新的人才，从而产生良性循环的人才聚集效应。

（二）配兵：全面优化"培"育战略人才力量机制，让更多千里马竞相奔腾

一是发挥科教资源优势夯实人才基础。粤港澳三地科技研发、转化能力突出，拥有一批在全国乃至全球具有重要影响力的高校、科研院所、高新技术企业和国家大科学工程，创新要素聚集，人才自主培养能力和创新承载潜力巨大。要整合高校基础研究优势特色，主动对接国家重大项目和工程，组建大团队、培育大项目、建设大平台，力争在关键领域产生原始创新重大突破。要大力支持高校聚焦粤港澳大湾区建设需求和重点产业发展领域，加强学位点建设和研究生培养，建立支持高层次人才（团队）培养和青年教师开展科研活动的立体化科研体系。深刻把握战略科学家的特质，在高等教育中，提升自然科学类学生的人文素养，探索战略科学家苗子的选拔和培养机制。在基础教育中，除了基本科学和人文知识的传授，还应更注重个人情操、思维能力、审美能力、创新能力、组织能力等素质的培养。

二是大力培育青年科技人才。坚持青年科技人才和科技领军人才并重，培养具有国际竞争力的青年科技后备军。构建开放、流动、竞争、协同的用人机制，支持省实验室、高校、科研院所、企业联合培养青年人才，让更多青年科技人才挑大梁、当主角，在实践中不断提高领导能力和组织管理水平。探索试点部分领域科学计划（专项、基金）面向全球青年人才开放，吸引集聚更多STEM人才。制订更加适合青年人才需求的综合支持政策，让青年人才安心从事科学研究。

三是打造人才成长梯队。战略科学家必定是"凤毛麟角"的稀缺人才，只有做大国家战略人才力量的基数，以培养造就一流科技领军人才和创新团队、青年科技人才以及卓越工程师为基础，让各类人才创新活力竞相迸发，才能使战略科学家在人才梯队中崭露头角"冒出来"。要把善于解决具体问题的科技战术家逐步培养成为运筹帷幄的战略科学家，支持其扩大国际视野，创造条件引导其参与国际科技合作交往，有意识地向一流国际科技组织推送我国科学家任职，助其提升国际知名度与影响力。针对当前战略科学家严重不足的现状，现阶段还应重视创新人才团队的打造与支持，形成战略科学家支撑团队。

（三）持续优化"点将配兵"保障机制，着眼才尽其"用"和栓心"留"人

一是建立以信任为基础的使用机制。尊重科学家创造性，大力弘扬科学家精神，赋予科学家更大技术路线决定权、更大经费支配权、更大资源调度权；同时，建立健全责任制和军令状，推行重大科技专项和领军型创新创业团队项目首席专家负责制，要做到权责明晰，提升管理科学化和规范化水平。要允许战略科学家基于专业判断的多元意见，保护建议的独立性。在战略科学家参与科技战略咨询工作时，要有更灵活的机制，使其有渠道快速、直接向决策层汇报。对于战略科学家不要急于求成，不能急功近利，要给其自由研究的空间。建立创新容错纠错机制，正确对待人才在科研中出现的错误和失败，区分勇闯无人区的探索与故意违法违规行为。特别是在一些基础性学科领域，如何包容失败，鼓励创新，支持"从零到一"重大突破。

二是全面深化人才发展体制机制改革。抓住粤港澳大湾区人才发展体制机制综合改革试点契机，提高人才政策精准度，探索对国家实验室等重大创新平台，下放人才评定、职称评审自主权和特聘岗位设立权，进一步激发人才活力。不断提升管理服务的精细化水平，为战略科学家提供平台建设、科研项目、资助资金、岗位绩效、生活保障等一揽子"政策包"支持，在硬件保障、空间保障、生活服务保障上下功夫，全力解决好人才的后顾之忧，不断提升人才的获得感、幸福感、安全感、归属感。

三是突出实绩完善人才评价体系。进一步破除"四唯"倾向，坚持以创新价值、能力、贡献为导向评价人才。建立原创导向、需求导向、市场导向的评价体系，构建"企业认可、市场评价、政府支持"的人才评价模式，创新建立"认定""遴选""择优"并重的人才团队遴选模式。

四是完善战略科学家的激励机制。积极搭建干事创业的平台，构建充分体现知识、技术等创新要素价值的收益分配机制，让事业激励人才，让人才成就事业。优化人才表彰奖励制度，加大先进典型宣传力度，在全社会推动形成尊重人才的风尚。在全社会大力弘扬以"胸怀祖国、服务人民的爱国精神，勇攀高峰、敢为人先的创新精神，追求真理、严谨治学的求实精神，淡泊名利、潜心研究的奉献精神，集智攻关、团结协作的协同精神，甘为人梯、奖掖后学的育人精神"为内涵的科学家精神，在全社会形成尊重知识、崇尚创新、尊重人才、热爱科学、献身科学的浓厚氛围，为战略科学家的成长和涌现塑造良好的社会生态。

（高　烨，林柳琳）

以会展产业促进广州国际消费
中心城市建设

【提要】会展产业被喻为旅游业"皇冠上的明珠",会展活动的举办为城市带来大量的人流、物流、资金流,从而促进城市经济的发展。会展产业对进一步推动广州建设国际消费中心城市建设具有重要作用。本文从分析广州市会展产业现状入手,探讨了广州市会展产业面临疫情挑战、城市间竞争激烈、会展场馆不足、湾区城市协同弱、政策扶持力度不足等问题,提出了直面疫情创新会展模式、做好场馆建设、推进会展专业化和国际化、大湾区城市协同、政策支持等措施,为广州市继续大力发展会展产业,促进广州市建设国际消费中心城市提供策略和建议。

国际消费中心城市是现代国际化大都市的核心功能,是消费资源的集聚地。广州市是率先建设国际消费中心城市的五个试点城市之一,广州市近年大力实施尚品、提质、强能、通达、美誉"五大工程",服务粤港澳大湾区高质量发展,加快实现老城市新活力、"四个出新出彩"。会展产业被喻为旅游业"皇冠上的明珠",又称为"触摸世界的窗口""诱人的城市面包",它可以带动交通、游览、住宿、餐饮、购物、文娱等综合性行业发展。广州市正着力塑造具有全球影响力的国际会展之都。继续大力发展会展产业,对促进广州市建设国际消费中心城市具有重要作用。

一、广州市会展产业的发展现状

会展产业是通过举办大型国际会议、展览、奖励旅游、节事等活动,来带动当地的旅游、交通运输、饭店及相关服务业的一种新兴产业。根据相关专家测算，国际会展产业的平均带动系数约为1:9。

（一）广州会展规模、行业影响力均全国领先，会展经济持续快速发展

广州市会展规模稳居全国第二，从2012年至疫情前的2019年，广州市重点场馆展览面积逐年稳步增长，年均增长3.1%。2019年，全市举办展览690场次，合计展览面积1024万平方米，连续八年居全国第二位，仅次于上海。广交会被誉为"中国第一展"，单展规模世界第一，疫情前每届面积118.5万平方米，场内成交额约300亿美元。2019年的两届广交会、家博会、建博会占据我国单展规模前四名。美博会、照明展等展览规模居全球同行业展会首位。广州展会市场化程度高。2019年全市办展主体共164家，其中民营企业达126家，占比达77%。

（二）会议业呈较快发展态势

2019年，全市各会议中心、酒店等单位共接待会议6万场次，其中接待国际会议140场次，同比增长7.7%。接待参会人员568万人次，同比增长2.3%、其中接待境外参会人员14.7万人次，同比增长35.3%。全市21个重点场馆举办会议场次在2016年至2019年间年均增长12.1%。2021年全市重点场馆接待会议合计6492场，同比增长7.0%。中央和国家领导人对广州举办大型会议十分重视，习近平总书记曾于2021年12月接连给"读懂中国"国际会议（广州）、2021从都国际论坛、大湾区科学论坛三个国际会议发表视频致辞、贺信。

（三）会展场馆面积居全国前列

广州会展场馆面积居全国第二。琶洲地区用于招展的室内展览面积超过50万平方米，仅次于上海（97万平方米）。中国进出口商品交易会展馆，总建筑面积110万平方米，室内展厅总面积33.8万平方米；保利世贸博览馆，室内展厅面积8.18万平方米。广交会展馆正在扩建四期展馆，建成后总建筑面积将达161.5万平方米，展览总面积62万平方米，其中室内展览面积50.4万平方米，为全球最大会展场馆。

二、当前会展产业面临的主要问题和挑战

自2020年以来，新冠肺炎疫情对会展产业造成重大的冲击和影响，至今仍没有结束。疫情期间正是"锻长板、补短板"的最佳时机，苦练内功、增加韧性，待疫情过去，将更能快速恢复和长远发展。

（一）来自疫情的挑战，会展产业遭遇前所未有的困难

人员的大规模聚集，是会展产业的核心特征，也是会展产业蓬勃发展的重要基因。人口高度聚集却将导致公共卫生危机的交叉性传播速度加快，要控制公共卫生危机的蔓延，首要措施就是减少人员聚集。会展的人员集聚特性与疫情防控的控制人员聚集措施是严重冲突的，会展产业是受疫情影响最严重的行业之一。

2020年，受疫情影响，展览业上半年"停摆"，7月起全面复工复产，全年举办展览575场，居全国首位；展览面积471万平方米，居全国第二位。2021年，受疫情影响，全市实际办展时间仅8个月，重点场馆举办展览388场次，展览面积683.81万平方米，场次和面积均居全国第二位。2022年一季度，广州市主要场馆合计举办展览20场次，展览面积合计约82.22万平方米，同比大幅下降。原因是2022年3月11日正在举办的美博会发生疫情事件被迫中止，门窗展等3个展览活动也被暂停，给参展企业和主办企业造成较大损失。第127届至129届广交会连续三届转为线上举办，第130届虽然恢复线下举办，但规模仅为正常时期的三分之一。

疫情期间展会活动大多转为线上举办，但存在参展人员体验性差、不能充分交流互动、无法亲身体验产品、无法参加相关研讨会、无法直接获取行业信息、交易信息真伪难辨等问题，展会举办方、参展商均对线上会展没有参与热情，线上会展遇冷。在疫情的影响下，会展产业遭遇了前所未有的困难。

（二）会展产业城市之间竞争激烈，广州会展产业未能与地区文化特色融合，先发优势逐渐弱化

广州会展产业竞争主要来自北京、上海等一线城市，北京、上海经国际展览协会（UFI）认证的中国展会、中国会员数量均大幅超越广

州。还有来自重庆、天津、成都、杭州、济南等后起之秀的追赶，重庆国际博览中心建筑面积达60多万平方米，天津建设第三个国家级会展中心，成都拥有两座大型展馆，杭州正在规划建设超过100万平方米场馆，济南规划建设总建筑面积达到130万平方米的国际会展中心。在粤港澳大湾区来说，深圳、佛山、东莞等城市也在会展产业方面不断发力、成绩显著，深圳国际会展中心规划新建50万平方米的室内展厅，正式运营后单一展馆面积将超过广交会。1957年广州举办了第一届广交会，率先开创了会展的先河，但近十年已逐渐被其他城市不断追赶和超越，领先优势逐渐丧失。

（三）会展场馆面积规模不足，会展设施功能相对落后，未能充分满足现代展会要求，会展配套不完善

广州的会展场馆主要集中位于琶洲地区，占全市展览面积的95%，导致资源和结构不均衡、场馆供给时间不足。其中广交会展馆在室内展览空间、使用效果和展览综合硬件配套等方面已无法很好满足现代展会的要求，无法展示飞机、船舶、汽车及高科技大型机械等高附加值展品。

场馆相关配套建设不完善。如：在琶洲区域缺乏物流货车轮候区，人流、物流、车流没有很好分流，交通疏解与物流规划滞后。缺乏大型会议和大型展览配套的会议、酒店、餐饮、物流、交通等城市公共设施。

（四）区域协同不足，与"一带一路"城市、大湾区城市互动较少，"双区建设、双城联动"等未发挥效能

在"一带一路"倡议下，需加强与沿线国家和地区的互联互通和经济合作，需要国际化的会展平台为金融、商贸、基建、文化等领域创造更多机会，但实际的互动较少。粤港澳大湾区11个城市共有展览馆34个，室内可租用面积达到196.3万平方米，但广州会展主题与大湾区其他城市未能差异互补。会展体量面临深圳直接竞争，"双区建设、双城联动"等未发挥效能。

（五）政策支持力度不足

2021年5月广州出台关于促进会展产业高质量发展的若干措施（暂

行），2022年4月印发广州现代会展产业链高质量发展2022年工作要点等，提出优化会展场馆功能和布局、促进会展企业落户、促进展览项目落户、支持大型展览稳定发展、鼓励扩大展览规模、鼓励举办高端会议等措施，巩固提升现代会展产业在产业链供应链中的战略作用，但在会展品牌化数字化国际化、会展专业人才、会展公共服务等方面的政策不完善。特别是，在展会项目引进方面与深圳等城市比较，深圳的奖励力度较大，广州存在政策扶持力度不足等问题，未能充分"向政策要活力"。

三、广州市继续加快发展会展产业的对策和建议

会展产业与旅游业、房地产业并称为世界"三大无烟工业"。会展产业是衡量大都市发展水平的基本参数和重要标尺，是当代先导型的服务业、大都市发展的助推器、增长极。会展产业是广州实现"老城市新活力"和"四个出新出彩"的重要载体，必须继续大力发展。

当前会展产业面临着新冠肺炎疫情、城市间竞争、大型展会移至线上举办等重大挑战，但广州市会展产业发展有着不可替代的历史、产业、区位和交通等优势，随着粤港澳大湾区建设加快推进，一系列重大项目陆续启动建设，广州市会展产业将迎来更大发展机遇。

（一）直面疫情冲击，创新会展模式

随着国内疫情防控常态化，会展产业要继续发展必须面对疫情冲击，构建立体防疫体系。由政府组成工作小组，研究制定全市会展防疫工作方案，指导和参与会展防疫工作，保障会展防疫物资供应，会展参与各方构建疫情应急预案，加强培训演练，形成长效机制。

创新会展模式，促进办会与办展融合、会展活动品牌化、会展企业集团化，促进会展经济全球整合。会展形式线上线下相结合。鼓励举办线上展会，以5G、大数据、人工智能等新技术应用为核心，积极动员和扶持企业举办线上展会，充分运用VR/AR等手段，提升展示、洽谈等效果，推动传统展会项目开通线上展览。通过线上线下相结合，打造"永不

落幕的广交会"。

（二）扩大开放、推进会展国际化、专业化发展，加强与地方特色融合发展，促进与旅游业融合发展

推动会展产业的国际化，打造专业龙头展览。充分发挥广州作为"千年商都"的优势，拓展与国际消费市场紧密对接的通道，促进新型消费模式，形成以国内大循环为主体、国内国际双循环相互促进的新发展格局，使会展产业成为广州新发展格局下的消费增长极。推动会展产业开拓创新，深化国际交流合作，促进会展向综合运作转变，推进会展产业与关联产业融合发展。发展壮大会展产业链，加快培育本土会展龙头企业，推出一批与城市经济发展相结合的专业品牌展会。

（三）做好会展场馆布点规划和建设，完善会展配套设施

广州会展产业扩容提质，需要补短板、锻长板。展馆大小决定会展发展空间，广州长期缺少适合大型展会成长发展的特大型展馆，需要补齐设施短板。锻长板，即借助广州在珠三角核心区域的优势，提升品牌展会辐射带动效应，发展龙头展会项目。

根据《广州会展场馆布点规划》，广州市会展产业的发展目标为"国际会展之都，立足湾区，服务全国，面向全球"，统筹推进全市11个区"一主两副核心，五小片，多点支撑"的会展场馆布局。"一主"是指琶洲会展主核心区，通过广交会展馆四期项目扩建，打造全球最大会展场馆。两副核心区包括广州空港会展中心（室内展览面积20万平方米）和南沙副核心（国际会展中心，室内展览面积2.5万平方米；国际金融论坛永久会址，总用地面积20万平方米）。"五小片"包括流花会展、广州南站地区、广州北站地区、增城、从化等区域建设中小型会展场馆。

完善会展相关配套设施，会展中心与商业地产、旅游、休闲相结合，建设会展综合体（如正在建设的广州空港会展中心），不仅满足会展场馆配套需求，还可以吸引旅游度假人群。把会展与国际消费中心城市建设结合，继续做大做强汽车、家具、建材、家电、餐饮等传统消费型展会，增强会展消费引领作用。

（四）强化"一带一路"的辐射作用，加强粤港澳大湾区协同，推动"双区建设、双城联动"

充分发挥"一带一路"的辐射作用，通过举办各类博览会、研讨会、论坛、峰会等，吸引沿线国家和地区的专家学者、商人、官员、普通群众，增进相互间的交流、理解，为共同发展达成共识，推动中国与"一带一路"沿线国家和地区的经济贸易与投资活动。

促进湾区城市紧密合作，构建会议展览为重点的现代服务业体系。充分发挥粤港澳三地会展行业协会和龙头企业作用，建立粤港澳会展产业合作机制，推动粤港澳大湾区会展产业集聚、互补发展，促进会展交流合作。共同举办好粤港澳大湾区服务贸易大会、知识产权博览会、粤港澳经济技术贸易合作交流会、粤澳名优商品展等展会，积极参与香港电子展、澳门国际贸易投资展览会等展会活动，深化粤港澳三地会展产业合作，鼓励港澳机构在粤独立办展。配合澳门培育一批具有国际影响力的会展品牌。配合做好粤港澳大湾区绿色会展中心建设。

依托湾区、协同港澳，强化广深"双城"联动，推动粤港澳大湾区会展产业错位、融合发展。深化穗港澳合作，推动与横琴、前海两个合作区的战略互动。广州"传统商贸类"为主，与深圳"科技文化类"差异性发展，同时与周边城市"工技术类""制造类"展会形成互补关系。

（五）强化政策支持，加强产业创新与商旅文融合

改革开放、大胆创新，研究制定支持会展产业恢复发展的专项扶持政策，同时通过会展产业创新，推动消费融合创新。具体政策包括采取税收减免、租金补贴、贷款贴息等措施，对会展企业场地租金、宣传推广等费用补贴；对参加重点产业展会的中小企业和严格执行防疫指引。优化会展公共平台服务功能，推荐广州市商务考察、旅游观光路线及餐饮、购物地点，支持重点展会强化投资、贸易和城市宣传推介功能，促进参展企业与相关行业企业合作交流，促进展会与商旅文融合发展。

推动会展产业政策和制度的创新，向制度要活力。例如，可把部分区域（如空港经济区、南沙会展区）申请纳入自由贸易港范围，参考海南的特殊政策，实现零关税、低税率、简税制等，为境内外展商提供更多便利。

创新会展运营主体。广州可考虑以土地和新项目的方式，与商务部和省市合作，共同探讨组建新的广交会运营主体，构建新的产业链。同时利用广州市的地方特色和优势，组织有影响力的高端论坛会议和行业交流活动，吸引高质量的新采购商到会，提升广交会期间配套论坛和交流活动水平。

会展产业是城市经济发展的晴雨表，会展产业能推动城市建设、增加就业和税收、拉动产业增长、促进投资、促进城市经济增长、树立城市形象。会展产业被喻为旅游业"皇冠上的明珠"，会展活动的举办为城市带来大量的人流、物流、资金流，从而促进城市经济的发展。利用广州市"千年商都"的深厚底蕴，继续把会展产业做大做强，将进一步推动广州建设国际消费中心城市建设。

（陈达良）

建设大湾区"菜篮子"产品追溯体系
助力广州打造国际消费中心城市

【提要】完善粤港澳大湾区"菜篮子"产品追溯体系、建立质量安全标准体系，是提升消费提质升级的重要抓手、是广州加快培育国际消费中心城市"尚品"工程的重要内容。广州经过十余年的建设，产品追溯体系取得了一定成效，但目前粤港澳大湾区"菜篮子"产品追溯体系建设仍存在一些问题，具体表现为：体系不完善，标准不统一，法规不健全，商企不积极，宣传不到位。建议：一是加快完善推广大湾区"菜篮子"追溯体系；二是积极推进所有私营肉菜市场集体化改造；三是加强农产品生产流通领域专业合作社建设；四是促进优质农产品"本地化"生产和国际化流通；五是大力提升社会公众认知度。

把广州打造成国际消费中心城市，是深入贯彻习近平总书记关于广州加快实现"老城市新活力""四个出新出彩"重要指示的重大战略举措。消费无外乎"衣食住行"，而"食在广州"则是这座千年商都闻名遐迩的金字招牌。小小"菜篮子"，悠悠大民生。粤港澳大湾区"菜篮子"工程关乎广州千万百姓的一日三餐，如何吃出"健康态"，保证"舌尖上的安全"？如何吃出"国际范儿"，达到"食在广州，吃遍世界"的境界，这是广州打造国际消费中心城市必须始终关注的一件大事。大湾区"菜篮子"工程助力广州培育建设国际消费中心城市，需要做方方面面工作。其中关键是要扭住大湾区"菜篮子"产品追溯体系这个"牛鼻子"。

一、建设"菜篮子"产品追溯体系的意义

民以食为天，食以安为先。随着人们食品安全意识的不断提高，越来越多的消费者对食品的安全健康、质量保障需求不断增加。而"菜篮子"产品则是食品安全中最复杂和最艰难的部分。3月23日，广州市政府政务公开网站公布了市场监督局第5期食品安全抽检信息，共检出33批不合格食品。现在大家知道，基于国家检测标准的食品安全已经不能满足需求；第三方认证也仅仅是流程认证，无法时刻监督生产现场；消费者更是为企业绑架行为感到愤慨（例如三鹿奶粉事件）；在信用缺失的大环境下，人们对社会控制同样没有信心。这就迫使人们必须寻求一条安全级别更高的解决食品安全的方法。这种情况下，"菜篮子"产品追溯体系应运而生。

"菜篮子"产品追溯体系是指肉类蔬菜进入市场的身份信息登记系统，涉及肉类蔬菜产地、加工、检验检疫及企业等多个节点信息。"菜篮子"产品追溯体系可将肉类蔬菜生产、加工、销售等过程的各种相关信息进行记录并存储，能通过食品识别号（溯源码）在网络上对该产品进行查询认证，追溯其从源头到加工流通各环节的相关信息，保证终端用户购买到放心产品，防止假冒伪劣产品进入市场，以达到"从田头到餐桌"全过程安全。

建设追溯体系的目标远远不止"溯源"。（1）"菜篮子"产品追溯体系的建立，让食品安全从"事后处理"变为"事前控制"，为政府职能部门对肉类蔬菜安全提供快捷、现代化的监管手段。（2）追溯体系对肉类蔬菜生产销售进行全过程精准跟踪，一旦发生质量问题，能更快速并且准确地召回问题产品，及时控制变质产品的危害蔓延。（3）追溯体系实现了整个供应链的信息透明化，让消费者买得放心、吃得舒心，从而增进对产品的信任度。（4）建立追溯体系能够促进标准化生产，提高产品质量，增强产品市场竞争力，打造农业企业品牌，增加农民收入，带动农业发展。（5）建立追溯体系有利于"菜篮子"产品国际化流通，真正实现"买全球、卖全球"。

二、广州"菜篮子"产品追溯体系建设存在的矛盾问题

20世纪初，西方发达国家就陆续建立了农产品溯源体系，已经在这些国家的食品安全领域中发挥着重要作用。2008年"三鹿奶粉"事件爆发后，2010年全国开始推进"菜篮子"产品流通追溯体系试点建设。广州地处改革开放前沿，这项工作起步较早，经过十余年的建设，取得了一定成效。但调研发现，目前广州"菜篮子"产品追溯体系建设仍存在不少矛盾问题，远未达到国际消费中心城市应有的标准要求。

（一）体系不完善

调研发现，广州市"菜篮子"产品追溯体系发展还不够平衡，未能实现全覆盖。像太古汇超市、K11超市、山姆会员店等高端农产品销售场所，以及东山肉菜市场、江南市场、黄沙水产市场等追溯体系试点市场，各类肉品蔬菜基本上都有溯源码；像百佳永辉超市、华润万家、美宜佳等中端农产品销售场所，以及芳村市场、白云农贸市场等普通市场，部分肉品蔬菜有溯源码；而老旧城区大量的街道菜市场、露天菜市场、流动摊贩，则大部分肉品蔬菜无法溯源，难以杜绝"垃圾猪"、污染鱼、"毒豆芽"、农残菜进入广州市民的餐桌。

（二）标准不统一

目前，在全国范围内还没有形成一套统一的"菜篮子"产品追溯系统，"菜篮子"产品认证标准更是五花八门。消费者去到菜市场，"绿色""有机""富硒""无公害""供港菜""原生态"等概念让人"傻傻分不清"，感到一头雾水。调研发现，粤港澳大湾区"菜篮子"平台建立了一套认证标准，设置的门槛相对较高，对各类肉类蔬菜的品质认证"就高不就低"，但在广州市场占有率还不高。此外还有好几种农产品追溯体系平台，它们从识别码、存储信息、到网络查询系统等各方面都不完全统一，其针对的食品对象也不尽相同。由于开发商不同，其溯源信息存储未能贯通也不能共享，系统软件多不能兼容，也无法进行跨系统查询，终端查询多为超市内的触摸操作屏，模式单一，不够便捷。这与国外发到国家在记录管理、查询管理、标识管理以及责任管理上都已建立起统一、

完善的制度还有较大差距。

（三）法规不健全

食品质量安全在我国已提升到国家安全的高度，其相关法律法规也得到了进一步完善。但关于农产品溯源方面的法规，仅在《食品安全法》等少数法律中有所涉及，没有详细具体的法律条文作为支撑，因此在溯源执行上缺乏有效保障。另外，追溯体系各子环节的具体制度也不够完善。如在食品生产环节虽已建立召回制度，但在流通环节召回制度仍是空白。从广州的现状看，现有的"菜篮子"产品溯源途径虽然提供给消费者查询、反映的权利，但在监管部门介入处理的过程前后，没有一个有效的平台公布信息，群众监督缺乏力度，溯源问责情况得不到真实的反映。

（四）商企不积极

我国肉菜种养殖业存在多种规模和形式并存、种养殖方式和生产水平差异大的特点，既有大中型农业企业，也有诸多的种养殖散户。调查发现，广州老百姓的"菜篮子"中，既有来自全国各地农业生产基地的产品，也有来自广州周边乡村的产品，还有来自世界各地的产品。要想把这么多产地、这么多流通环节、这么多品种的肉菜建立追溯体系，是一件浩大的工程。由于这项工作耗时耗力，会额外增加不少人力和其他成本，导致从生产、流通、销售等各环节的商家，对这项工作落实缺动力，态度不积极。另外，由于对品种繁多的"菜篮子"产品很难做到有效监管，同时也缺少应有的激励机制，导致出现"劣币驱逐良币"效应，更不利于"菜篮子"产品追溯体系的建设发展。

（五）宣传不到位

调查发现，对于"菜篮子"产品追溯体系的了解情况两极分化较为严重，有非常了解的，也有从未听说过的。非常了解的多为菜市场的摊主们，而很多顾客特别是一些老年顾客基本上不了解。但大多数顾客都表示愿意扫描溯源码了解农产品的产地来源、销售流程等信息。很大一部分人表示，即使带有溯源码的农产品较贵，仍愿意购买，大多数受访者都认为农产品溯源系统的广泛应用，能够给食品安全带来更大保障，只是了解和接触还不够。总体来说，广州百姓的"溯源"意识还没有普遍建立起来。

三、建设大湾区"菜篮子"产品追溯体系的几点建议

据调研了解，在市农业农村局主导下，粤港澳大湾区"菜篮子"工程自2019年启动建设以来，经过近两年的建设发展，在全国率先创建了食用农产品全程质量安全追溯体系整体框架，在全国布局建设17个配送中心和分中心、1200多家生产基地，能够为粤港澳大湾区提供生态环境更好、营养价值更高、品质更优良的健康农产品，成绩斐然。本研究认为，广州作为粤港澳大湾区的枢纽城市，应把大湾区"菜篮子"追溯平台建设成为广州市"菜篮子"工程的主平台和总引擎，以此统领和带动全市"菜篮子"工程高质量发展，为广州培育建设国际消费中心城市提供有力支撑。

（一）加快完善推广大湾区"菜篮子"追溯体系

目前，大湾区"菜篮子"溯源平台整体框架初步搭建，也完成了部分生蔬水果、肉类以及水产类产品的溯源码上线，但还远未达到全功能运行状态，尚未发挥出主导作用。本研究建议，一要加大财力物力投入，进一步建设功能完善、要素齐全、理念先进的大湾区"菜篮子"溯源平台，覆盖到全市规划实施的定点屠宰企业、大型批发市场、大型连锁超市、标准化菜市场、团体消费单位和生产基地。二要加大推广使用力度，建立起以市为主导、区为主体、行业管理部门分头负责抓落实的工作机制，尽快把大湾区"菜篮子"产品追溯体系培育打造成广州市"菜篮子"工程依托的主平台。三要加强队伍建设，升格大湾区"菜篮子"办公室，至少为处级架构，增加人员编制；鼓励有实力的企业参与项目建设和运维，支持行业协会参与运维和管理，以市场化运作模式实现"菜篮子"追溯体系持续健康发展。四要加强制度建设。进一步研究制定适合广州国际消费中心城市身份定位的"菜篮子"产品流通追溯法规制度体系，为这项工作健康发展提供可靠的制度支撑。

（二）积极推进私人所有肉菜市场集体化改造

据了解，广州通过菜市场销售的肉菜数量占零售总量70%，而"菜篮子"产品追溯体系在菜市场落地落实尤为艰巨。原因很多，根本的一条是很多菜市场所有权为私人所有。由于政府行为与市场行为之间会产生矛盾，私企在执行政府决策时往往会因为利益受损而打折扣。诸如"菜篮子"追溯体系实施难、老旧菜市场升级改造难等弊病，皆因此而生。而国有和集体所有企业有着坚强的党建引领，更加讲政治；有着强大的政府背书和资金实力，更能办大事。2021年广州"521"本土疫情发生后，广州市供销总社顶着下属企业巨大亏损的压力，圆满完成了市委市政府交给的中南街封闭区5.8万人生活物资保障任务。做到这一点，关键是因为供销社是党领导下的合作经济组织，任何时候都是党和政府信得过、靠得住、用得上的重要力量。因此，在培育建设国际化消费中心城市的大背景下，应拿出更大的改革魄力，积极推进全市菜市场集体化改造。譬如，以市供销总社和各区供销联社为依托，通过收购股份，变私人所有为集体所有；强化党建引领，升级改造老旧菜市场，提高"颜值"、丰富内涵，使之成为"惠民生"的平台，让"菜篮子"拎出幸福感。

（三）加强农产品生产流通领域专业合作社建设

西方发达国家农产品的追溯体系、品质保障之所以搞得好，很重要的一条，是各类农产品专业合作社发挥着巨大作用。国外很多农产品的行业认证标准，都是专业合作社主导制定的。而国内这方面没有很好地组织起来，同时政府行政力量有限，导致很多工作难以落地。建议充分借鉴国外成功经验，在市、区供销合作社指导下，进一步把各类农产品专业合作社建好，着力解决农业组织化程度低、农民进入市场难、竞争力弱的问题，以合作互助提高规模效益和产业化经营能力。

（四）促进优质农产品"本地化"生产和国际化流通

广州成为国际消费中心城市的过程，就是充分享有全球范围内优质资源的过程。为此，一方面，要利用好土地流转政策，吸引优秀农业企业，在广州周边乡村进一步扩大建设高品质肉菜种养殖基地，把世界各地的优质肉品蔬菜引进"家门口"。调研发现，像增城区乡丰、昇永、绿天然等高科技现代化农业企业，已经形成了农旅融合发展的良好效应和独特魅力，为推进乡村振兴，建设"美丽乡村"提供了很好的样板。另一方面，要加强国际交流与合作，通过规划建设农产品国际交易中心、引进国际化企业和运营团队、畅通农产品跨国物流渠道，让世界各地优质农产品成为广州百姓的家常便饭，让广州美食文化为广州国际消费中心城市增光添彩，让广州老饕和世界游客"足不出广州、尽享天下美食"。

（五）大力提升社会公众认知度

组织新闻媒体大力宣传追溯体系建设的目的、意义、措施和效果，提升社会公众的认知度，引导消费者主动关注，积极维权。大力培育可追溯产品消费市场，推进肉类蔬菜流通追溯领域诚信建设，建立市场倒逼机制，让可追溯产品畅销，让纳入追溯体系的企业发展壮大，营造优胜劣汰的良好竞争环境。

（李　涛）

第四部分
现代化国际化营商环境
出新出彩篇

深化南沙商事制度改革
构建国际一流营商环境

【提要】日前，国务院发布《广州南沙深化面向世界的粤港澳全面合作总体方案》，提出到2035年，南沙国际一流的营商环境进一步完善，在粤港澳大湾区参与国际合作竞争中发挥引领作用，携手港澳建成高水平对外开放门户，成为粤港澳全面合作的重要平台。南沙作为广州打造高质量发展新引擎的主阵地，在持续深化"放管服"改革上走在全国前列，相继推出并落实了一系列商事制度改革创新举措。然而，对标国内外先进水平，当前南沙商事制度改革仍然面临三大现实问题：一是市场主体登记注册材料多、程序繁；二是市场主体退出机制相对不够顺畅；市场管理规范的约束力有待增强。借鉴深圳、上海等城市出台商事制度改革的做法经验，建议：一是大力提升开办企业便利度；二是加快完善市场主体退出制度改革；三是全方位服务护航企业创新创业优化环境；四是积极推动粤港澳大湾区商事登记一体化。

2022年6月，国务院印发的《广州南沙深化面向世界的粤港澳全面合作总体方案》（以下简称"《南沙方案》"）提出，要构建国际一流的营商环境，提升公共服务和社会管理相互衔接的水平。如何推进南沙与港澳以及国际商事规则衔接、机制对接，率先推动高水平制度型开放，构建具有产业适配性的商事制度供给体系成为当务之急。对此，南沙需要对标国际最高标准、最高水平，推动商事制度创新先行先试、持续深化改革，对提升广州在粤港澳大湾区发展中的核心引擎作用，携手港澳打造高水平对外开放门户，实现老城市新活力意义重大。

一、当前南沙商事制度改革面临的现实问题

南沙于2020年5月率先启动探索商事登记确认制改革，搭建商事服务"跨境通"，探索建立"湾区通"企业登记互认机制，不断增强微观主体活力，有力支撑南沙作为粤港澳大湾区门户枢纽，但是对标国际先进水平，商事制度改革依然任重道远。

（一）市场主体登记注册材料多、程序繁

对照国际惯例和通行规则，先行市场准入制度仍显繁杂，简政放权、放管结合的力度仍需加大。一是涉企审批许可多、门槛高。目前南沙实施涉企经营许可事项仍然有500多项，其中保留审批的仍有440多项，审批多、规定细、不标准、不规范，超过20%的企业至少需要办理一证许可才能开展经营，比如开办便利店，除了领取执照，还需办理食品、药品、烟草、医疗器械等许可。二是市场主体登记填报的材料较多。公司在南沙办理住所登记时，需提交房屋产权使用证明，对将住宅改变为经营性用房的，还要提交所在地居民委员会或者业主委员会出具的有利害关系的业主同意改变住宅用途的证明。而香港开办企业只需要挑选公司名称、办事处地址、股东信息等，对住所证明材料、股东会决议、人事任免、章程等公司内部决策性的有关材料不予收取或者不予审查。三是准入核准比较严格。现行规定明确登记机关对申请材料实施形式审查，但是司法部门普遍认为登记机关应当履行审慎审查义务，导致实际操作人登记机关往往需要审核公司股东会召集程序是否合法、表决是否有效等公司制度方面内容，甚至要求办理股东变更登记时全体股东到场签字。而香港注册处只对申请表格填报信息的完整性进行审查，材料的真实性完全由申请人负责，没有承担必要的责任。

（二）市场主体退出机制相对不够顺畅

南沙先后实施企业注销便利化、简易注销登记、协议备案等改革措施，聚焦市场主体"退场环节"的措施数量和力度则有些不足，市场主体准入容易、退出难的问题依然没有实质性解决。一是管理部门缺乏必要的主动清算手段。内地企业注销退出难，特别是清算、清税难，耗时较

长，税务注销程序步骤繁杂。以被列为非正常户的企业注销为例，按现行规定，如果企业已经被税务机关认定为非正常户，那么需要先补缴税款，完成纳税申报并缴纳相应的滞纳金和罚款，只有等非正常状态解除后，才可以按照正常的流程提交注销申请。不少环节的办理都需要消耗大量时间精力，办理过程经常"卡壳"。同时，公司办理注销登记前需要结清在银行、社保、税务等部门的业务，内地市场主体清算退出的股东董事对企业不及时申请注销的，没有严格的法律责任追究，导致市场主体退出动力减弱，滋生较多僵尸企业，严重浪费社会市场资源。二是破产退出的程序冗长。我国虽已颁行了《企业破产法》，但未专门针对"僵尸企业"构建完善的市场退出机制，实践中往往由法院进行破产宣判。但法院由于案件数量众多、破产案件的专业度过高，大型"僵尸企业"破产需经历"立案—审理—成立清算组—债权执行"的复杂程序。三是政府处置"僵尸企业"进程阻力重重。迫于政绩压力、人员就业、社会稳定等方面因素考虑，"僵尸企业"实际处置效果来看并不理想。对银行而言，"僵尸企业"一旦破产退出，负债将失去收回的可能性，所以一些银行却依然选择为企业继续输血，以避免不良贷款加速暴露。

（三）市场管理规范的约束力有待增强

行政执法不够严格，配合不够顺畅，部分案件的查处不够有力，存在处罚标准较低、随意变更处罚标准等问题。一是市场处罚措施不够严格。在内地对提交虚假材料等相关违法涉嫌行为的处罚力度较弱，企业和直接责任人违法成本较低，且没有引入惩戒性赔偿制度或者事项惩处制度，与部分发达经济体相比，监管威慑力明显不足。比如美国对相关文字签字人提供虚假材料的，可依法进行刑事处罚；香港对填报虚假信息的可直接追究公司秘书、董事等直接责任人的责任；日本直接追究虚假材料提供者的责任等。二是市场监管力度相对松懈。在商事制度改革实施过程中，行政审批程序不够规范、审批工作思想不到位以及各职能部门间协调配合能力不足等问题并存，致使在审批企业登记程序时，审批不及时、监管不到位等情形时有发生，整体市场的监管仍存在不少空白地带。三是信用体系建设能力有待提升。在经济交易的过程中，对于多次失信的市场主体没有进行区别对待。对于严重失信行为，比如多次没有公示即时信息，或存在弄虚作假的行为，当前的信用监管制度没有对这些严重失信行为进行有效的区分和约束，只会限制他们在工程招投标、银行贷款、政府采购等方面的活动，公共信用信息和市场信用信息之间的融合有待进一步加强。

二、国内先进城市深化商事制度改革的经验

（一）深圳：持续深化市场准入改革

2020年，深圳市立足建设粤港澳大湾区和深圳先行示范区重大战略任务，对标国际先进规则，修订《深圳经济特区商事登记若干规定》，于2021年3月1日正式实施，继续在商事制度改革的重点领域、关键环节大胆探索、先行先试。一是减少商事登记、备案事项。将商事登记事项删除"出资总额""营业期限"两项，将登记事项由原来的七项减少为"名称""住所或者经营场所""类型""负责人""投资人姓名或者名称及其出资额"五项；将商事备案事项删除"清算组成员及负责人""商事主体特区外子公司或者分支机构登记情况"两项，减少为"章程或者协议""经营范围""董事、监事、高级管理人员姓名"三项内容。二是减少设立登记提交的材料。原来规定需要提交的"名称预先核准通知书""住所或者经营场所信息材料""负责人、高级管理人员等相关成员的任职文件"三项材料改为申报制而无需提交。三是实施个体工商户自愿登记制度。自然人自主创业，实现自我雇佣是解决就业问题的重要途径之一。为鼓励自然人灵活创业就业，落实国务院办公厅印发的《关于支持多渠道灵活就业的意见》（国办发〔2020〕27号）要求，这次修订变通国务院《个体工商户条例》关于个体工商户应当注册登记的规定，明确自然人从事依法无需经有关部门批准的经营活动的，直接办理税务登记即可从事商事经营活动，不视为无照经营。

（二）上海浦东新区：着力拓宽、畅通市场主体的依法退出渠道

2021年9月28日，上海市人大常委会发布了《上海市浦东新区市场主体退出若干规定》，该法规着力拓宽、畅通市场主体的依法退出渠道，进

一步完善市场退出机制，有利于源头上减少僵尸企业产生以及分流缓解司法破产程序的压力。一是规定市场主体注销环节的便利化措施。包括优化简易注销登记程序；探索容缺承诺注销措施（即：市场主体决议解散后无法完成清算，但具备特定条件的，可以由出资人、合伙人、担保人等进行相应承诺，申请注销）；推进注销全程网办，利用"一网通办"平台赋能，提高办事效率等。二是创设强制除名和强制注销制度。市场主体依法被吊销营业执照、责令关闭或者撤销设立登记满六个月未办理清算组备案或者申请注销登记的，登记机关可以作出强制除名决定。强制除名决定生效届满六个月，市场主体仍未办理清算组备案或者申请注销登记，登记机关将通过公示系统催告清算义务人依法组织清算。在完成特定手续、满足特定条件的情况下，登记机关将作出强制注销的决定，并向社会公布。三是建立代位注销制度。因企业已经注销导致其分支机构或者其出资的企业无法办理注销等相关登记的，可以由该已经注销企业的继受主体或者投资主体代为办理。因企业之外的其他市场主体已经撤销或者注销导致其管理或者出资的企业无法办理注销等相关登记的，可以由该已经撤销或者注销主体的继受主体或者上级主管单位代为办理。

三、南沙持续深化商事制度改革的对策建议

以粤港澳全面示范区建设为契机，按照《南沙方案》部署要求，南沙应瞄准最高标准、最高水平先行先试，持续深化商事制度改革，加快推进面向世界的粤港澳全面合作。

（一）大力提升开办企业便利度

南沙作为国家级新区、自贸区、粤港澳全面合作示范区、商事制度改革的重要试验田，应积极发挥商事改革排头兵作用，紧盯市场主体对登记注册便利水平、准入速度的最直观感受，不断提升准入服务的效能和可预期性，降低制度性交易成本。一是全力争取综合改革授权。以《南沙方案》为抓手，争取综合改革授权，持续深化商事制度改革，借鉴深圳精简商事登记事项的做法，推动南沙市场主体实名登记等改革举措，以法律形

式进行固化，聚焦市场准入环节集中发力，进一步"减事项、减材料、免登记"，多措并举释放市场活力和创造力，推动南沙开办企业便利化水平不断提升。二是拓展电子营业执照应用场景。推出电子营业执照与电子印章同步发放，以电子营业执照为载体，归集各类电子许可证信息，实现电子证照"一照通用"。不断拓展电子营业执照在政务、商务领域的应用，在企业登记、年报公示、涉税事项、社保和公积金业务、商业银行业务等领域。三是扩大"软法"适用范围。积极探索南沙商事制度改革进程中的"软法适用性机制"，充分发挥组织规范、社会规范的柔软性，重点面向涉及"跨境合作、制度差异、数据流动、金融创新"等市场主体切身需求领域开展治理机制创新。推动行业协会建立健全诚信经营自律规范、自律公约和职业道德准则，将行业自律组织积极嵌入企业信用监管，培育一批具有良好信誉度和公信力的社会组织，协同促成企业养成遵守良好行为模式的自觉。推动信用经济和数字经济深度融合，推广信用承诺制，发展信用服务行业，健全以数字化信用为基础的新型监管机制。

（二）加快完善市场主体退出制度改革

畅通市场主体退出渠道，降低企业退出制度性成本，进一步完善企业注销退出制度，建立破产简易审理程序，实行破产案件繁简分流。根据不同市场主体的类型，制定不同的退出方式、清算注销制度、破产法律制度等，试点实行强制退出制度，积极对接港澳和国际市场主体退出规则。一是创设除名制度。借鉴香港、上海、深圳的公司除名制度，建议规定对商事主体被列入经营异常名录或者被标记为经营异常状态满两年，且近两年未申报纳税的，商事登记机关可以将其除名，商事主体被除名后主体仍然存续，仍需办理清算、注销手续。二是创设依职权注销制度。对"依法被吊销营业执照""依法被责令关闭""依法被撤销设立登记"或者"依法被除名"的商事主体六个月内仍未办理申请注销登记的，商事登记机关可以依职权将其注销，该商事主体资格消灭。三是允许特殊情形代位注销。参照国家市场监管总局有关企业注销专项指引，建议允许代位注销，规定因商事主体已经注销导致其分支机构或者其出资的企业无法办理相关登记的，可以由该已经注销商事主体的继受主体或者投资主体代为办理；因非商事主体已经撤销或者注销导致其管理或者出资的企业无法办理相关登记的，可以由该已撤销或者注销非商事主体的继受主体或者上级主管单位代为办理。

（三）全方位服务护航企业创新创业优化环境

在优化企业创业环境方面，全力帮助企业降低经营成本，营造更有利于创业创新、诚信守法、公平竞争的市场环境。一是建立歇业登记制度。为助力商事主体度过经济不活跃期，顺应投资主体节省维持成本、减轻经济负担的需求，避免市场主体总体数量较大波动，保持经济发展内在活力，允许经营暂遇困难的商事主体申请"休眠"，建议增加歇业登记申报。商事主体决定暂停经营，且在暂停经营期间不从事任何经营活动的，可以向商事登记机关进行申报歇业，登记机关应在10日内对材料进行审查，并向社会公示，保留其主体资格和其他合法权益，待情况好转后可以重新启动经营。如若歇业期满后，市场主体不再继续营业，则应按规定办理注销登记。二是建立完善的商事登记失信惩戒制度。依法依规对采用欺诈等手段隐瞒事实办理登记的予以行政处罚，依托信息化手段共享复用材料和信息，推动其他部门和社会组织依法依规对严重失信行为采取联合惩戒。加强事中和事后持续化动态监管，畅通公众举报通道，充分发挥新兴媒体、社会组织力量，对登记提供资料或者信息进行联合监督。三是对现行商事登记撤销登记制度进行了完善。为了严厉打击少数中介组织在利润的驱使下提交虚假材料、冒用他人住所信息或者采取其他欺诈手段隐瞒重要事实等，违法违规代办商事登记业务行为，建议对现行商事登记撤销登记制度进行了完善，明确对该类行为，商事登记机关可以撤销登记或者备案。同时规定负有主要责任的商事主体负责人三年内不得再担任其他商事主体的负责人，负有责任的受委托办理商事主体登记或者备案的代理人三年内不得再经办商事登记申请。

（四）积极推动粤港澳大湾区商事登记一体化

为推动粤港澳大湾区构建区域一体化发展，推动粤港澳企业资格互认互通，便利港澳企业来深开展经营活动。一是深入推进粤港澳大湾区市场主体登记一体化。对标建设高标准市场体系要求，以商事制度改革为切入点，学习借鉴国际通行规则和先进经验，积极探索离岸登记注册，促进跨境贸易便利化。加强规范工商登记代理行为，引导"跑腿型""代办型"服务向专业化、高端化、国际化方向发展，提高企业核心竞争力，为委托人提供便利性高质量服务。进一步取消或放宽对港澳投资者的资质要求、持股比例、行业准入等限制，探索推行市场准入承诺进入制，实行更短负面清单，在更大范围落实准入前国民待遇，提升粤港澳跨境商事登记便利化水平。允许港澳企业在南沙自贸区直接办理从事生产经营活动登记，取得营业执照并办理银行开户、税务、海关、外汇账户和审批等事项。二是借鉴对标港澳及国际先进商事制度规则。进一步发挥自贸试验区先行先试和压力测试作用，深入研究和吸收借鉴香港管理经验，设立破产管理机构，为债权人及市民提供破产及清盘服务，建立完善的公司剔除注册制度，撤销注册或者剔除名称解散后相关责任人可以向法院申请恢复注册。对不自觉退出的市场主体强化约束力度，登记机关可依法对提供虚假或者具有误导性的自理注销公司以及董事提出指控及相应处分。三是创新开展跨境市场主体"审慎监管"。试点港澳标准与内地标准在南沙自贸区平行存在，积极布局与港澳市场监管机构的"数据信息供给最大公约数"，依托互认机制，实现包容、审慎监管。强调数据用益、数据交易诚信，协调与规范数据资产所有相关方利益，坚守和维护商业信用，进一步保障数据安全，加快营造公平公正、守法诚信的数据生态环境。

（杨姝琴）

广深联动共建粤港澳大湾区世界一流营商环境

【提要】建设世界一流营商环境对于提升粤港澳大湾区综合竞争力意义重大。近年来，广深两市充分发挥试点优势，通过互学互鉴大力推进营商环境改革，经济韧性显著增强，市场主体数量大幅跃升。但对标对表世界先进，仍存在诸多问题和挑战，亟须加强双城联动共建全球营商环境高地。建议：一是加强营商政策沟通，深化营商环境试点城市建设；二是推动湾区市场畅通，实现规则衔接机制对接；三是推动重点平台互通，深化实施国家战略；四是支持基础设施联通，共建国际性综合交通枢纽；五是促进建设资金融通，统筹推进产业发展提升；六是推动公共服务通办，便利港澳居民工作生活。

2021年11月，国务院印发《关于开展营商环境创新试点工作的意见》，决定在广州、深圳等城市开展营商环境创新试点。广深同处改革开放最前沿，同为粤港澳大湾区中心城市和区域发展核心引擎。2021年，广深携手共同克服新冠肺炎疫情冲击和国际经贸形势变化，以占全省5.25%的面积（9433平方公里）、28.75%的人口（3623.66万人），贡献全省46.86%的GDP和43.54%的一般公共预算收入，新登记市场主体95.23万户，占全省34.2%，生动演绎了"双城联动""比翼齐飞"的发展格局。营商环境是广深两市生机勃发的活力之源，两地携手共建世界一流营商环境对于推动区域统一大市场的形成、提升湾区综合竞争力具有重要意义。

一、广深联动共建世界一流营商环境的主要做法与成效

（一）互学互鉴推进营商环境创新试点

一是推动营商环境迭代升级。从2017年起，广州、深圳持续迭代实施营商环境1.0、2.0、3.0、4.0、5.0改革。据《2021年广东省营商环境评价报告》数据显示，广州、深圳各项指标远超其他城市，成为全省标杆。二是推进政务服务"跨城通办"。在广东政务服务网上线"广深跨城通办"专区，制定广深政务服务"跨城通办"无差别办理事项清单，协同推进高频经营许可事项跨城互认、招投标领域数字证书兼容互认，已实现不动产登记、工商注册、社保等97个高频事项跨市办理。三是激发城市创新活力。两地将营商环境改革作为"一号改革工程"整体推进，在科技创新、个人破产、反不正当竞争方面出台多部引领性法规，城市创新创业活力得到极大激发。至2021年底，深圳已有377万户商事主体，商事主体数和创业密度全国第一；广州实有市场主体首次突破300万户，达303.8万户。

（二）扎实优化科技创新环境

一是加强基础研究合作。广州作为省会城市，基础创新能力强，聚集了全省80%的高校和97%的国家级重点学科；深圳聚焦产业创新，汇聚高新技术企业超过2.1万家。广深共同参与建设广东省基础与应用基础研究基金联合基金，深圳每年投入6000万元，提升原始创新能力和国际影响力。二是联合布局国家级创新平台。深圳光明科学城、西丽湖科教城、南沙科学城共建粤港澳大湾区国际科技创新中心。广州琶洲实验室挂牌成为鹏城实验室广州基地，深圳湾实验室成为广州实验室深圳基地，逐步建立健全国家实验室"核心+基地+网络"一体化管理机制。三是联合开展技术创新。华为与广州无线电集团共建广州"鲲鹏＋昇腾"生态创新中心；腾讯在黄埔设立腾讯数字经济产业大湾区基地，助力打造数字政府、智慧城市。深圳科研机构参与广州"脑科学与类脑研究""智能网联汽车"等重大科技专项，广州国际生物岛与深圳国际生物谷在研发、检测和通关等领域积极开展合作。四是加强创新资源开放共享。2020年广州地区登记的广深技术合同1456份、成交额137.51亿元、技术交易额118.77亿元。广

深共享科技专家信息，114名广州推荐入库的科技专家参与深圳科技项目评审。2021年世界知识产权组织（World Intellectual Property Organization，WIPO）发布《全球创新指数报告》显示，"深圳—香港—广州创新集群"排名全球第2，仅次于东京湾区的"东京—横滨"集群。

（三）持续优化基础设施

一是共建大湾区综合交通枢纽。广深铁路实现"公交化"运营，广深港高铁实现广深30分钟互达，穗莞深城际日高峰客运量近6万人次。广深高速将由双向6车道改扩建为双向12车道，成为国内最宽高速公路。南沙大桥串联广深佛莞4城，日均车流量达16.15万车次，打通湾区新动脉。2022年起广深市民可用一个APP跨城刷码搭乘地铁，无需再改变进出闸习惯。中南虎城际（赣深高铁南沙支线）、深莞增城际纳入大湾区城际铁路建设规划。二是共建国际海港枢纽。2021年广州港和深圳港集装箱吞吐量合计达5301万标箱，内外循环枢纽作用进一步彰显。两市合作开展粤港澳大湾区组合港建设，2022年第一季度经组合港进出口集装箱同比增长超6倍。深圳机场码头至广州南沙港客运航线增开至12个班次，进一步拉近广深时空距离。三是共建国家级物流枢纽。深国际与广铁集团共同投资4亿元，建设平湖南商贸服务型国家物流枢纽，将建成全国乃至亚洲规模最大的综合物流枢纽和多式联运中心。

（四）持续优化自贸试验区发展环境

一是推动自贸片区联动发展。南沙新区片区与前海蛇口自贸片区签订《深化合作框架协议》，共同推动开展"湾区通办"业务，在跨境公证服务、政务跨境通办方面联动创新。2020年毕马威对广东自贸试验区进行营商环境评价显示，广东自贸试验区整体得分优于北京和上海。南沙新区首次参加国家级新区营商环境评价，7个指标成为全国标杆，近30个经验做法纳入2021中国营商环境报告。二是推进资源共享共用。广州超算中心建设国家超算广州中心深圳前海分中心，为前海各类港澳机构提供服务，南方海洋科学与工程广东省实验室（广州）建设深圳高水平实验室分部。三是前海深化与广州开发区合作。前海32项创新政策、26项制度创新案例在广州开发区逐步落地。共同开展"穗深共发展助力双循环—广州开发区项目路演活动（第二期）"活动，节能环保、新能源等优质项目参与联合项目路演活动。

（五）持续优化新兴产业发展环境

一是共同培育广深佛莞智能装备产业集群。广州、深圳工信部门共同参与组建广深佛莞智能装备产业集群建设工作领导小组，携手参加国家工信部先进制造业集群竞赛。围绕智能装备全产业链环节开展合作，组织召开集群企业推介交流大会。二是推进智能网联汽车先进制造业集群合作。开展智能网联汽车道路测试临时行驶车号牌互认，联合召开2020年广深惠智能网联汽车产业集群协同发展论坛，积极推动重点企业加快智能网联、车联网服务等核心技术开发合作。三是推动生物医药产业务实合作。共同打造广深高端医疗器械集群，覆盖两市500多家高端医疗器械企业，推动两市产业联盟与行业协会交流合作，共同办好官洲国际生物论坛、国际BT（生物技术）领袖大会等高端生物医药论坛。四是加强金融领域合作。积极发挥深圳证券交易所广州服务基地在地化服务优势，87家广州企业在深交所上市，520家深圳企业在广东股权交易中心挂牌展示，2021年发行区域性股权市场可转债融资6.5亿元。

（六）持续优化公共服务环境

一是深化医疗合作。深圳累计引进38个广州高层次医学团队，中山大学、南方医科大学、广州中医药大学等广州知名院校在深圳合作建立附属医院。二是积极引进广州优质教育资源。深圳大学、南方科技大学等高校先后加入粤港澳高校联盟，加快推进中山大学·深圳建设，深圳职业技术学院、深圳信息职业技术学院与广东技术师范大学开展协同培养本科插班生试点。三是加强文化艺术合作。深圳市粤剧团、何香凝美术馆等到广州开展文化艺术交流活动，选派深圳优秀原创作品参加第十四届广东省艺术节、"庆祝中国共产党成立100周年优秀舞台艺术作品展演"广州站巡演。四是深化旅游交流合作。联合参加广州国际旅游展览会，共同开展旅游推广计划，联合赴国内外举办"精彩广深珠"系列旅游推介会，共同推广宣传广深珠旅游产业。

二、广深联动共建世界一流营商环境面临的问题和挑战

总体上看，广深两地营商环境改革成果斐然，但对标世界银行营商环境指标，各关键维度与新西兰、香港等前沿地区还有差距，企业和民众的获得感、满意度有待提升。2022年2月，世界银行新发布宜商环境指标（Business Enabling Environment，BEE），比已结项的营商环境指标（Doing Business，DB）覆盖广、影响大、要求高，专业性和技术性都进一步增强，广深进一步对标国际最新规则、最优水平推进营商环境建设任重道远。

（一）合作推进机制仍需完善

2019年广州和深圳签署全面深化合作协议，市领导挂帅建立了协作机制。但受疫情等因素影响，互动频次还不高，缺乏常态化工作机制，广州都市圈与深圳都市圈联动发展格局尚未形成。营商环境改革中的一些关键领域，如税务、获得信贷等受到掣肘多，两地联合向中央争取政策支持的动力还有待增强。

（二）疫情对企业发展影响发酵

2022年以来，我国局部地区疫情有所反弹，"外防输入、内防反弹"的防控压力增大，防控形势严峻复杂。7月13日渣打银行和香港贸发局发布的大湾区营商景气指数显示，大湾区指数连续第四个季度下跌，二季度进一步下降至43.3，其中制造与贸易、批发与零售业受到的冲击最大，企业现金流趋于紧张，整体信贷受到影响。虽然两地政府都推出了应对疫情的纾困措施，但企业反映后续操作指引出台慢，申报过程长、成本高。广深部分外向型产业加速向越南等RCEP国家布局生产基地，且未来回迁可能性进一步降低。2022年一季度越南货物进出口总额1763.5亿美元，增长14.4%，广深一季度进出口总额1488.62亿元，下降1.81%，差距进一步加大。

（三）重点领域改革进度不平衡

营商环境建设需整体推进，个别领域失衡容易影响整体表现。广州作为千年商都、科教重镇和深圳作为经济特区、科创高地的优势互补还不紧密；广州汽车总产量虽已跃居全国第一，但今年上半年一度出现"长三角生病、珠三角吃药"的芯片紧张等问题；金融行业市场化改革虽稳步推进，但分业

制、跨区域经营、强调经营业绩考核等都会指引银行偏好于向国有企业、大企业提供资金，政府干预银行向中小微企业提供贷款会进一步加剧银行"逆向选择"，中小微的"融资难、融资贵"问题未能从根本上得到改观；广深之间共享公共资源相对较少，养老和医保待遇等还不能自由切换。

（四）统一大市场建设有待深化

广深大市场建设中，高质量供给创造和引领需求不足，生产、分配、流通、消费等各环节还有堵点。以产业用地为例，深圳开发强度超过50%，接近国际警戒线，而广州开发强度约26%，但受限于土地指标，城市开发建设受约束还较多。与沪嘉杭G60科创走廊相比，广深港科技创新走廊周边的联动配套不够，缺少城区间高效便捷直达方式，南沙和广州主城区交通衔接水平不如广佛。两地重大科创平台没有直达通道，南沙距前海仅有20公里，南沙科学城距离光明科学城仅27公里，但通勤用时超过1.5小时。广州和深圳先后出台政策对非本城市牌照小客车采取限行措施（广州开四停四、深圳早晚高峰限行），并对不满足国六排放的二手车互迁采取限制措施，不利于市场需求的高效满足。

（五）政策落地"最后一公里"有待疏通

改革好不好，用户最清楚，营商环境好不好，企业最明白。一些企业和居民反映，对于营商环境的切身感受和舆论宣传报道有落差。如政务服务网上广深专区用户体验不够好，建筑许可方面虽然审批系统中显示的时间较短，但是实际办理时间还比较长；如针对企业的贷款贴息等政策仍要求复杂的申请手续，提交大量申请材料，而小微企业原本财务人员就很少，且专业能力有限，要申请优惠政策需要付出很高成本。又如企业在申报高新技术企业认定时，需要填报企业规模、税收、研发支出等大量表格，这些数据虽然已掌握在各个部门，但因为"数据孤岛"问题无法高效并联便捷办理。

三、广深联动共建世界一流营商环境的政策建议

广深要深入推动《全面深化前海深港现代服务业合作区改革开放方

案》与《广州南沙深化面向世界的粤港澳全面合作总体方案》（以下简称"《南沙方案》"）中关于打造国际一流营商环境的部署落地，在营商环境上持续用力，以更大力度共同打造全球营商环境高地。

（一）促进营商政策沟通，深化营商环境试点城市建设

营商环境既有全国的一致性，也有城市的特殊性。要从单纯为自身"一亩三分地"利益考虑、一味靠自己单打独斗的思维中走出来，树立合作共赢的意识，在广深合作框架协议下，共同争取中央和省赋权授权，进一步深化"放管服"改革，加强制度创新经验交流，复制推广两市营商环境改革试点经验和最佳实践案例。推动更多广深政务服务"跨城通办"，支持更多高频政务服务事项可在线上线下办理。深化广深社会信用体系建设合作，完善区域联动的信用联合奖惩机制。

（二）推动湾区市场畅通，实现规则衔接机制对接

对标香港营商环境规则，提前谋划宜商环境新方向新标准，突出软环境改善。落实好《南沙方案》，联动探索试行商事登记确认制，开展市场准入和监管体制机制改革试点，依托国家企业信用信息公示系统，实现涉企信用信息互联互通、共享应用。在CEPA框架下研究实施面向港澳的跨境服务贸易负面清单，推广"深港通注册易"等创新举措，让港澳投资者"足不出港澳"一站式办理来粤投资企业相关业务。探索打造"湾区标准"，进一步完善标准清单，在食品、中医药、交通等领域出台更多"一规三地"标准，促进标准互认。深化探索民商事域外法律适用，推动粤港澳联营律师事务所改革，建设国际商事争议解决中心。

（三）推动重点平台互通，深化实施国家战略

推动粤港澳科研机构在前海、南沙联合组织实施一批科技创新项目，共同开展关键核心技术攻关。在南沙建设广深产业深度合作示范园区，全面深化广深在科技、产业、服务、旅游等方面的战略合作。打通前海和南沙对港政策，深化实施"乐创、乐业、乐学、乐游、乐居"等"五乐"计划，联动实施对港澳青年的"薪金补贴"，支持港澳居民在前海和南沙便利购房，对所需的本地居住、学习或工作年限证明及缴纳个人所得税、社保条件等予以豁免。持续拓展职业资格互认，在医师、教师、导游、律师等更多领域以"单边认可"带动"双向互认"。

（四）支持基础设施联通，共建国际性综合交通枢纽

加快推动广深港第二高铁建设，共同打造"半小时交通圈"，推进大湾区城际铁路与地铁互联互通和无缝隙换乘，实现大湾区城际与地铁一体化运营。把握深中通道、深茂铁路等大湾区轨道交通路网建设机遇，提前研究广深两地经深中通道的小汽车优惠通行收费机制，推动环内湾地区率先实现一体化。共建国际海港枢纽，深化粤港澳大湾区组合港建设，推动广州芭洲码头加开深圳航线，在广州珠江西岸再新设外线码头开设到港澳深的航线，促进广深邮轮旅游协同发展。

（五）促进建设资金融通，统筹推进产业发展提升

加强绿色金融、数字金融领域合作，发挥深圳证券交易所、广州期货交易所等平台作用，共同研发碳排放权期货、ESG指数等绿色金融产品。深化"跨境理财通"业务，推动进一步降低投资门槛。开展合格境内有限合伙人（QDLP）试点，深化前海和南沙外商投资股权投资（QFLP）、合格境内投资者境外投资（QDIE）"双Q"合作。进一步拓展FT账户业务试点银行，将开户主体拓展至符合条件的科创类企业。

（六）推动公共服务相通，便利港澳居民工作生活

用好《南沙方案》关于对在南沙工作的港澳居民，免征其个人所得税税负超过港澳税负的部分的政策，支持南沙、前海实行更大力度的国际高端人才引进政策，对国际高端人才给予入境、停居留便利。进一步推进广深两地事业单位公开招聘港澳居民政策落地，完善港澳青年创新创业孵化体系。支持港澳服务提供者在广州、深圳按规定以独资、合资或合作等方式兴办养老机构，同等享受境内民办养老机构待遇。支持深化"港澳药械通"试点，推动审批更多内地临床急需进口港澳药品和医疗器械。允许广州、深圳、香港居民，在特定城市选定数家定点养老机构，使用所在城市医保直接支付医疗费用。

（陈　诚）

加快推进数字政府建设
推进城市治理"一网统管"

【提要】推进城市"一网统管"工作，是贯彻习近平总书记关于提高城市科学化精细化智能化治理水平的重要指示批示精神的重要举措，是系统提升城市风险防控能力和精细化管理水平的重要途径。广州市"一网统管"工作在总体架构搭建、城市运行实时感知、跨界协同联动数字化治理场景建设、"两级平台、四级应用"体系建设等方面取得了显著成效。但也存在管理信息平台较多、数字质量参差不齐、运营体系不健全、系统实战应用能力欠缺等突出问题。建议：厘清"穗智管"与业务领域"一网统管"平台之间的关系，明确功能定位；做好数据"全生命周期"管理，提升数据质量；推进实体化组织建设，健全队伍、制度等配套机制；聚焦"实战管用、基层爱用"，探索市区平台赋能基层应用的有效途径。

政务服务"一网通办"与城市运行"一网统管"是习近平总书记突出强调的城市治理智能化的"牛鼻子"。当前，随着城市智慧治理逐步进入到纵深阶段，如何以"一网统管"为抓手全面提升城市数字化治理能力，已成为广州市推进城市全面数字化转型面临的一道重要课题。近年广州市在推进"一网统管"方面开展了大量实践探索，全面建成城市运管服平台工作也奠定了较好基础，但"一网统管"建设在实践中也暴露出一些问题，对群众需求和城市治理突出问题的回应能力还存在差距。如何在未来运行中持续优化"一网统管"，真正做到实战中管用、基层干部爱用、群众感到受用，还需要进一步从实际出发因应革新，确保广州市数字政府建设水平持续走在前列。

一、广州市"一网统管"工作已取得的主要成效

2021年7月，"穗智管"城市运行管理中枢进入试运行，标志着广州市"一网统管"城市运行服务管理平台正式建立。作为城市运行管理的总枢纽、总平台、总入口，"穗智管"持续开展系统建设与功能完善，在探索符合超大城市特点和规律的数字化治理路径方面取得了一定成效。

（一）整合平台资源和功能，初步搭建"一网统管"总体框架

为实现"物联、数联、智联"的"一网统管"，"穗智管"在整合城市信息模型（CIM）、"四标四实"、时空云平台、视频云平台等全市基础平台资源的基础上，建设AI智能中台、区块链基础平台、大数据中台、融合通信系统等，融合互联网平台入口、交通热力大数据等第三方社会平台资源，打造了集三维立体地图、城市基础信息、视频监控、智能识别分析、数据融合共享、跨系统实时通信等能力于一体的数据支撑底座，初步搭建起"一网统管"的基本架构，为"一网统管、全城智治"提供了坚实的系统支撑。同时，"穗智管"不断强化底座开放应用支撑能力，提供1270项数据资源服务，开放市统一政务区块链平台、可信认证平台等供各部门复用共用，赋能各业务领域智能化管理。例如，AI视频识别能力可提升工地对建筑工人规范从业的智能化管理，融合通信系统可赋能应急事件处置实时通信，不同部门的数据融合可赋能各部门开展业务闭环管理，区块链可信身份认证助力实现非居民不动产交易全流程网上办理等。

（二）全量归集多源数据，基本实现城市运行实时感知

首先，"穗智管"基于各业务领域政务数据和社会第三方数据，以及实时的城市运行感知数据，通过对接35个部门、11个行政区，共115个业务系统，接入全市8.4万个物联感知设备终端、36.4万路高清视频，归集超33.6亿条城市运行数据，形成了城市体征数据项2743个，构建自然资源、交通运行等8大类211项指标的城市运行评价体系，基本实现城市运行态势"一屏统揽"。其次，"穗智管"围绕多源融合政务数据、地理空间数据、互联网数据以及社会数据，通过数据汇聚和系统集成，对城市基础设施五大领域资源进行全方位、全状态的归集洞悉和一体化数字化管理，在

全国率先建设"人、企、地、物、政"五张全景图，初步实现对城市运行状态的全时域感知。

（三）围绕重点领域业务，搭建跨界协同联动数字化治理场景

围绕"高效处置一件事"，聚焦实用、管用目标，"穗智管"在重点领域构建了跨部门、跨层级的协同联动应用场景。例如，在构建建筑废弃物运输车辆联合整治专题应用场景中，基于城管、公安、住建、交通在建筑废弃物运输车辆管理中各自的业务职能，通过打通车辆黑白名单、工地视频、行程轨迹、交通卡口等实时数据，构建建筑废弃物运输车辆从工地到消纳场两点一线全流程监管场景；在重大节日保障专题中，利用互联网人口热力大数据，分析每逢重大节假日的人口驻留情况，并对大型景点、广场、商圈等重点区域的人流进行监测，实现了重大节日活动的动态管控和"一图指挥"。

（四）聚焦市区平台联通，逐步建设"两级平台、四级应用"运作体系

为完善市区政务数据共享机制、畅通市区两级政务数据的共享渠道，广州市依托"穗智管"市级平台建成了11个区级平台标准屏，支撑市区两级数据互联互通。各区结合本区实际情况，通过与区"令行禁止、有呼必应"、网格化管理信息系统等综合应用平台的对接，实现市区两级城市管理事件数据的双向互联互通，通过市级数据赋能区级平台，区级数据有效补充市级平台，增强了对全市性高发事件分析研判、协同处置能力。

二、当前广州市"一网统管"建设存在的短板

（一）管理信息平台较多，形成"一网统管"系统的"熵增"状态

在"穗智管"筹备建设之前，广州市相关职能部门已在城市治理相关的多个重要业务领域开展管理信息平台建设工作。例如，市工信局牵头，以电力数据为基础，采用"数据工厂+政务数据"的创新模式对数据进行融合挖掘的"散乱污"场所大数据监控系统；市城管局搭建开放共享智慧

城管基础支撑平台和数据中心，整合接入了燃气管理、余泥管理、公厕云平台、数字城管、12345政务热线系统、视频智能分析系统等多个系统数据，建设智慧城管系统平台。今年5月，市应急管理局牵头建设的"应急管理综合应用平台"投入运营，将三防、森林火灾、龙舟水、重大节日保障等纳入平台中。这些相对独立的业务信息系统中的部分数据和场景已接入到"穗智管"。调研了解到，一些职能部门认为，当前对"穗智管"和自身业务信息系统的定位不清晰，尤其是对"自身业务系统何时应当发挥何作用，'穗智管'何时应当发挥何作用"认知不清。随着"一网统管"建设的不断推进，"穗智管"与部门和区业务系统在数据联通、场景建设、业务协同等方面的联系会更多，若功能定位模糊并任其自由发展，系统之间的关系会愈加复杂、无序，形成"熵增"状态。如何处理已建业务领域"一网统管"平台与"穗智管"平台之间的关系，厘清各自的功能定位、职责权限，是未来"一网统管"建设难以回避的问题。

（二）数据质量参差不齐，形成城市实时感知"迟滞"现象

首先，在数据采集端，城市感知预警基础设施建设有待加强。上海已于2020年10月成立市域物联网运营中心，采用市场化建设运营，政府购买数据服务的模式，为"一网统管"提供实时数据支撑。截至2022年5月，该中心已汇入约269类、8000多万个物联终端，日均采集超过3400万条实时动态数据。与上海等先进地区相比，广州市在布局新一代物联感知设备方面还存在短板，尚未建成统一运行、数据资源集约管理的物联网平台，且在公共安全、生态环境、交通治理、城市管理等各个领域的基础感知、监控设备的精度密度等方面都达不到智能化、数字化、精准化的高标准要求，城市监测预警数据质量还有待提高。其次，在数据更新环节，数据的实时性、全面性需进一步提升。课题组调研了解到，"穗智管"目前已对接的2700多个数据项中，实时动态数据占比在80%左右；通过表格方式提供的数据中，一些应用主题的部分数据项尚未能实现定时更新；部分城市治理领域，如名厨亮灶、电梯运行、玻璃幕墙、地下管线等数据还未完全纳入全市"一网统管"体系，一些监控视频打不开，实时的监测预警数据支撑不足。目前广州市综合应急指挥调度平台上90%的数据来自于外单位的数据源，但各单位提供的共享数据质量差、数量少、更新缓慢，平台数据跟实际情况有一定偏差，导致在城市治理实际工作中对平台数据存在"不敢用、不管用"的现象。例如，在"三防"专题场景中，负责人员、救援队伍、专家等信息未实现实时更新，很难顺畅进行协同联动、指挥调度。

（三）运营体系不健全，形成管理平台"空转"现象

目前，穗智管仅靠市政务服务数据管理局智慧城市处牵头建设与运营，平台功能更多为城市运行监测，仅"三防""隔离酒店"监控等少数场景可以实现预测预警或指挥调度，预期的协同联动、指挥调度、决策支撑等功能还未完全实现。而这些功能的实现，需要来自技术团队和业务部门的专业力量参与，建立起跨部门合作、集中办公、协同联动的运行机制。目前，"穗智管"还未建立起专业的协同联动、指挥调度的工作队伍。同样，市综合应急指挥调度平台目前也仅靠市应急管理局自身的业务处室支撑运作，公安、气象、卫健等相关部门的专业力量未能纳入进来，由于缺乏实体性的组织架构和配套的人力资源开展专业化的运营维护、协同调度，平台面临"空转"状态。

（四）系统实战应用能力欠缺，形成"数字盆景"现象

尽管"穗智管"已建立起市区两级平台系统，但在应用上，还未建立起"市、区、镇街、村居或网格"四级应用体系，呈现出"强线上弱线下"的状态。一方面，虽然市级平台数据来源于基层，但在对下的资源赋能路径较为狭小，向区级、街镇基层的赋能还尚显不足，暂时未能进行有效的鲜活实时的数据共享，四级应用体系的渠道未打通。另一方面，当前"一网统管"建设推进进程中，街镇与片区、村居网格等是处置事件的主要战场，但基层"接不住"的现象仍然存在，基层对场景开发智能应用缺乏内在需求驱动力。此外，当前"一网统管"数据运营技能欠缺、数据研究深度不足，对于数据之间的关联性分析较少，仍处于"数据可视化"阶段。以上原因导致"穗智管"当前处于数据可视化呈现的"盆景"状态，还未实现"实战管用、基层受用"。

三、加快推进广州市"一网统管"工作的对策建议

(一)厘清"穗智管"与业务领域"一网统管"平台之间的关系,明确功能定位

一是在体系架构上,将"穗智管"作为广州市城市运行服务管理"一网统管"工作的总门户,进一步推动其纵向连接省、区平台,横向整合市级业务部门信息系统,在现有工作基础上将区级平台以及与城市运行服务管理相关的市级业务信息系统接入"穗智管"平台。二是在建设内容上,以"穗智管"为枢纽汇聚全市城市运行管理服务数据资源,聚焦重点领域和突出问题,开发智能化应用场景。建议在市级业务部门和各区开发的智能应用场景基础上,推动"穗智管"立足全市运行管理服务数据资源,承担起场景开发责任,尤其是在跨层级、跨地域、跨系统、跨部门、跨业务领域开发建设协同联动的业务场景。三是在功能定位上,实现"穗智管"的核心功定位由"管"向数据"中枢"转变,以强化对城市各领域的运行态势监测、跟踪,通过大量的实时或是积累的数据对态势进行分析研判,为城市的综合指挥调度提供数据和平台支撑;同时各职能部门的业务系统作为支撑全市"一网统管"的应用,在数据和应用场景方面提供支撑,并且依旧作为日常工作的指挥调度平台发挥作用。

(二)做好数据"全生命周期"管理,提升数据质量

一是在数据采集上,探索引入社会化资金、通过政府采购信息化项目服务、培育本土物联网运营科技企业等途径,指导相关企业建设广州市数字政府物联网运营中心,建成全市统一的新型城市级物联感知平台;加快在建筑物、道路、供水、电力、燃气、管廊、环境监测点等涉及城市治理的基础设施部署智能感知设备,以政企合作方式构建城市运行管理物联感知体系,统筹接入"穗智管",提升立体化城市运行体征感知能力。二是在数据整合上,试点推进数据要素市场交易,驱动不涉及国家秘密、商业机密和个人隐私的数据自由流动,进一步探索政务数据与社会数据的深度融合;统筹将企业、社会组织等配置的摄像头、智能化感知终端等设备产生的与城市运行相关的数据接入城市物联感知平台,丰富城市运行的数据

来源，弥补政务数据的不足。三是在数据更新上，建立政务数据动态更新机制，立足"一数一源"的原则，发挥数据执行官作用，对"穗智管"平台汇聚的数据开展动态实时更新，保证数据实时、准确、可用。

（三）推进实体化组织建设，健全队伍、制度等配套机制

实体化的组织及配套的队伍、制度等，能够为"一网统管"工作的推进提供强有力的抓手。建议：一是建设实体化组织。借鉴先进城市的经验，成立国有控股的城市大脑有限公司或相关事业单位，负责"城市大脑"项目运营，统筹推进"一网统管"建设与运营工作。二是组建多元专业队伍。借鉴杭州在云栖小镇派驻政府专班经验和深圳市龙岗区应急指挥中心经验，在"穗智管"、市应急综合指挥中心等平台设置委办局坐席，形成核心业务单位驻点队伍，组建一批既懂得技术、也了解政府运行机制的复合型人才队伍，通过跨部门协同联动、具体业务与企业技术充分融合，协调推进系统建设、运营、指挥调度等。三是完善协同联动工作制度。针对"平时"和"战时"的问题和需求精准灵活地进行流程再造，制定不同时期跨层级、跨部门沟通协调制度，为多部门协同的复杂应用提供顺畅的制度保障。同时，抓紧出台地方性法规，为广州市"一网统管"工作的推进提供法制保障。

（四）聚焦"实战管用、基层爱用"，探索市区平台赋能基层应用的有效途径

一是加大数据向基层回流力度。数据的时效性、准确性关系到基层治理的效能，建议持续开展数据治理工作，梳理形成本地、本部门公共数据资源清单和数据需求清单，推动向市大数据平台汇聚，通过大数据技术开展多源异质性数据筛选比对整合，建设完善各类应用专题数据库，并根据业务需要，向市级部门和区、街（镇）、社区（村）定期推送专题数据库，为基层数字化治理提供数据支撑。二是深化具体场景的数据关系研究和功能建设，试点市区平台联动基层应用。借鉴"三防"场景建设经验，选取具体场景进行深耕，驱动汇聚该场景运行监测、指挥调度、协同联动等需要的数据，结合基层业务需求，对数据关系、数据共享、数据更新等机制进行深度研究、总结规律，利用监控、智能感知终端、无人机、融合通信搭建起"实战管用"的协同联动机制。三是在市区平台与街（镇）、社区（村）应用连接渠道上，打造"轻应用工具+基层微自治"的闭环管理模式。首先，参考借鉴上海在"一网统管"平台下设"轻应用开发及赋能中心""智能体应用与服务赋能中心"的经验，以基层需求为导向，开发低代码轻应用平台，面向各级城运基层应用单位和应用市场开发者提供综合服务。例如，开发基层工作所需的小程序，解决基层单位需求响应慢、缺乏技术经验、应用集约化不足、应用合规性和安全性等问题，帮助基层快速实现高质量轻应用工具进行投用并发挥效能。其次，总结推广广州市越秀区赋能基层治理的工作经验，通过"越秀人家""越秀商家"小程序采集居民需求，居民反映的投诉建议通过数据接口自动流转至"越秀先锋"移动工作台，并即时送达"粤政易"工作群的"AI网格秘书"，点对点调度群内相应人员第一时间按职能响应处置，并在"越秀先锋"展现时间处置全过程，实现居民诉求自动推送、掌上协同、闭环管理。

（平思情，万　玲）

建设精准高效数字政府的越秀经验

【提要】建设精准高效数字政府是广州市推动城市全面数字化转型的重要内容之一。越秀区作为全省首个数字政府改革建设示范区，近年来通过主动对接省市数字资源、积极开发特色应用场景、深入推进政企联合创新以及率先探索项目经理责任制等方式全力推动区域善政慧智，探索出一条"低成本、高质量、高兼容、可持续、可扩展"的新型数字政府建设道路。"越秀经验"对化解广州市政府数字化转型面临的困境，加快建设精准高效的数字政府具有四点启示：一是进一步推进数字化共性应用集约建设，激发统筹协同合力；二是进一步创新管理机制，深化政企合作；三是进一步树立全周期思维，打造数治共同体；四是进一步深耕业务协同，激活数字新动能，切实推动广州市数字政府建设全面上水平。

《广州市数字政府改革建设"十四五"规划》明确提出，到 2025 年，要基本建成"善政慧治、惠企利民、亮点突出"的整体数字政府，这为广州市下一步数字政府建设工作提出了根本遵循。当前，广州市数字政府建设正进入以均衡协同发展为抓手、以数据要素市场化配置改革为牵引、以市域治理和政务服务为着力点的全面深化阶段，亟须破解主管部门与业务部门之间责任边界不清晰、纵向政府之间统分协作机制不完善以及建设运营服务体系不健全等问题。越秀区作为全省首个数字政府改革建设示范区，近年来聚焦群众需求大胆探索，创新性走出了一条符合"全市一盘棋"发展要求的数字政府建设道路，为全面提升广州市政府履职数字化、智能化水平提供有益借鉴。

一、当前广州市数字政府建设面临的主要问题

（一）建设和运维成本过高，基层财政压力偏大

主要表现在：一是硬件支出居高不下。数字政府建设作为一项系统性工程，不仅包括前期项目建设环节，而且涵盖后期运营运维内容，其投入往往是非常巨大的。据有关数据显示，在全国数字政府建设中，2018、2019和2020年IT硬件投入分别达到2405亿、2653亿和2894亿元。据初步估计，未来IT服务支出占比将达到41.1%，运维和专线租用成本达投入成本的10%以上。二是数字竞赛思维造成成本高企。调研发现，一些单位或热衷于建设互不兼容的操作系统和数据库，或热衷于追求演示效果和视觉冲击，不计成本开发脱离实际需求应用场景和服务项目，由于缺乏顶层设计和长效规划，造成了巨大的资源浪费。

（二）管理机制僵化低效，政企合作中政府陷入被动

各区数字政府发展水平不平衡不充分是制约广州市数字政府整体化、协同化的重要原因之一。各区政府数字化转型过程中，在理念创新、技术创新、数据开放创新以及数据应用创新方面明显乏力，再加上数字政府建设的价值观、基础设施、整体规划、制度规则等方面尚不健全，严重阻碍了基层政府数字化进程。广州市现在通行的数字政府建设方式是通过招投标的方式将不同建设（运维）项目发包给科技企业完成政府采购。但是部分区政府在多项与科技企业合作的制度安排方面还存在空白，仍处于边建设边探索阶段。而且部分项目统筹中缺乏运营规划，"为建而建"痕迹明显，建设团队与运维团队往往来自不同供应商，整体建设缺少相互沟通对接，运维团队疲于应付各类检查测试，工作开展混乱。加之部分地区缺少本地化的科技企业，只能采用远程开发或者短期突击开发的方式，导致项目服务质量不高。

（三）基层需求日趋多元，精准供给稍显不足

近年来，经济社会的发展和转型巨变使政府不仅要回应公众社会需求中日益多元化和复杂化的具体问题，更面临着资源配置不平衡、服务管理不精细等新挑战，传统治理模式面临挑战。数字政府建设亟须破解

"上面千根线，下面一根针"的压力困局。而当前，"省市统建"的整体布局更多聚焦省市对接工作和共用基础能力建设工作，对于基层业务的回应性和支撑力以及群众多样性的需求场景覆盖性均显不足。加上不同区之间由于资金分配、运行流程差异等问题，各区政府迫切期望自行立项建设急需的业务系统，以便"突破"现有一体化的规划安排。可是，在各区将更多资源、渠道把控在自己手中的同时，也加重了统筹共建工作的落地难度。不同平台系统技术标准的不一致，也进一步增添了渠道和数据整合的成本，从而一定程度上消解了数字技术对基层治理的赋能成效。

（四）数治融合日趋深入，人才短板不断凸显

数字化改革要求深度结合各部门业务特点，因地制宜做好应用规划。囿于既懂信息技术又懂政府业务的复合型人才极少，不少部门在做需求分析时，往往无法将新技术与业务场景有机融合。区属公务员普遍缺乏信息化知识，不会用或用不好企业提供的系统平台，更不知如何与业务融合创新。不少单位信息中心力量薄弱、人员匮乏，仍需依托技术企业支撑信息系统运维，政府对信息化项目的掌控能力较弱。另一方面企业技术人员缺乏对政府运行流程的深刻理解，业务调研阶段需求发掘不精准、不系统、不完整，提供的解决方案或追求"高大上"而偏离部门实际需要，或项目呈现碎片化建设局面。现有规划安排涉及建成后的工作大都是软硬件、数据的维保，缺乏运营、推广和场景化内容建设，技术供应商仅负责日常维护，缺乏长效运营机制和人才。甚至个别单位管理方、建设方和运营方为同一主体，既当"裁判员"，又做"运动员"，缺少业务评价、价值评价的手段，"管运分离"不充分。

二、越秀区数字政府建设的做法经验

（一）着眼协同共享主动对接省市数字资源，构建智能集约支撑体系

2020年，越秀区依托省市数字资源，创新打造了包括"越秀智库""越秀人家""越秀商家""越秀先锋"的"一中心三板块"数字政府平台。其中，"越秀智库"主要依托省"粤治慧"和广州市"穗智管"，"越秀人家"依托广州市"穗好办"，"越秀商家"依托省"粤商通"，"越秀先锋"依托省"粤政易"。据了解，"一中心三板块"的建设如果全部新建需要2.2亿元，其中资金投入最多的部分是"政务云"建设和电子证照库建设。而当时越秀区的财政投入只有1500万，明显不足。所以，越秀区另辟蹊径，选择了租用广州市"政务云"，费用为200万/年，节省了至少5000万的新建费用和300万～500万/年的维护费用。在电子证照库方面，越秀区也是第一个对接省市电子证照库的基层数字政府，极大节约了建设成本、采集成本和运营成本。

（二）着眼多元需求积极开发特色应用场景，增强数字服务普惠性

省市的数字政府资源在下沉过程中难免"水土不服"，越秀区在省市的通用需求基础上积极拓展本土化和满足基层实际工作需要的应用场景。其中最具创新特色的就是"艾小越"政务私聊机器人。"艾小越"政务私聊机器人将来源于不同部门的权威政务信息与审批服务植入"问答场景"，智能提供办证办事咨询、公共服务指引、问题诉求反映、政务资讯推送等"一对一"服务，为企业、群众减免不必要的信息搜索时间，降低办证办事成本，从根本上为人民群众减少了办事程序及办事步骤的繁琐手续。同时，"艾小越"还有效缓解了基层工作人员压力，弥补了基层工作人员人手不足和咨询时间受限等服务短板。

（三）着眼技术融合深入推进政企联合创新，全力打造"明星产品"

越秀区政数局通过在同一项目上把多家科技公司力量汇集起来，取长补短，打造出一个个满足企业群众和基层公务人员需要的"明星产品"，为不同科技企业技术互通、成果共享提供了合作平台。其中"艾小越"政务私聊机器人的建设过程是这一合作机制高效便捷的有力证明。由于"艾小越"的技术要求相对复杂，越秀区政数局借助了申迪、数广、国衡等多家开发公司在AI领域的技术特长，例如国衡擅长语义识别，申迪擅长rpa

抓取，数广承担了很多广州市省级系统建设任务，在打通接口方面有着独到优势。在推广"艾小越"的过程中，所有参与建设开发的科技公司将作为一个团队进行整体的宣传推广，这也极大便利了本土企业如申迪公司借力具有全国市场影响力的国衡公司向更广阔的数字政府市场领域发展和迈进。

（四）着眼能力提升率先探索项目经理责任制，全面激发人才活力

针对区县数字政府复合型人才匮乏的问题，越秀区政数局打出了一套从聘用到分工到办公方式变革的"组合拳"。第一步，聘用专业人才。近几年越秀区政数局通过选调、公务员公开招考等方式新招了6名计算机相关专业的年轻公务人员。第二步，划分项目任务。越秀区政数局以智慧城市、智慧政务等为类别做大类划分，再将每一个大类里的每项工作作为一个小项目，比如智慧政务类，分为云勘查、免证办、跨域办等等小项目。第三步，实行项目经理责任制。针对划分出来的小项目，由对口业务科室在编公务人员担任项目经理。其中由资深人员作为项目经理，新入职的人员作为副经理。项目经理的工作范围包括从立项到项目推进再到验收环节的全流程，如进度推动、各部门协调、定期汇报等工作都由项目经理全权负责。第四步，推行联合办公。这样有利于多元主体信息同步、数据共享、互联互通、高效协同。同时，项目组也会定期召开联席会议，进行项目研讨、头脑风暴，促进沟通常态化。

三、进一步深化广州市数字政府改革建设的政策建议

当前，广州市数字政府改革正从技术赋能阶段迈向业务融合、数据驱动和制度创新阶段。应本着适度超前规划、集约集成建设、资源高效利用的原则，充分发挥越秀区数字政府建设的"撬动效应"，强化"全市一盘棋"工作理念，加强整体战略谋划，推进业务协同和市区联动。统筹推进各行业各领域政务应用系统集约建设、互联互通、协同联动，不断提升广州市政府数字化履职效能。

（一）进一步推进数字化共性应用集约建设，激发统筹协同合力

秉持"全省一体、统分结合、系统集成、协同贯通"的思路，打造数字政府建设的整体联动体系。广州市"数字政府"改革建设工作领导小组办公室负责全市政务信息化工作的日常工作，应统筹各层级、各部门需求，充分考虑各方诉求落地性，依此拟定"市统区建基层共推"顶层设计方案，分层分步规划新建、整合淘汰或迭代升级基层数字化应用系统。各部门作为参建单位，应科学论证自身业务应用价值，通过融合视角审视改革，提出业务场景和应用需求，从以部门需求为主的信息系统建设转变为重点聚焦跨层级跨部门应用平台与一体化政务服务体系建设，避免重复投资。建强综合能力平台，如数据中台、业务中台；完善资源共享机制，让各部门尤其是基层单位真正能够用上数据、用活数据。除市政数局统筹外，还应加强主要领导挂帅，形成各区定期沟通协调机制，定期组织相关单位召开联席会议决议重大事项，关注项目进度和应用场景，真正做到部门拉通、业务打通、数据互通。

（二）进一步创新管理机制，深化政企合作

建立政务信息化项目规划立项准入制度，出台项目立项审批细则，明确准入原则、负面清单、整体流程，规范项目立项审批管理。明确项目更新与退出标准，界定项目更新与退出的定义、分类、原则，优化实施流程，完善项目履约与监理规则。推动财政资金精细化管理，将数字政府运维类和服务类项目纳入管理范围，按照项目全周期管理要求建立政务信息化服务预算标准体系。改变传统以投资建设工程量来编制工程造价预算标准的模式，根据服务类别、服务内容、性能要求等，以具体服务使用量为核算依据。政务信息化建设只是数字政府建设的开始，应着力完善各类制度规则，确保数字政府高效、稳定运行。

（三）进一步树立全周期思维，打造数治共同体

广州市数字政府下沉过程中，应将原有的"项目思维"转变为"产品思维"。项目思维侧重的是短期开发，重点是预先提出解决方案，然后按计划进行交付，但产品思维则更侧重全周期管理，强调产品的开发管理要有复利效应、降低边际成本、标准化、规模化。不仅追逐技术实现，更看

重创造产品的全链价值。这种思维的转变，使得建设过程增加了创造力和创新性。伴随着可推广可复制的优质产品被研发和投入使用，复利效应和品牌效应可以有效驱动多家承建企业紧密合作。各家承建企业联合参与产品的宣传推广工作，也极大有助于广州市本土承建企业借力有全国影响力的大型承建企业拓展知名度，提升数字政府建设能力。同时，创新数字政府建设人才引进培养使用机制，建设一支讲政治、懂业务、精技术的复合型干部队伍积极探索科学完备的建设运维长效机制，构建数字政府产品开发管理团队"1+1+N"架构，即"一"个党建核心，"一"个项目组，统筹纳入"N"个部门、组织、科技公司等，从而实现跨部门、跨行业、跨层级的资源共享和数据融合，构成一个基层数治"共同体"。

（四）进一步深耕业务协同，激活数字新动能

针对当前基层填报业务系统数量众多的问题，应该尽快出台相关办法将工作群、业务系统、数据中心互通融合，从而实现问题的多元受理、部门的多元处置、数据的多元集中，减少重复性和形式化劳动。对于综合管理的脱节问题，应在各区推广建设统一的指挥调度平台，并将基层公务人员发现的事件信息同步汇集到该平台，实现对街道社区事件的零延迟交互、扁平化处置和统管型指挥。要加强对民生服务、城市治理、经济发展等领域业务场景的规划，统筹好多跨协同数字服务场景建设，贴近企业群众办事需求，选择实用性强、体验感好、数据流通性大的业务进行应用场景创新，切实提升基层数字政府建设质量。

（王　玉，万　玲）

优化提升广州定制家居产业营商环境 推动"全球定制之都"成为广州名片

【提要】定制家居发轫于广州，成熟于华南，壮大于全国，领先于世界。定制家居产业是广州为数不多的具有全球影响力和国内同行业话语权的产业之一，享有"全球定制看中国，中国定制看广州"的美称。为代表国家抢先构建全球定制版图，推出广州"全球定制之都"城市新名片，建议以数字经济作为战略引擎，实施优化营商环境"五大路径"：一是积极遴选和申报"专精特新"，提升定制家居企业资质荣誉和政策支持；二是打造"大湾区智能家居产业园"，提升定制家居产业集聚效应；三是完善广州规模化个性化定制系列标准，占据定制产业制高点；四是深化国际合作，以广州为国内唯一主办城市每年举办"全球定制之都"年会；五是充分发挥社会组织引领作用，支持定制家居行业协会更具影响力和"国际范"。

面对世纪疫情与百年变局相互交织、产业创新发展加速演进的复杂形势，以数字经济作为战略引擎，推动实体经济实现高质量发展的浪潮正在世界范围内兴起。市第十二次党代会提出，坚持制造业立市之本，筑牢实体经济根基。广州定制家居产业作为具有国际领先水平的服务型制造业代表，有条件、有能力、也有责任通过持续优化提升营商环境为抓手，加快形成"科技创新+数字经济+智能制造"产业发展格局，代表国家抢先构建全球定制版图，推出广州"全球定制之都"城市新名片，奏响"广州定制"最强音。

一、担当之所在：广州定制家居产业居于全球服务型制造业领先水平，地位重要、前景广阔

从全球城市发展来看，营商环境就是生产力、就是竞争力、就是吸引力，营商环境优、制造业则强。广州通过持续优化营商环境，加强定制家居产业链协同创新，推动数字经济与实体经济深度融合。

（一）广州定制家居产业作为具有国际影响力的民族品牌代表，是代表国家参与国际竞争的重要力量和成功案例

今天，广州正在从立足华南的"国家中心城市"逐步发展为"全球城市"，具有世界影响力的重要产业之一就是定制家居产业。从20世纪90年代至今，中国定制家居行业从星星之火发展到燎原之势，广州跑出了自己的优势和地位。目前，广州及周边地区集聚了全球定制家居制造上下游企业1000余家，全球前五强广州的欧派、索菲亚、尚品宅配占三席。2019年12月，广州被联合国专业机构授予"全球定制之都"称号，具有"全球定制看中国，中国定制看广州"的美称！

（二）广州定制家居产业具有行业公认的"广州标准"，是掌握话语权和控制力的全国同行业发展高地

一个城市只有加强标准、计量、认证、专利体系和能力建设，才能提升其品牌的竞争力、话语权。纵观国内，广州具有其他城市不可比拟的定制产业基础与优势，全国60%的定制家居上市企业总部均设立在此，曾荣获全国首批服务型制造示范城市，出台了首个《定制家居产品、定制衣柜产品团体标准》，先后评选索菲亚、欧派家居、尚品宅配等21家企业为"定制之都"示范（培育）单位，"广州标准"已成为大家公认的行业准则。广州凭借定制家居产业巨大的影响力，中国个性化定制联盟落户广州，首届中国服务型制造大会和个性化定制峰会在广州召开。

（三）广州定制家居产业作为绿色环保的服务型制造业，经济社会效益明显，未来市场空间巨大

广州家居定制产业属于服务型制造业，是制造与服务融合发展的新型制造模式和绿色产业形态，全产业链服务要素占比约30%左右。定制家

居产业为广州带来了可观的经济收入，同时还吸纳了大量的就业人口。据初步测算，2021年广州定制家居集群产值约1200亿元，约占全市GDP的5%；就业人员约60万，占全市就业人员的7%。目前，企业已实现由"先产后销的高库存模式"向"先销后产的零库存模式"转变，规模化、数字化、智能化水平不断提升。预计未来五年，该行业增速仍能维持15%以上，行业规模有望超3000亿元。

二、风险之所在：广州定制家居产业面临诸多风险挑战，"全球定制之都"地位亟须巩固和加强

虽然广州定制家居产业在国际和国内都处于一定的领先地位，也是广州的优势产业，但依然面临着一些风险隐患，必须从战略上引起高度关注。时与势在我，但如果没有抓住机遇，没有趁势而上做优做大做强，将是"起了个大早、赶了个晚集"。从调研来看，主要存在以下"四大风险"：

（一）创新不足、产业高地被抢占的风险

定制家居产业是一个富有科技和创意的产业，要想保持领先地位，必须始终紧跟市场、不断创新。仅从国内来看，各地政府广泛关注服务型制造转型升级，正纷纷抢占消费升级下日益庞大的个性化定制市场。如，传统制造业大省——浙江省，以"定制化"开启浙江新制造。福建省《服务型制造示范企业培育和扶持实施细则》、江苏省《推进服务型制造发展的工作意见》都把推动个性化定制作为服务型制造的重点工作之一。广东省东莞市把"服务型制造"作为企业转型升级的下一站。

（二）小富即安、龙头企业风光不再的风险

广州之所以在定制家居产业上有影响力，其重要原因是起步早，已经做成功了数家龙头企业。产业界有一个发展规律，当一个产业和其品牌整体规模达到200亿元之后，产业增速会放缓，"忠诚客户"也会出现一定程度的流失。在当前竞争激烈、不进则退、慢进也是退的严峻市场环境下，如果不能支持他们继续做大做强，争夺消费者的注意力和购买力，他

们必将被超越，错失一把好局。同时，没有龙头企业来带动，其他中小企业也会择良木而去。

（三）成本上升、部分产业链外迁的风险

营商环境体现的是一座城市的核心竞争力和经济软实力，也是影响市场主体活力、生产力和创造力的关键。部分企业反映，随着城市更新的推进和劳动力市场的变化，企业正经受着"员工住房租金上升"和"劳动力成本上升"的双重压力，亟须政府出面，运用市场力量优化营商环境，协调和规范出租房市场和劳动力市场，实打实地帮助企业减少成本。否则，他们将不得不忍痛将部分产业链迁往外地。

（四）同质发展、资源优势无法集聚的风险

当下，城市之间的竞争已经成为产业链之间的竞争，要求资金、技术、劳动力等各种要素资源精准投放。广州的定制家居产业在做大方面已经做得不错，但还存在同质发展、竞争内耗、利润下降等问题，市区统筹还有欠缺，亟须整合资源优势、做优做强、抱团出海，实现华丽升级转型。

三、优势之所在：广州拥有产业、技术、人才等丰富的生态资源禀赋，具备打造"全球定制之都"的能力和基础

广州发展定制家居产业，有优秀的营商等要素优势，有仍在持续的市场红利，更有国家重大发展战略叠加利好，这是我们的优势所在、信心所在、底气所在。

（一）广州具有完整的上下游产业链，构筑了良好的定制产业生态圈

广州市消费工业门类齐全，有着全球闻名的五金配件、板材等原材料市场，加之现代物流、供应链管理、工业设计等，形成了囊括材料供应、软件设计、产品研发、机械制造、技术应用等完整的上下游产业链，构建了生产和消费、制造和服务、产业链企业之间全面融合、高度协同的产业生态圈。

（二）广州服务型制造业体系齐全，信息化智能技术成熟、水平领先

广州已形成华南地区工业门类最齐全、规模庞大、技术水平先进的产业体系，新一代信息技术、人工智能基础，制造与服务融合共生发展趋势明显，个性化定制服务、系统解决方案和全生命周期服务全国领先，并拓展到精准营销、在线支持、安装与实施、维护与保养、总集成总承包、智能服务等，支撑体系齐全。

（三）广州独具丰富的高端人才及科研资源，管理先进、技术力量雄厚

广州定制家居产业经过多年发展，已经拥有一批有情怀的企业家群体，他们在做强企业的同时，也深爱着广州，对定制家居这个朝阳产业充满了激情，他们是广州最宝贵的资源。在科技研发方面，广州聚集了众多国家重点学科和国家重点实验室大批科技创新型企业，为广州打造"全球定制之都"奠定了基础性力量。

（四）广州具有改革创新的勇气魄力，敢于在更高起点上推进改革开放

定制家居发轫于广州，成熟于华南，壮大于全国，领先于世界。回顾广州2000多年的城市发展史尤其是40多年来的改革开放实践，在每个发展的重要历史关头，广州之所以能够刷新城市新高度，就是抢抓机遇、"敢为天下先"。广州定制家居产业就是抓住了国家赋予的使命任务、切合了自身资源禀赋，依托科技和服务蹚出一条绿色智能产业化道路。今天的广州，依然不乏改革的勇气和决心，一定会将定制家居产业打造成为国际性高端消费集聚地。

四、路径之所在：全力打造广州"全球定制之都"，为实现老城市新活力提供成功案例和靓丽名片

审时势，定乾坤，一个时代悄然转变的大序幕早已拉开。世纪疫情与百年变局相互交织，产业创新发展迫在眉睫。面向未来，广州要巩固提升

城市竞争力，必须寻找属于自己的高阶"密匙"。到底要怎样出招？具有全球影响力的广州定制家居产业特征鲜明、实力雄厚、前景广阔，是极佳的发展方向，亟须优化营商环境、继续发力前行。

（一）积极遴选和申报"专精特新"，提升定制家居企业资质荣誉和政策支持

在应对疫情冲击等市场变化时，企业加快改革发展与转型升级，走"专精特新"的高质量发展道路势在必行，这给政府职能部门提供了工作思路，也为定制家居产业发展指明了方向。

学习借鉴各地成功做法（安徽合肥客来福家居获批国家级"专精特新"、浙江诺贝家居获批省级"专精特新"、佛山玛格家居获批省级"专精特新"），支持进入2021年广州"专精特新"遴选名单的定制家居企业（索菲亚、诗尼曼）于2022年底前落地成功，成为先导示范；支持更多优秀家居定制企业申报"专精特新"。支持"专精特新"企业早日享受政策红利，在商业银行贷款贴息、申请奖补资金、高端人才引进、知识产权保护等方面提供便利；引导企业找准特色定位，以精细化管理、采用专项技术、专业化生产制造展现在细分市场的领先优势，做出广州自己的"专精特新"优势。

（二）打造"大湾区智能家居产业园"，提升定制家居产业集聚效应

通过打造"大湾区智能家居产业园"，形成集总部经济、城市展厅、工业设计、高端展示、技术服务、创新研发、项目孵化、商务服务等为一体的广州定制产业先行区。

建议在增城区等土地资源相富裕的区，选址建设占地约300～500亩"大湾区智能家居产业园"，构筑完善且良好协作的定制家居上下游产业链、形成立体化的定制消费产业生态圈，全面提升广州定制家居的核心竞争力。增城区目前已聚集以索菲亚为龙头的众多定制服务型生产企业，且增城区正推动广州传统产业通过与工业互联网等深度融合，加速新旧动能转化，具有促进索菲亚、诗尼曼、百得胜等定制上下游全产业链发展的良好条件与基础。

（三）进一步完善广州规模化个性化定制系列标准，占据定制产业制高点

习近平总书记强调，谁制定标准，谁就拥有话语权；谁掌握标准，谁就占据制高点。广州应在已有标准基础上，抢占市场先机，完善定制家居产业通用标准和各定制行业细则，推动全国定制乃至全球定制向"广州定制""广州标准"看齐，这是成功打造广州"全球定制之都"的关键所在。

牢牢把握当前个性化消费时代和"互联网+先进制造"的双重契机，支持推动《规模化定制产品通用规范》和相关行业细则定制标准落地，并联合国家和省市标准研究机构、香港品质保证局、一带一路相关院所机构规划共同向国内外推广；推动"广州定制"标志注册成立、形成配套评价体系并做好宣传推广，发起定制化系统服务和生产性服务商目；打造更多"广州定制"标志，使"广州定制"成为定制行业产品与服务符合严格的综合评价、具有品质公信力和消费者信赖的代表，抢占全国乃至全球的定制产业制高点。

（四）深化国际合作，支持广州为国内唯一主办城市每年举办"全球定制之都"年会

所谓世界级城市，必然是在国际上具有极高的关注度和显示度，城市国际形象已成为城市竞争力的重要部分。广州作为海上丝绸之路发祥地，被誉为"千年商都"。近年来，广州频繁出现在国内外各种城市榜单，综合实力稳居全球城市体系第三梯队。广州应因势利导树立如"全球定制之都"等一批新的全球名片，努力成为世界一线城市。

建议向国家商务部申请，支持广州为主办城市，每年举办"全球定制之都"年会，搭建多层次规模化个性定制服务型制造国际交流平台，建立面向全球的开放式制造服务网络。年会期间，可举办中国（广州）"定制家居展""定制家居设计峰会"等活动，打造具有国际影响力和权威性的定制产业设计奖，推动定制家居产品相关标准、认证评价制度国际认可，达成双多边国际互认，带动广州企业产品、技术、标准、认证和服务"走出去"。

（五）充分发挥社会组织引领作用，支持广东定制家居行业协会更具影响力和"国际范"

随着政府职能转变的加快，行业协会已成为我国经济调控体系中承上启下、不可缺失的黏合层。广东定制家居行业协会是广州21条重点产业链分链主，支持其发展壮大，可为定制家居产业上下游的供应商、生产商、运营商搭建有效沟通机制，为开展定制化服务提供应用支持和技术支撑。

支持家居定制协会牵头建设"大湾区定制消费创新产业联盟"，建立定制家居产业专家库，发掘行业龙头和资深专家，共同参与到标准的制定工作，争取标准定制工作抢先创优，做到"人无我有，人有我优"，为定制及服务型制造业提供专业支持；支持开展规模化个性化定制行业政策研究储备，为行业发展提供依据，也为政府战略决策提供参考；注重培育创新发展的家居定制文化，把广州的务实传统和世界的创新创造结合起来，敢于破除小富即安的心态，积极打造配置全球、影响全球的国际定制家居产业高地。

（范胜龙）

后　记

　　2018年10月，习近平总书记在视察广东时，对广州提出了实现老城市新活力，在综合城市功能、城市文化综合实力、现代服务业、现代化国际化营商环境四个方面出新出彩重要指示要求。为了深入学习总书记重要指示精神，系统研究广州推动实现老城市新活力、"四个出新出彩"的创新实践，中共广州市委党校（广州行政学院）从2020年开始连续编写出版《在"四个出新出彩"中实现老城市新活力》系列丛书，以贯彻落实中共广东省委关于开展"大学习、深调研、真落实"活动部署，服务广州推进高质量发展的工作大局。

　　全书分为"综合城市功能出新出彩""城市文化综合实力出新出彩""现代服务业出新出彩""现代化国际化营商环境出新出彩"四个篇章，选入本丛书的文章，大多为中共广州市委党校（广州行政学院）教师及主体班学员在校学习期间撰写的优秀调研成果，丛书的持续出版，充分反映了广州市委党校在全面推动教学培训、学术研究与决策咨询工作相互促进、协同发展方面所取得的成效。

　　2022年6月，国务院印发《广州南沙深化面向世界的粤港澳全面合作总体方案》，赋予广州南沙为大湾区乃至全国的改革开放先行探索、示范带动的重任，这是有着2200多年建城史的广州这座老城市向海洋高质量发展、向世界高水平开放的重大历史机遇，也是推动广州实现老城市新活力、"四个出新出彩"的重要举措。因此，本书在内容上对南沙发展予以了特别关注，全书紧扣老城市如何焕发新活力这个主题，围绕"四个出新出彩"主线，每条主线的首篇文章都聚焦南沙发展，并将南沙的发展、广州的发展与"双区建设""双城联动"紧密结合，将南沙与广州的发展置于粤港澳大湾区建设的重大国家战略中去思考谋划，以不断增强广州这座有着悠久历史的城市的改革属性、开放属性、创新属性，进而奋力在实现习近平总书记赋予广东的使命任务上担起广州责任、展现广州作为。

本书的出版得到了中共广州市委副书记、市委党校（广州行政学院）校（院）长陈向新同志的关心和指导；中共广州市委党校（广州行政学院）副校（院）长黄丽华教授、教育长陈晓平同志、二级巡视员丁旭光研究员以及教务处、科研处等部门的同事等对本书的编写提出了宝贵意见；广东人民出版社领导及责任编辑梁茵、廖志芬对本书出版给予了全力支持。本书的写作还参阅借鉴了国内外专家学者的研究成果。在此一并表示衷心感谢！

希望本书的出版，能够为广州推动实现老城市新活力、"四个出新出彩"汇入一丝绵薄之力。由于时间、水平所限，本书的研究深度还有待进一步加强。若有疏漏之处，敬请各位专家和读者不吝批评指正！

孟源北

2022年10月16日